U0281550

技术成就梦想，坚持就能成功

从零开始学架构

照着做，你也能成为架构师

李运华 | 著

电子工业出版社
Publishing House of Electronics Industry
北京·BEIJING

内 容 简 介

架构设计是技术人员成长和晋升过程中必须掌握的技能，但目前业界缺乏架构师学习和培养方面体系化的知识和实践的指导，本书结合作者多年在架构设计方面的学习、思考、实践，提出了完整的一套架构设计方法论，包括什么是架构、架构设计的目的、架构设计原则、架构设计流程、架构设计模式和技巧、互联网公司技术演进等内容。这套架构设计方法论适合不同行业，比如互联网、企业应用等；也适合不同的技术领域，比如后端架构设计、前端架构设计、客户端架构设计、测试平台架构设计、运维平台架构设计等。

本书由浅入深地阐述了架构设计的相关内容，比较适合以下类型的读者：

- 没有架构设计经验，但对架构设计非常有兴趣，希望学习架构设计技术，提升技术能力，成为"大厂面霸"的读者；
- 已经尝试了一些架构设计，但挖了各种"坑"或踩了各种"坑"，希望知道"为什么"的技术人员；
- 具备一定的架构设计经验，想进一步系统化地提升架构设计能力，成为令人羡慕的"高级技术专家""资深技术专家"的读者。

图书在版编目（CIP）数据

从零开始学架构：照着做，你也能成为架构师 / 李运华著. —北京：电子工业出版社，2018.9
ISBN 978-7-121-34791-7

Ⅰ. ①从… Ⅱ. ①李… Ⅲ. ①计算机系统 Ⅳ. ①TP30

中国版本图书馆 CIP 数据核字（2018）第 167768 号

责任编辑：陈晓猛
印　　刷：北京天宇星印刷厂
装　　订：北京天宇星印刷厂
出版发行：电子工业出版社
　　　　　北京市海淀区万寿路 173 信箱　　　　　邮编：100036
开　　本：787×980　　1/16　　印张：20.25　　字数：388.8 千字
版　　次：2018 年 9 月第 1 版
印　　次：2024 年 8 月第 16 次印刷
定　　价：99.00 元

凡所购买电子工业出版社图书有缺损问题，请向购买书店调换。若书店售缺，请与本社发行部联系，联系及邮购电话：（010）88254888，88258888。

质量投诉请发邮件至 zlts@phei.com.cn，盗版侵权举报请发邮件至 dbqq@phei.com.cn。
本书咨询联系方式：010-51260888-819，faq@phei.com.cn。

序

"业界 A 公司的架构是 X，B 公司的方案是 Y，两个差别比较大，该参考哪一个呢？"

"架构设计要考虑高性能、高可用、高扩展……这么多高 XX，全部设计完成估计要 1 个月，但老大只给了 1 周！怎么办？"

"淘宝的架构是这么做的，我们也要这么做！"

"Docker 和 Kubernetes 现在很流行，我们的架构应该充分应用进来！"

这些对不对？怎样做才是对的？架构师往往挣扎于诸如此类的问题之中，在理性和非理性之间举棋不定、焦虑彷徨。

互联网发展到今天，软件系统早就不是一个万行代码加上一台服务器这样"过家家"的游戏。BAT 的服务器规模已经达到甚至超过百万级。传统企业向互联网的靠拢，势不可挡。

优秀的软件系统架构师就像大海航船舵手，指引着软件前进的方向，让企业在激烈的竞争中拔得头筹（而不是拖后腿）的同时，在企业内部尊享荣光。

只有兼具技术的深度和广度，并能克服人性弱点的资深 IT 从业者，才有机会成为一个优秀的架构师（高薪也是水到渠成的事情）。优秀的架构师是公司的福音，反之就是公司的灾难。如果坏的种子已经埋下，那么"爆雷"是一定的，何时"爆"反而不确定。

架构即人性，不切实际、追求繁杂、好大喜功的非理性的个人诉求，掺杂于甚至暗暗地主宰着整个理性的软件系统架构设计，这将置企业于危险境地！如果成为"人人喊打"的架构师，岂不叹哉！

那么，怎么扎实地成为一名优秀的、人见人爱的架构师？

毫无疑问，本书将给你提供一个有良心的参考答案——如果你也饱受似懂非懂、雾里看花、管中窥豹及盲人摸象之苦。

本书指出，软件架构是指软件系统的顶层结构，而架构设计的目的是为了解决软件复杂度，并给出了架构设计的三原则及实现方法，高性能、高可用、可扩展架构的各种模式及实战案例。

有了架构设计的指导思想——"解决软件复杂度"，很多抓心挠肺的问题立刻迎刃而解。

"业界 A 公司的架构是 X，B 公司的方案是 Y，两个差别比较大，该参考哪一个呢？"——理解每个架构方案背后所需要解决的复杂点，然后才能对比自己的业务复杂点，参考复杂点相似的方案。

"架构设计要考虑高性能、高可用、高扩展……这么多高 XX，全部设计完成估计要 1 个月，但老大只给了 1 周时间。"——架构设计并不是要面面俱到，不需要每个架构都具备高性能、高可用、高扩展等特点，而是要识别出复杂点，然后有针对性地解决问题。

"淘宝的架构是这么做的，我们也要这么做！"——淘宝的架构是为了解决淘宝业务的复杂度而设计的，淘宝的业务复杂度并不就是我们的业务复杂度，绝大多数业务的用户量都不可能有淘宝那么大。

"Docker 和 Kubernetes 现在很流行，我们的架构应该充分应用进来！"——Docker 及其编排工具 Kubernetes 不是万能的，只是为了解决资源重用和动态分配而设计的，如果我们的系统复杂度根本不在这方面，引入 Docker 没有什么意义。

本书提出了令人耳目一新的架构设计三原则，即合适原则——合适优于业界领先；简单原则——简单优于复杂；演化原则——演化优于一步到位。这些原则让架构的选型及设计，化繁为简，极具指导性和操作性。

架构从来不是一成不变的，架构也没有一劳永逸。Facebook 每隔 3～5 年就会重新设计一次架构，就像凤凰重生。诚如《三体》所传达的思想，与其维护一个旧世界，不如开创一个新世界。

架构即人性，设计一个符合企业当前情况，又可以演进、不好大喜功的架构，善莫大焉。怎么做？请参阅本书。

我和运华兄从 2016 年认识以来，合作颇多，并且受益良多。特别是 2016 年下半年开始，在中国信息通信研究院的指导下，云计算开源产业联盟、高效运维社区及 DevOps 时代社区联合国内各大 BAT 及传统企业顶级专家，开始编写国内外第一个 DevOps 标准（研发运营一体化能力成熟度模型），并请运华兄作为其中"应用架构及设计"模块的核心编写专家，运华兄的专业和认真，使得 DevOps 标准增色很多。

可喜的是，DevOps 标准于 2018 年 6 月在工信部正式立项成功，并于 2018 年 7 月在联合国 ITU（世界上最早的国际标准化组织）立项成功，这也成为我国在 IT 领域首次对外输出国际标准（不再是 CMMI、ITIL、IOS 系列这样的标准的被动接受方）。军功章里，也有很多运华兄的功劳。

所以，欣闻运华兄集多年功力而成的大作出版，真是非常开心，相信一定能惠及更多 IT 从业者。

话说回来，不仅研发同学，每个运维同学都应该学一些架构。成长为一名优秀的架构师，或许也是运维人员延续并拓展其职业生涯的一个好机会。毕竟，架构设计的核心是通过高性能、高可用和高扩展，让软件系统更具有可运维性。

运维的架构师之路，可以考虑从本书开始。

萧田国　DevOps 国际标准发起人　高效运维社区发起人

前言

为什么写这本书

每个程序员心中都有一个成为架构师的梦想，梦想是美好的，但道路是曲折的。

我在 2006 年开始参与架构设计，原本以为学习架构设计就像学习一门编程语言一样，先学习基本的语法，再研究细节和原理，然后实践一下就能够快速掌握。但真正实践后才发现，架构设计的难度和复杂度要高很多。从最早开始接触架构设计，到自我感觉初步完整掌握架构设计，至少花费了 6 年时间。等到自我感觉彻底掌握架构设计的精髓，至少花费了 8 年时间（当然，在这个过程中我不是一直在做架构设计）。

我曾经以为是自己天资愚笨才会这样，后来我带了团队，**看到几乎每个程序员在尝试架构设计的时候，都面临着我遇到过的各种困惑和瓶颈**。特别是我作为职业等级晋升评委的时候，**发现很多同学技术能力很强，业务也不错，但却卡在了架构设计这部分**。我意识到这应该不是个人天资的问题，而是架构设计本身的一些特性导致的。

我总结了几个架构设计相关的特性。

1. 架构设计的思维和程序设计的思维差异很大。

架构设计的关键思维是**判断和取舍**，程序设计的关键思维是**逻辑和实现**。很多程序员在转变为架构师后，很难一开始就意识到这个差异，还是按照写代码的方式去思考架构，这样会导致很多困惑。

2. 架构设计没有体系化的培训和训练机制。

大学的课程几乎没有架构设计相关的课程，架构设计的书籍更多也只是关注某个架构设计点，没有体系化的架构设计书籍，导致程序员在学习上没有明确的指导，只能自己慢慢摸索，效率低，容易踩坑。

3. 程序员对架构设计的理解存在很多误区。

例如，要成为架构师必须要有很强的技术天分；架构师必须有很强的创造力；架构设计必须要高大上才能体现架构师能力；架构一定要具备高可用、高性能……这些似是而非的误区让很多技术人员望而生畏，还没尝试就已经放弃了。

得益于移动互联网技术的快速发展，我有很多机会直接参与架构设计，这些架构背后的业务形形色色，包括社交、电商、游戏、中间件、内部运营系统；用到的技术栈差异也比较大，包括 PHP、Java、C++等。虽然每次架构设计对我来说都是一个新的挑战，但正好也提供了非常好的机会，让我亲身体验不同的架构设计。在这个过程中，我不断学习、思考、实践、总结、改进、交流，逐步形成了自己的一套**架构设计方法论**。

有了这套方法论后，首先，我在做架构设计的时候游刃有余，不管什么样的业务，不管什么样的技术，按照这套方法论都能够设计出优秀的架构，在职业等级面评的时候，就算我之前从来没有接触过对方的业务，也能快速理解对方描述的架构和发现其中做得好或不好的地方；其次，在指导其他同事的时候思路很清晰，容易理解，效果明显。原来对架构设计比较迷茫的同学，通过几次结合案例进行方法论培训，都能够很快地掌握这套方法论并在实践中应用。甚至有很多其他业务线的同学，遇到架构设计的困惑，也来找我交流和指导，按照这套架构设计方法论的指导，能够较快地理清架构设计的思路。

本书的主要出发点就是将这套架构设计方法论分享给更多热爱技术、有架构师梦想的技术人员，降低架构学习的成本，减少架构学习过程中走的弯路，助力大家更快地实现自己的架构师梦想。

本书内容已经在"极客时间"App 上开设了"从 0 开始学架构"的专栏，订阅人数已经超过 25000 人，成为"极客时间"最受欢迎的专栏，能够得到这么多技术朋友的信任，相信书中的内容一定会让你有所收获。

本书的主要内容

本书涵盖了我的整套架构设计方法论和架构实践，主要包括以下内容。

- **架构基础**：先介绍架构设计的本质、历史背景和目的，然后从复杂度来源，以及架构设计的原则和流程来详细介绍架构基础。
- **高性能架构模式**：从存储高性能、计算高性能方面介绍几种设计方案的典型特征和应用场景。
- **高可用架构模式**：介绍 CAP 原理、FMEA 分析方法，分析常见的高可用存储架构和高可用计算架构，并给出一些设计方法和技巧。
- **可扩展架构模式**：介绍可扩展模式及其基本思想，分析一些常见架构模式。
- **架构实战**：将理论和案例结合，落地前面提到的架构原则、架构流程和架构模式。

本书适合的对象

- 有一定的编程基础的软件开发工程师。

- 对架构设计有兴趣的技术人员。例如，测试、运维等岗位的人员。
- 有初步的架构设计经验，但需要继续提升的技术人员。

勘误与支持

因个人水平有限，且架构设计整体涵盖的技术范围很广，技术深度很深，书中难免有不足之处，还望读者批评指正。如果你对本书有比较好的建议或对书中内容有所疑惑，可与我联系。

Email：yunhua_lee@163.com

致谢

首先感谢王行云、胡晏秋、陈俊良、张怡炘等同事对本书的勘误和审核，帮助完善了本书的很多细节和内容。

其次感谢家人的支持，在写书的过程中父母、妻子承担了家庭的重任，让我能够安心写作。

特别感谢陈晓猛编辑，本书在他不断督促下才最终写完初稿，后期他耐心地指导、审稿、修改，最终才有了本书的诞生。

特别感谢极客时间架构专栏团队郭蕾、何潇、周君凤等负责人，打造了一个非常成功的架构专栏，他们的高要求也让整体内容更加完善、更加优质。

特别感谢高效运维创始人萧田国、特赞科技 CTO 黄勇、腾讯云高级总监熊普江、贝壳金服 2B2C CTO 史海峰、资深技术专家于君泽（右军）、21CTO 社区创始人杜江（洛逸）几位专家对本书的推荐。

------------------------------ **读者服务** ------------------------------

轻松注册成为博文视点社区用户（www.broadview.com.cn），扫码直达本书页面。

- **提交勘误**：您对书中内容的修改意见可在 提交勘误 处提交，若被采纳，将获赠博文视点社区积分（在您购买电子书时，积分可用来抵扣相应金额）。
- **交流互动**：在页面下方 读者评论 处留下您的疑问或观点，与我们和其他读者一同学习交流。

页面入口：http://www.broadview.com.cn/34791

目录

第 1 部分　概念和基础

第 1 章　架构基础 2

    1.1　"架构"到底指什么 2

        1.1.1　系统与子系统 3

        1.1.2　模块与组件 4

        1.1.3　框架与架构 5

        1.1.4　重新定义架构 7

    1.2　架构设计的目的 7

        1.2.1　架构设计的误区 7

        1.2.2　以史为鉴 9

        1.2.3　架构设计的真正目的 13

    1.3　复杂度来源 15

        1.3.1　高性能 15

        1.3.2　高可用 22

        1.3.3　可扩展性 28

        1.3.4　低成本 31

        1.3.5　安全 33

        1.3.6　规模 35

    1.4　本章小结 36

第 2 章　架构设计原则 38

    2.1　合适原则 39

2.2　简单原则 40

2.3　演化原则 44

2.4　本章小结 46

第 3 章　架构设计流程 47

3.1　有的放矢——识别复杂度 47

3.2　按图索骥——设计备选方案 49

3.3　深思熟虑——评估和选择备选方案 51

3.3.1　业务背景 54

3.3.2　备选方案设计 54

3.3.3　备选方案 360 度环评 56

3.4　精雕细琢——详细方案设计 58

3.5　本章小结 59

第 2 部分　高性能架构模式

第 4 章　存储高性能 62

4.1　关系数据库 62

4.1.1　读写分离 62

4.1.2　分库分表 64

4.1.3　实现方法 70

4.2　NoSQL 73

4.2.1　K-V 存储 74

4.2.2　文档数据库 75

4.2.3　列式数据库 79

4.2.4　全文搜索引擎 80

4.3　缓存 84

4.3.1　缓存穿透 85

4.3.2　缓存雪崩 86

4.3.3　缓存热点 87

4.4　本章小结 87

第 5 章　计算高性能 89

　　5.1　单服务器高性能 89

　　　　5.1.1　PPC 90

　　　　5.1.2　prefork 91

　　　　5.1.3　TPC 92

　　　　5.1.4　prethread 93

　　　　5.1.5　Reactor 94

　　　　5.1.6　Proactor 100

　　5.2　集群高性能 101

　　　　5.2.1　负载均衡分类 101

　　　　5.2.2　负载均衡架构 104

　　　　5.2.3　负载均衡的算法 105

　　5.3　本章小结 108

第 3 部分　高可用架构模式

第 6 章　CAP 112

　　6.1　CAP 理论 113

　　　　6.1.1　一致性（Consistency） 114

　　　　6.1.2　可用性 115

　　　　6.1.3　分区容忍性（Partition Tolerance） 116

　　6.2　CAP 应用 117

　　　　6.2.1　CP——Consistency/Partition Tolerance 117

　　　　6.2.2　AP——Availability/Partition Tolerance 117

　　6.3　CAP 细节 118

　　6.4　ACID、BASE 120

　　　　6.4.1　ACID 120

　　　　6.4.2　BASE 121

　　6.5　本章小结 122

第 7 章　FMEA 124

　　7.1　FMEA 介绍 124

7.2 FMEA 方法 125

7.3 FMEA 实战 129

7.4 本章小结 131

第 8 章　存储高可用 132

8.1 主备复制 132

    8.1.1　基本实现 132

    8.1.2　优缺点分析 133

8.2 主从复制 134

    8.2.1　基本实现 134

    8.2.2　优缺点分析 135

8.3 主备倒换与主从倒换 136

    8.3.1　设计关键 136

    8.3.2　常见架构 137

8.4 主主复制 141

8.5 数据集群 142

    8.5.1　数据集中集群 143

    8.5.2　数据分散集群 144

    8.5.3　分布式事务算法 146

    8.5.4　分布式一致性算法 149

8.6 数据分区 152

    8.6.1　数据量 152

    8.6.2　分区规则 153

    8.6.3　复制规则 153

8.7 本章小结 155

第 9 章　计算高可用 156

9.1 主备 157

9.2 主从 158

9.3 对称集群 159

9.4 非对称集群 161

9.5 本章小结 162

第 10 章　业务高可用 163

　　10.1　异地多活 163

　　　　10.1.1　异地多活架构 164

　　　　10.1.2　异地多活设计技巧 167

　　　　10.1.3　异地多活设计步骤 173

　　10.2　接口级的故障应对方案 179

　　　　10.2.1　降级 180

　　　　10.2.2　熔断 181

　　　　10.2.3　限流 181

　　　　10.2.4　排队 183

　　10.3　本章小结 184

第 4 部分　可扩展架构模式

第 11 章　可扩展模式 186

　　11.1　可扩展概述 186

　　11.2　可扩展的基本思想 187

　　11.3　可扩展方式 189

　　11.4　本章小结 190

第 12 章　分层架构 192

　　12.1　分层架构类型 192

　　12.2　分层架构详解 194

　　12.3　本章小结 198

第 13 章　SOA 架构 199

　　13.1　SOA 历史 199

　　13.2　SOA 详解 200

　　13.3　本章小结 202

第 14 章　微服务 203

　　14.1　微服务历史 203

14.2 微服务与 SOA 的关系 204

14.3 微服务的陷阱 206

14.4 微服务最佳实践 209

　　14.4.1 服务粒度 209

　　14.4.2 拆分方法 210

　　14.4.3 基础设施 212

14.5 本章小结 221

第 15 章　微内核架构 222

15.1 基本概念 222

15.2 设计关键点 223

15.3 OSGi 架构简析 224

15.4 规则引擎架构简析 226

15.5 本章小结 229

第 5 部分　架构实战

第 16 章　消息队列设计实战 232

16.1 需求 232

16.2 设计流程 233

　　16.2.1 识别复杂度 233

　　16.2.2 设计备选方案 234

　　16.2.3 评估和选择备选方案 236

　　16.2.4 细化方案 239

16.3 本章小结 240

第 17 章　互联网架构演进 241

17.1 技术演进 241

　　17.1.1 技术演进的动力 241

　　17.1.2 淘宝 246

　　17.1.3 手机 QQ 250

　　17.1.4 微信 253

17.2　技术演进的模式 255

17.3　互联网业务发展 256

　　17.3.1　业务复杂性 257

　　17.3.2　用户规模 261

　　17.3.3　量变到质变 261

17.4　本章小结 262

第 18 章　互联网架构模板 264

18.1　总体结构 264

18.2　存储层技术 265

　　18.2.1　SQL 265

　　18.2.2　NoSQL 266

　　18.2.3　小文件存储 267

　　18.2.4　大文件存储 267

18.3　开发层技术 268

　　18.3.1　开发框架 268

　　18.3.2　Web 服务器 269

　　18.3.3　容器 269

18.4　服务层技术 270

　　18.4.1　配置中心 270

　　18.4.2　服务中心 271

　　18.4.3　消息队列 273

18.5　网络层技术 275

　　18.5.1　负载均衡 275

　　18.5.2　CDN 277

　　18.5.3　多机房 278

　　18.5.4　多中心 279

18.6　用户层技术 279

　　18.6.1　用户管理 279

　　18.6.2　消息推送 280

　　18.6.3　存储云与图片云 281

18.7　业务层技术 282

18.8 平台技术 283

18.8.1 运维平台 283

18.8.2 测试平台 285

18.8.3 数据平台 287

18.8.4 管理平台 288

18.9 本章小结 289

第 19 章 架构重构 290

19.1 有的放矢 291

19.2 合纵连横 295

19.2.1 合纵 295

19.2.2 连横 296

19.3 运筹帷幄 297

19.4 文武双全——项目管理+技术能力 301

19.5 本章小结 302

第 20 章 开源系统 303

20.1 选：如何选择一个开源项目 304

20.1.1 聚焦是否满足业务 304

20.1.2 聚焦是否成熟 304

20.1.3 聚焦运维能力 305

20.2 用：如何使用开源方案 305

20.2.1 深入研究，仔细测试 305

20.2.2 小心应用，灰度发布 306

20.2.3 做好应急，以防万一 306

20.3 改：如何基于开源项目做二次开发 307

20.3.1 保持纯洁，加以包装 307

20.3.2 发明你要的轮子 307

20.4 本章小结 308

第 1 部分　概念和基础

第1章
架构基础

1.1 "架构"到底指什么

对于技术人员来说，"架构"是一个再常见不过的词了：我们会给新员工介绍整个系统的架构，参加架构设计评审，学习业界开源系统（例如，MySQL、Hadoop）的架构，研究大公司的架构实现（例如，微信架构、淘宝架构）……虽然如此常见，但如果深究一下"架构"到底指什么，大部分人不一定能够准确地回答。例如：

- 架构和框架是什么关系？有什么区别？

- Linux 有架构，MySQL 有架构，JVM 也有架构，使用 Java 开发、MySQL 存储、跑在 Linux 上的业务系统也有架构，应该关注哪个架构呢？

- 微信有架构，微信的登录系统也有架构，微信的支付系统也有架构，当我们谈微信架构时，到底在谈什么架构？

要想准确地回答以上问题，关键在于梳理几个有关系而又相似的概念，包括系统、子系统、模块、组件、框架和架构。

1.1.1　系统与子系统

> 系统泛指由一群有关联的个体组成，根据某种规则运作，能完成个别元件不能单独完成的工作的群体。它的意思是"总体""整体"或"联盟"。

提炼维基百科定义的关键内容。

（1）关联：系统是由一群有关联的个体组成的，没有关联的个体堆在一起不能成为一个系统。例如，把一个发动机和一台 PC 放在一起不能称之为一个系统，把发动机、底盘、轮胎、车架组合起来才能成为一台汽车。

（2）规则：系统内的个体需要按照指定的规则运作，而不是单个个体各自为政。规则规定了系统内个体分工和协作的方式。例如，汽车发动机负责产生动力，然后通过变速器和传动轴，将动力输出到车轮上，从而驱动汽车前进。

（3）能力：系统能力与个体能力有本质的差别，系统能力不是个体能力之和，而是产生了新的能力。例如，汽车能够载重前进，而发动机、变速器、传动轴、车轮本身都不具备这样的能力。

子系统的定义其实和系统的定义是一样的，只是观察的角度有差异，一个系统可能是另外一个更大系统的子系统。

> 子系统也是由一群有关联的个体所组成的系统，多半是更大系统中的一部分。

按照这个定义，系统和子系统比较容易理解。我们以微信为例（以下内容仅仅是举例，微信不一定这么设计）：

（1）微信本身是一个系统，包含聊天、登录、支付、朋友圈等子系统。

（2）朋友圈这个系统又包括动态、评论、点赞等子系统。

（3）评论这个系统可能又包括防刷子系统、审核子系统、发布子系统、存储子系统。

（4）评论审核子系统不再包含业务意义上的子系统，而是包括各个模块或组件，这些模块或组件本身也是另外一个维度上的系统。例如，MySQL、Redis 等是存储系统，但不是业务子系统。

以下是网上公开的微信朋友圈的架构示意图。

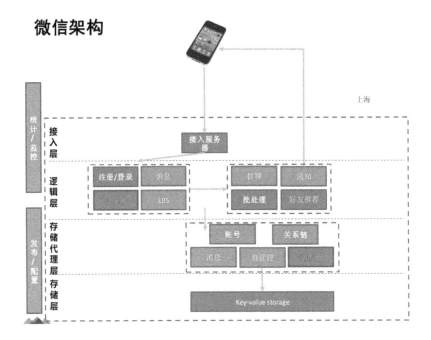

1.1.2　模块与组件

模块和组件两个概念在实际工作中很容易混淆，我们经常能够听到类似如下的说法：

（1）MySQL 模块主要负责存储数据，而 Elasticsearch 模块主要负责数据搜索。

（2）我们有安全加密组件、有审核组件。

（3）App 的下载模块使用了第三方的组件。

造成这种现象的主要原因是两者的定义并不好理解，也不能很好地进行区分。我们来看看维基百科中两者的定义。

【模块】

> 软件模块（Module）是一套一致且互相有紧密关联的软件组织，它包含程序和数据结构两部分。现代软件开发往往利用模块作为合成的单位。
>
> 模块的接口表达了由该模块提供的功能和调用它时所需的元素。
>
> 模块是可能分开被编写的单位，这使得它们可再用，并允许开发人员同时协作、编写及研究不同的模块。

【组件】

> 软件组件定义为自包含的、可编程的、可重用的、与语言无关的软件单元，软件组件可以很容易地被用于组装应用程序。

相信大部分人看完这两个定义还是一头雾水，看完也不知道到底两者有什么区别。造成这种现象的根本原因是模块和组件都是系统的组成部分，只是从不同的角度拆分系统而已。**从逻辑的角度来拆分后得到的单元就是"模块"，从物理的角度来拆分系统得到的单元就是"组件"；划分模块的主要目的是职责分离，划分组件的主要目的是单元复用。**"组件"的英文单词 component 对应中文的"零件"一词，"零件"更容易理解一些，"零件"是一个物理的概念，并且具备"独立且可替换"的特点。

下面以一个最简单的网站系统为例，假设我们要做一个学生信息管理系统，这个系统从逻辑的角度来拆分，可以分为"登录注册模块""个人信息模块""个人成绩模块"；从物理的角度来拆分，可以拆分为 Nginx、Web 服务器、MySQL。

1.1.3 框架与架构

框架是和架构比较相似的概念，且两者有较强的关联关系，所以在实际工作中，很多时候这两个概念并不是区分得很清楚。

参考维基百科，框架的定义如下：

> 软件框架（Software Framework）通常指的是为了实现某个业界标准或完成特定基本任务的软件组件规范，也指为了实现某个软件组件规范时，提供规范所要求之基础功能的软件产品。

提炼维基百科定义的关键部分。

（1）框架是组件规范。例如，MVC 就是一种最常见的开发规范，类似的还有 MVP、MVVM、J2EE 等框架。

（2）框架提供基础功能的产品。例如，Spring MVC 是 MVC 的开发框架，除了满足 MVC 的规范，Spring 提供了很多基础功能来帮助我们实现功能，包括注解（@Controller 等）、Spring Security、Spring JPA 等很多基础功能。

参考维基百科，架构的定义如下（请搜索英文关键字 Software Architecture，中文的词条解释很粗浅）。

> Software architecture refers to the fundamental structures of a software system, the discipline of creating such structures, and the documentation of these structures.

简单翻译一下：软件架构是指软件系统的"基础结构"，创造这些基础结构的准则，以及对这些结构的描述。

单纯从定义的角度来看，框架和架构的区别还是比较明显的，框架关注的是"规范"，架构关注的是"结构"。框架的英文是 Framework，架构的英文是 Architecture。Spring MVC 的英文文档标题就是"Web MVC Framework"。

虽然如此，在实际工作中我们却经常碰到一些似是而非的说法。例如，"我们的系统是 MVC 架构"，"我们需要将 Android App 重构为 MVP 架构"，"我们的系统基于 SSH 框架开发"，"我们是 SSH 的架构"，"XX 系统是基于 Spring MVC 框架开发，标准的 MVC 架构"……究竟什么说法是对的，什么说法是错的呢？

其实这些说法都是对的，造成这种现象的根本原因隐藏于架构的定义中，关键就是"基础结构"这个概念并没有明确说是从什么角度来分解的。从不同的角度或维度，可以将系统划分为不同的结构，其实我们在"模块与组件"中的样例已经暗含了这点，继续以学生管理系统为例。

从业务逻辑的角度分解，"学生管理系统"的架构如下图所示。

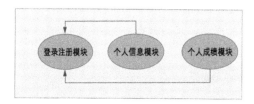

从物理部署的角度分解，"学生管理系统"的架构如下图所示。

从开发规范的角度分解，"学生管理系统"可以采用标准的 MVC 框架来开发，因此架构又

变成了 MVC 架构，如下图所示。

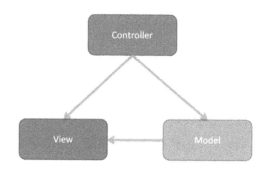

以上这些"架构"，都是"学生管理系统"正确的架构，只是从不同的角度来分解而已，这也是 IBM 的 RUP 将软件架构视图分为著名的"4+1 视图"的原因。

1.1.4　重新定义架构

我们参考维基百科的定义，将架构重新定义为：**软件架构指软件系统的顶层结构**！

这个定义很简单，但包含的信息很丰富，基本上把系统、子系统、模块、组件、架构等概念都串起来了，详细阐述如下。

首先，"系统由一群关联个体组成"，这些"个体"可以是"子系统""模块""组件"等，架构需要明确系统包含哪些"个体"。

其次，系统中的个体需要"根据某种规则"运作，架构需要明确个体运作和协作的规则。

第三，维基百科的架构定义中用到了"基础结构"这个说法，我们改为"顶层结构"，可以更好地区分系统和子系统，避免将系统架构和子系统架构混淆导致架构层次混乱。

1.2　架构设计的目的

1.2.1　架构设计的误区

谈到架构设计，相信每个技术人员都耳熟能详，但如果深入地探讨一下，"为何要做架构设计"或"架构设计的目的是什么"，这两个问题大部分人可能从来没有思考过，或者即使有思考，也没有太明确可信的答案。

关于架构设计的目的，常见的误区如下。

- **因为架构很重要，所以要做架构设计**

这是一句正确的废话，架构很重要，但架构为何重要呢？

例如：不做架构设计系统就运行不起来吗？

其实不然，很多朋友尤其是经历了创业公司的朋友会发现，公司的初始产品没有架构设计，大伙撸起袖子简单讨论一下就开始编码了，根本没有正规的架构设计过程，而且也许产品开发速度还更快，上线后运行也还不错。

例如：做了架构设计就能提升开发效率吗？

也不尽然，实际上有时候最简单的设计开发，效率反而是最高的，架构设计毕竟需要投入时间和人力，这部分投入如果用来尽早编码，项目也许会更快。

例如：设计良好的架构能促进业务发展吗？

好像有一定的道理，例如，设计高性能的架构能够让用户体验更好，但反过来想，我们照抄微信的架构，业务就能达到微信的量级吗？肯定不可能，不要说达到微信的量级，达到微信1/10的量级，做梦都要笑醒了。

- **不是每个系统都要做架构设计吗**

这其实是知其然不知其所以然，系统确实要做架构设计，但还是不知道为何要做架构设计，反正大家都做架构设计，所以做架构设计肯定没错。

这样的架构师或设计师很容易走入生搬硬套业界其他公司已有架构的歧路，美其名曰"参考""微改进"。一旦强行引入其他公司架构，很可能会出现架构水土不服，运行起来很别扭等各种情况，最后往往不得不削足适履，或者不断重构，甚至无奈推倒重来。

- **公司流程要求系统开发过程中必须有架构设计**

与此答案类似的还有因为"架构师总要做点事情"，所以要做架构设计，其实都是舍本逐末。因为流程有规定，所以要做架构设计；因为架构师要做事，所以要做架构设计。这都是很表面地看问题，并没有真正理解为何要做架构设计，而且很多需求并不一定要进行架构设计。如果认为架构师一定要找点事做，流程一定要进行架构设计，就会出现事实上不需要架构设计但形式上却继续去做架构设计，不但浪费时间和人力，还会拖慢整体的开发进度。

- **为了高性能、高可用、可扩展，所以要做架构设计**

能够给出这个答案，说明已经有了一定的架构经历或基础，毕竟确实很多架构设计都是冲着高性能、高可用等"高XX"的目标去的。

但往往持有这类观点的架构师和设计师会给项目带来巨大的灾难，这绝不是危言耸听，而是很多实际发生的事情。为何？因为这类架构师或设计师不管三七二十一，不管什么系统，也不管什么业务，上来就要求"高性能、高可用、高扩展"，结果就会出现架构设计复杂无比，项目落地遥遥无期，团队天天吵翻天等各种让人抓狂的现象，费尽九牛二虎之力将系统上线，却出现运行不够稳定，经常出问题，出了问题很难解决，加个功能要改 1 个月等各种让人抓狂的事件。

1.2.2　以史为鉴

看来"架构设计的目的是什么"这个问题并不那么简单，但如果不弄清楚这个问题，就不能将架构设计做好，我们需要再深入探索。

探索一个事物的目的，最好的方式就是去追寻这个事物出现的历史背景和推动因素，我们简单梳理一下软件开发的进化历史，探索一下软件架构出现的历史背景。

- **机器语言（1940 年之前）**

最早的软件开发使用的是"机器语言"，直接使用二进制码 0 和 1 来表示机器可以识别的指令和数据。例如，在 8086 机器上完成"s=768+12288-1280"的数学运算，机器码如下：

```
101100000000000000000011
000001010000000000110000
001011010000000000000101
```

不用多说，不管是当时的程序员，还是现在的程序员，第一眼看到这样一串东西时，肯定是一头雾水，因为这实在是太难看懂了，这还只是一行运算，如果要输出一个"hello world"，面对几十上百行这样的 0/1 串，眼睛都要花了！

看都没法看，更何况去写这样的程序，如果不小心哪个地方敲错了，将 1 敲成了 0，例如：

```
101100000000000000000011
000001010000000000110000
001011000000000000000101
```

要找出这个程序中的错误，程序员的心里阴影面积有多大？

归纳一下，机器语言的主要问题是三难：**太难写、太难读、太难改**！

- **汇编语言（20 世纪 40 年代）**

为了解决机器语言编写、阅读、修改复杂的问题，汇编语言应运而生。汇编语言又叫"符号语言"，用助记符代替机器指令的操作码，用地址符号（Symbol）或标号（Label）代替指令或操作数的地址。

例如，为了完成"将寄存器 BX 的内容送到 AX 中"的简单操作，汇编语言和机器语言分别如下。

机器语言：1000100111011000
汇编语言：mov ax,bx

相比机器语言来说，汇编语言就清晰多了。mov 是操作，ax 和 bx 是寄存器代号，mov ax,bx 语句基本上就是"将寄存器 BX 的内容送到 AX"的简化版的翻译，即使不懂汇编，看到这样一串语言，至少也能明白大概意思。

汇编语言虽然解决了机器语言读写复杂的问题，但本质上还是面向机器的，因为写汇编语言需要我们精确了解计算机底层的知识。例如，CPU 指令、寄存器、段地址等底层的细节。这对于程序员来说同样很复杂，因为程序员需要将现实世界中的问题和需求按照机器的逻辑进行翻译。例如，对于程序员来说，在现实世界中面对的问题是 4 + 6 = ？而要用汇编语言实现一个简单的加法运算，代码如下：

```
.section .data
        a: .int 10
        b: .int 20
        format: .asciz "%d\n"
.section .text
.global _start
_start:
        movl a, %edx
        addl b, %edx
        pushl %edx
        pushl $format
        call printf
        movl $0, (%esp)
        call exit
```

这还只是实现一个简单的加法运算所需要的汇编程序，可以想象一下，实现一个四则运算的程序会更加复杂，更不用说用汇编语言写一个操作系统了！

除了编写本身复杂，还有另外一个复杂的地方在于：不同 CPU 的汇编指令和结构是不同的。例如，Intel 的 CPU 和 Motorola 的 CPU 指令不同，同样一个程序，为 Intel 的 CPU 写一次，还要为 Motorola 的 CPU 再写一次，而且指令完全不同。

- 高级语言（20 世纪 50 年代）

为了解决汇编语言的问题，计算机前辈们从 20 世纪 50 年代开始又设计了多个高级语言，最初的高级语言有如下几个，并且这些语言至今还在特定的领域继续使用。

- Fortran：1955 年，名称取自 "FORmula TRANslator"，即公式翻译器，由约翰·巴科斯等人发明。
- LISP：1958 年，名称取自 "LISt Processor"，即枚举处理器，由约翰·麦卡锡等人发明。
- Cobol：1959 年，名称取自 "Common Business Oriented Language"，即通用商业导向语言，由葛丽丝·霍普发明。

为什么称这些语言为"高级语言"呢？原因在于这些语言让程序员不需要关注机器底层的低级结构和逻辑，而只需关注具体的问题和业务即可。

还是以 4 + 6=? 这个加法为例，如果用 LISP 语言实现，只需要简单的一行代码即可：

```
(+ 4 6)
```

除此之外，通过编译程序的处理，高级语言可以被编译为适合不同 CPU 指令的机器语言。程序员只需写一次程序，就可以在多个不同的机器上编译运行，无须根据不同的机器指令重写整个程序。

- **第一次软件危机与结构化程序设计（20 世纪 60 年代~20 世纪 70 年代）**

高级语言的出现，解放了程序员，但好景不长，随着软件的规模和复杂度的大大增加，20世纪 60 年代中期开始爆发了第一次软件危机，典型的表现有软件质量低下、项目无法如期完成、项目严重超支等，因为软件而导致的重大事故时有发生。例如，1963 年美国的水手一号火箭发射失败事故，就是因为一行 Fortran 代码错误导致的。

软件危机最典型的例子莫过于 IBM 的 System/360 的操作系统开发。佛瑞德·布鲁克斯（Frederick P. Brooks, Jr.）作为项目主管，率领 2000 多个程序员夜以继日地工作，共计花费了5000 人一年的工作量，写出将近 100 万行的源码，总共投入 5 亿美元，是美国的"曼哈顿"原子弹计划投入的 1/4。尽管投入如此巨大，但项目进度却一再延迟，软件质量也得不到保障。布鲁克斯后来基于这个项目经验而总结的《人月神话》一书，成了畅销的软件工程书籍。

为了解决问题，在 1968、1969 年连续召开两次著名的 NATO 会议，会议正式创造了"软件危机"一词，并提出了针对性的解决方法："软件工程"。虽然"软件工程"提出之后也曾被视为软件领域的银弹，但后来事实证明，软件工程同样无法根除软件危机，只能在一定程度上缓解软件危机。

差不多同一时间，"结构化程序设计"作为另外一种解决软件危机的方案被提出来了。Edsger Dijkstra 于 1968 年发表了著名的《GOTO 有害论》论文，引起了长达数年的论战，并由此产生了结构化程序设计方法。同时，第一个结构化的程序语言 Pascal 也在此时诞生，并迅速流行起来。

结构化程序设计的主要特点是抛弃 goto 语句，采取"自顶向下、逐步细化、模块化"的指导思想。结构化程序设计本质上还是一种面向过程的设计思想，但通过"自顶向下、逐步细化、模块化"的方法，将软件的复杂度控制在一定范围内，从而从整体上降低了软件开发的复杂度。结构化程序方法成为 20 世纪 70 年代软件开发的潮流。

- **第二次软件危机与面向对象（20 世纪 80 年代）**

结构化编程的风靡在一定程度上缓解了软件危机，然而随着硬件的快速发展，业务需求越来越复杂，以及编程应用领域越来越广泛，第二次软件危机很快就到来了。

第二次软件危机的根本原因还是在于软件生产力远远跟不上硬件和业务的发展。第一次软件危机的根源在于软件的"逻辑"变得非常复杂，而第二次软件危机主要体现在软件的"扩展"变得非常复杂。结构化程序设计虽然能够解决（也许用"缓解"更合适）软件逻辑的复杂性，但是对于业务变化带来的软件扩展却无能为力，软件领域迫切希望找到新的银弹来解决软件危机，在这种背景下，面向对象的思想开始流行起来。

面向对象的思想并不是在第二次软件危机后才出现的，早在 1967 年的 Simula 语言中就开始提出来了，但第二次软件危机促进了面向对象的发展。面向对象真正开始流行是在 20 世纪 80 年代，主要得益于 C++的功劳，后来的 Java、C#把面向对象推向了新的高峰。到现在为止，面向对象已经成为主流的开发思想。

虽然面向对象开始也被当作解决软件危机的银弹，但事实证明，和软件工程一样，面向对象也不是银弹，而只是一种新的软件方法而已。

- **软件架构**

虽然早在 20 世纪 60 年代，Edsger Dijkstra 这位"上古大神"就已经涉及软件架构这个概念了，但软件架构真正流行却是从 20 世纪 90 年代开始的，由于在 Rational Software Corporation 和 Microsoft 内部的相关活动，软件架构的概念开始越来越流行了。

与之前的各种新方法或新理念不同的是，"软件架构"出现的背景并不是整个行业都面临类似的问题，"软件架构"也不是为了解决新的软件危机而产生的，这是怎么回事呢？

卡内基·梅隆大学的 Mary Shaw 和 David Garlan 对软件架构做了很多研究，他们在 1994 年的一篇文章《An Introduction to Software Architecture》中写道：

> As the size of software systems increases, the algorithms and data structures of the computation no longer constitute the major design problems.
>
> When systems are constructed from many components, the organization of the overall system—

> the software architecture—presents a new set of design problems.

简单翻译一下：随着软件系统规模的增加，计算相关的算法和数据结构不再构成主要的设计问题；当系统由许多部分组成时，整个系统的组织，也就是所说的"软件架构"，导致了一系列新的设计问题。

这段话很好地解释了"软件架构"为何先在 Rational 或 Microsoft 这样的大公司开始逐步流行起来。因为只有大公司开发的软件系统才具备较大规模，而只有规模较大的软件系统才会面临软件架构相关的问题，例如：

- 系统规模庞大，内部耦合严重，开发效率低。
- 系统耦合严重，牵一发动全身，后续修改和扩展困难。
- 系统逻辑复杂，容易出问题，出问题后很难排查和修复。

软件架构的出现有其历史必然性。20 世纪 60 年代第一次软件危机引出了"结构化编程"，创造了"模块"概念；20 世纪 80 年代第二次软件危机引出了"面向对象编程"，创造了"对象"概念；到了 20 世纪 90 年代"软件架构"开始流行，创造了"组件"概念。我们可以看到，"模块""对象""组件"本质上都是对达到一定规模的软件进行拆分，差别只是在于随着软件的复杂度不断增加，拆分的粒度越来越粗，拆分的角度越来越高。

《人月神话》中提到的 IBM 360 大型系统，开发时间是 1964 年，那个时候结构化编程都还没有提出来，更不用说软件架构了。如果 IBM 360 系统放在 20 世纪 90 年代开发，不管是质量还是效率、成本，都会比 1964 年开始做要好得多，当然，这样我们可能就看不到《人月神话》了。

1.2.3　架构设计的真正目的

从软件开发历史的介绍中可以看到，**整个软件技术发展的历史，其实就是一部与"复杂度"斗争的历史，架构的出现也不例外**。简而言之，架构也是为了应对软件系统复杂度而提出的一个解决方案，因此我们可以基本得出结论：**架构设计的主要目的是为了解决复杂度带来的问题**。

这个结论虽然很简洁，但却是架构设计过程中需要时刻铭记在心的一条准则，为何这样说呢？

首先，遵循这条准则能够让"菜鸟"架构师**心中有数**，而不是一头雾水。

新手架构师开始做架构设计的时候，心情都很激动，都迫切地希望大展身手，甚至恨不得一出手就设计出世界上最牛的 XX 架构，从此走上人生巅峰，但真的面对具体需求时，往往会陷入一头雾水的状态：

- "这么多需求，从哪里开始下手进行架构设计呢？"
- "架构设计要考虑高性能、高可用、高扩展……这么多高 XX，全部设计完成估计要 1 个月，但老大只给了 1 周时间。"
- "业界 A 公司的架构是 X，B 公司的方案是 Y，两个差别比较大，该参考哪一个呢？"

以上类似问题，如果明确了"架构设计是为了解决软件复杂度"的原则后，那么就很好回答：

- "这么多需求，从哪里开始下手进行架构设计呢？"

——通过熟悉理解需求，识别系统复杂性所在的地方，然后针对这些复杂点进行架构设计。

- "架构设计要考虑高性能、高可用、高扩展……这么多高 XX，全部设计完成估计要 1 个月，但老大只给了 1 周时间。"

——架构设计并不是要面面俱到，不需要每个架构都具备高性能、高可用、高扩展等特点，而是要识别出复杂点，然后有针对性地解决问题。

- "业界 A 公司的架构是 X，B 公司的方案是 Y，两个差别比较大，该参考哪一个呢？"

——理解每个架构方案背后所需要解决的复杂点，然后才能对比自己的业务复杂点，参考复杂点相似的方案。

其次，遵循这条准则能够让"老鸟"架构师**有的放矢**，而不是贪大求全。

技术人员往往都希望自己能够做出最牛的东西，架构师也不例外，尤其是一些"老鸟"架构师，为了证明自己的技术牛，往往都会陷入贪大求全的焦油坑而无法自拔。例如：

- "我们的系统一定要做到每秒 TPS 10 万"；
- "淘宝的架构是这么做的，我们也要这么做"；
- "Docker 现在很流行，我们的架构应该将 Docker 应用进来"。

以上这些想法，如果拿"架构设计是为了解决软件复杂度"这个原则来衡量，就很容易判断：

- "我们的系统一定要做到每秒 TPS 10 万。"

——如果系统的复杂度不是在性能这部分，TPS 做到 10 万并没有什么用。

- "淘宝的架构是这么做的，我们也要这么做。"

——淘宝的架构是为了解决淘宝业务的复杂度而设计的,淘宝的业务复杂度并不一定就是我们的业务复杂度，绝大多数业务的用户量都不可能有淘宝那么大。

- "Docker 现在很流行，我们的架构应该将 Docker 应用进来。"

——Docker 不是万能的，只是为了解决资源重用和动态分配而设计的，如果我们的系统复杂度根本不是在这方面，那么引入 Docker 没有什么意义。

1.3　复杂度来源

"架构设计是为了解决软件复杂度"是高屋建瓴的指导原则，我们还需要继续深入剖析，其中的关键点就是要明白什么会带来软件"复杂度"。下面我们将探讨最常见的软件复杂度来源。

1.3.1　高性能

对性能孜孜不倦的追求是整个人类技术不断发展的根本驱动力。例如，火车从蒸汽机车到内燃机车再到电气机车，速度从 20 公里/小时提升到现在的 300 公里/小时；计算机从电子管计算机到晶体管计算机再到集成电路计算机，运算性能从每秒几次提升到每秒几亿次；手机从模拟信号到 2G、3G 再到 4G，上网速度从几 KB 提升到几十 MB。但伴随性能越来越高，相应的方法和系统复杂度也是越来越高。例如，21 世纪的高铁火车头性能比 19 世纪的蒸汽火车头性能高了大约 15 倍（从 20 公里/小时提升到 300 公里/小时），但复杂度高估计 100 倍不止；现代的计算机 CPU 集成了几亿颗晶体管，逻辑复杂度和制造复杂度相比最初的晶体管计算机，根本不可同日而语。

软件系统存在同样的现象。最近几十年软件系统性能飞速发展，从最初的计算机只能进行简单的科学计算，到现在 Google 能够支撑每秒几万次的搜索。与此同时，软件系统规模也从单台计算机扩展到上万台计算机；从最初的单用户单工的字符界面 DOS 操作系统，到现在的多用户多工的 Windows 10 图形操作系统；代码量从 DOS 1.0 的 4000 行膨胀为 Windows 7 的 4000 万行（当然代码的增加并不单单是性能方面的因素，还有其他很多方面的因素）。

当然，技术发展带来了性能上的提升，不一定带来复杂度的提升。例如，硬件存储从纸带→磁带→磁盘→SSD，网络从几十 KB 发展到现在的万兆网，再到移动网络，并没有显著带来系统复杂度的增加。因为新技术会逐步淘汰旧技术，这种情况下我们直接用新技术即可，不用担心系统复杂度会随之提升。只有那些并不是用来取代旧技术，而是开辟了一个全新领域的技术，才会给软件系统带来复杂度，因为软件系统在设计的时候就需要在这些技术之间进行判断选择或组合。就像汽车的发明无法取代火车，飞机的出现也并不能完全取代火车，所以我们在出行的时候，需要考虑选择汽车、火车还是飞机，这个选择的过程就比较复杂了，要考虑价格、时间、速度、舒适度等各种因素。

软件系统中高性能带来的复杂度主要体现在两方面，一方面是单台计算机内部为了高性能带来的复杂度；另一方面是多台计算机集群为了高性能带来的复杂度。

- **单机复杂度**

计算机内部复杂度最关键的地方就是操作系统。计算机性能的发展本质上是由硬件发展驱动的，尤其是 CPU 的性能发展。著名的"摩尔定律"表明了 CPU 的处理能力每隔 18 个月就翻一番；而将硬件性能充分发挥出来的关键就是操作系统，所以操作系统本身其实也是跟随硬件的发展而发展的，操作系统是软件系统的运行环境，操作系统的复杂度直接决定了软件系统的复杂度。

操作系统和性能最相关的就是进程和线程。最早的计算机其实是没有操作系统的，只有输入、计算和输出功能，用户输入一个指令，计算机完成操作，大部分时候计算机都在等待用户输入指令，这样的处理性能显然是很低效的，因为人的输入速度是远远比不上计算机的运算速度的。

为了解决手工操作带来的低效，批处理操作系统应运而生。批处理简单来说就是先把要执行的指令预先写下来（写到纸带、磁带、磁盘等），形成一个指令清单，这个指令清单就是我们常说的"任务"，然后将任务交给计算机去执行。批处理操作系统负责读取"任务"中的指令清单并进行处理，计算机执行的过程中无须等待人工手工操作，这样性能就有了很大的提升。

批处理程序大大提升了处理性能，但有一个很明显的缺点：计算机一次只能执行一个任务，如果某个任务需要从 I/O 设备（例如磁带）读取大量的数据，在 I/O 操作的过程中，CPU 其实是空闲的，而这个空闲时间本来是可以进行其他计算的。

为了进一步提升性能，人们发明了"进程"，用进程来对应一个任务，每个任务都有自己独立的内存空间，进程间互不相关，由操作系统来进行调度。此时的 CPU 还没有多核和多线程的概念，为了达到多进程并行运行的目的，采取了分时的方式，即把 CPU 的时间分成很多片段，每个片段只能执行某个进程中的指令。虽然从操作系统和 CPU 的角度来说还是串行处理的，但是由于 CPU 的处理速度很快，因此从用户的角度来看，感觉是多进程在并行处理。

多进程虽然要求每个任务都有独立的内存空间，进程间互不相关，但从用户的角度来看，两个任务之间能够在运行过程中就进行通信，会让任务设计变得更加灵活高效。否则如果两个任务运行过程中不能通信，只能是 A 任务将结果写到存储，B 任务再从存储读取进行处理，不仅效率低，而且任务设计更加复杂。为了解决这个问题，进程间通信的各种方式被设计出来了，包括管道、消息队列、信号量、共享存储等。

多进程让多任务能够并行处理任务，但本身还有缺点，单个进程内部只能串行处理，而实际上很多进程内部的子任务并不要求是严格按照时间顺序来执行的，也需要并行处理。例如，一个餐馆管理进程，排位、点菜、买单、服务员调度等子任务必须能够并行处理，否则就会出现某个客人买单时间比较长（比如说信用卡刷不出来），其他客人都不能点菜的情况。为了解决这个问题，人们又发明了线程，线程是进程内部的子任务，但这些子任务都共享同一份进程数据。为了保证数据的准确性，又发明了互斥锁机制。有了多线程后，操作系统调度的最小单位就变成了线程，而进程变成了操作系统分配资源的最小单位。

多进程多线程虽然让多任务并行处理的性能大大提升，但本质上还是分时系统，并不能做到时间上真正的并行。解决这个问题的方式显而易见，就是让多个 CPU 能够同时执行计算任务，从而实现真正意义上的多任务并行。目前这样的解决方案有 3 种：SMP（对称多处理器结构，Symmetric Multi-Processor）、NUMA（Non-Uniform Memory Access，非一致存储访问结构）、MPP（Massive Parallel Processing，海量并行处理结构）。其中 SMP 是我们最常见的，目前流行的多核处理器就是 SMP 方案。

操作系统发展到现在，如果我们要完成一个高性能的软件系统，需要考虑如下技术点：多进程、多线程、进程间通信、多线程并发等，而且这些技术并不是最新的就是最好的，也不是非此即彼的选择。在做架构设计的时候，需要花费很大的精力来结合业务进行分析、判断、选择、组合，这个过程同样很复杂。举一个最简单的例子：Nginx 可以用多进程，也可以用多线程，JBoss 采用的是多线程，Redis 采用的是单进程，Memcache 采用的是多线程，这些系统都实现了高性能，但内部实现差异却很大。

- **集群的复杂度**

虽然计算机硬件的性能快速发展，但和业务的发展速度相比，还是小巫见大巫了，尤其是进入互联网时代后，业务的发展速度远远超过了硬件的发展速度。例如：

（1）2016 年"双 11"支付宝每秒峰值达 12 万笔支付。

（2）2017 年春节微信红包收发红包每秒达到 76 万个。

要支持支付和红包这种复杂的业务，单机的性能无论如何是无法支撑的，必须采用机器集群的方式来达到高性能。例如，支付宝和微信这种规模的业务系统，后台系统的机器数量都是万台级别的。

通过大量机器来提升性能，并不仅仅是增加机器这么简单，让多台机器配合起来达到高性能的目的，是一个复杂的任务，我们针对常见的几种方式简单地分析一下。

- **任务分配**

任务分配的意思是指每台机器都可以处理完整的业务任务，不同的任务分配到不同的机器上执行。

我们从最简单的一台服务器变为两台服务器开始来研究任务分配带来的复杂性，整体架构示意图如下。

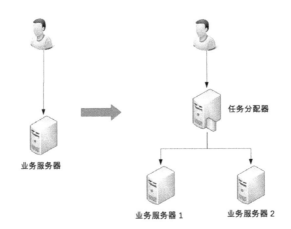

从上图可以看到，1 台服务器演变为 2 台服务器后，架构上明显要复杂得多，主要体现在如下几个方面。

（1）需要增加一个任务分配器，这个分配器可能是硬件网络设备（例如，F5、交换机等），可能是软件网络设备（例如，LVS），也可能是负载均衡软件（例如，Nginx、HAProxy），还可能是自己开发的系统。选择合适的任务分配器也是一件复杂的事情，需要综合考虑性能、成本、可维护性、可用性等各方面的因素。

（2）任务分配器和真正的业务服务器之间有连接和交互（即图中任务分配器到业务服务器的连接线），需要选择合适的连接方式，并且对连接进行管理。例如，连接建立、连接检测、连接中断后如何处理等。

（3）任务分配器需要增加分配算法。例如，是采用轮询算法，还是按权重分配，又或者按照负载进行分配。如果按照服务器的负载进行分配，则业务服务器还要能够上报自己的状态给任务分配器。

看完上面这一大段描述，相信即使看不懂，也能感受到其中的复杂度了，毕竟把这么一大段文字读完都不是一件简单的事情，更何况要真正去实践和实现。

以上这个架构只是最简单地增加 1 台业务机器，我们假设单台业务服务器每秒能够处理 5000 次业务请求，那么这个架构理论上能够支撑 10000 次请求，实际上的性能一般按照 8 折计算，大约是 8000 次左右。

如果我们的性能要求继续提高，假如要求每秒提升到 10 万次，上述架构会出现什么问题呢？是不是将业务服务器增加到 25 台就可以了呢？显然不是，因为随着性能的增加，任务分配器本身又会成为性能瓶颈，当业务请求达到每秒 10 万次的时候，单台任务分配器也不够用了，任务分配器本身也需要扩展为多台机器，这时的架构又会演变成如下图所示的样子。

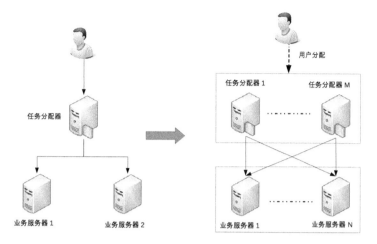

这个架构比 2 台业务服务器的架构要复杂，主要体现在：

（1）任务分配器从 1 台变成了多台（对应图中的任务分配器 1 到任务分配器 M），这个变化带来的复杂度就是需要将不同的用户分配到不同的任务分配器上（即图中的虚线"用户分配"部分），常见的方法包括 DNS 轮询、智能 DNS、CDN（内容分发网络，Content Delivery Network）、GSLB 设备（全局负载均衡，Global Server Load Balance）等。

（2）任务分配器和业务服务器的连接从简单的"1 对多"（1 台任务分配器连接多台业务服务器）变成了"多对多"（多台任务分配器连接多台业务服务器）的网状结构。

（3）机器数量从 3 台扩展到 30 台（一般任务分配器数量比业务服务器要少，这里我们假设业务服务器为 25 台，任务分配器为 5 台），状态管理、故障处理复杂度也大大增加。

以上例子都是以业务处理为样例，实际上"任务"涵盖的范围很广，可以指完整的业务处理，也可以单指某个具体的任务。例如，"存储""运算""缓存"等都可以作为一项任务，因此存储系统、运算系统、缓存系统都可以按照任务分配的方式来搭建架构。此外，"任务分配器"也并不一定只能是物理上存在的机器或一个独立运行的程序，也可以是嵌入在其他程序中的算法，我们以 Memcache 的集群架构为例来说明。

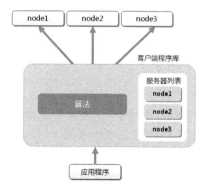

- 任务分解

通过任务分配的方式，我们能够突破单台机器处理性能的瓶颈，通过增加更多的机器来满足业务的性能需求，但如果业务本身也越来越复杂，单纯只通过任务分配的方式来扩展性能，收益会越来越低。例如，业务简单的时候 1 台机器扩展到 10 台机器，性能能够提升 8 倍（需要扣除机器群带来的部分性能损耗，因此无法达到理论上的 10 倍那么高），但如果业务越来越复杂，1 台机器扩展到 10 台，性能可能只提升了 5 倍。造成这种现象的主要原因是业务越来越复杂，单台机器处理的性能会越来越低。为了能够继续提升性能，我们需要采取第二种方式：任务分解。

继续以"任务分配"章节中的架构为例，"业务服务器"如果越来越复杂，我们可以将其拆分为更多的组成部分，以微信的后台架构为例进行说明，如下图所示。

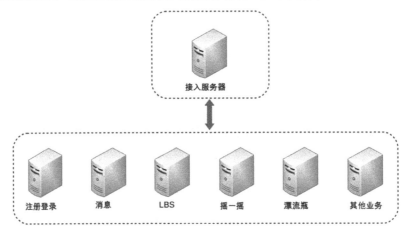

通过上面的架构示意图可以看出，微信后台架构从逻辑上将各个子业务进行了拆分，包括接入、注册登录、消息、LBS、摇一摇、漂流瓶、其他业务（聊天、视频、朋友圈等）。

通过这种任务分解的方式，能够把原来大一统但复杂的业务系统，拆分成小而简单但需要多个系统配合的业务系统。从业务的角度来看，任务分解既不会减少功能，也不会减少代码量（事实上代码量可能还会增加，因为从代码内部调用改为通过服务器之间的接口调用），那为何通过任务分解就能够提升性能呢？

主要有以下几方面的因素。

（1）简单的系统更容易做到高性能。

系统的功能越简单，影响性能的点就越少，就更容易进行有针对性的优化；而系统很复杂的情况下，首先是比较难以找到关键性能点，因为需要考虑和验证的点太多；其次是即使花费很大力气找到了，修改起来也不容易，因为可能将 A 关键性能点提升了，但却无意中将 B 点的性能降低了，整个系统的性能不但没有提升，还有可能会下降。

（2）可以针对单个任务进行扩展。

当各个逻辑任务分解到独立的子系统后，整个系统的性能瓶颈更容易发现，而且发现后只需要针对有瓶颈的子系统进行性能优化或提升，不需要改动整个系统，风险会小很多。以微信的后台架构为例，如果用户数增长太快，注册登录子系统性能出现瓶颈的时候，只需要优化登录注册子系统的性能（可以是代码优化，也可以简单粗暴地加机器），消息逻辑、LBS 逻辑等其他子系统完全不需要改动。

既然将一个大一统的系统分解为多个子系统能够提升性能，那是不是划分得越细越好呢？例如，上面的微信后台目前是 7 个逻辑子系统，如果我们把这 7 个逻辑子系统再细分，划分为100 个逻辑子系统，那么性能是不是会更高呢？

其实不然，这样做性能不仅不会提升，反而还会下降，最主要的原因是如果系统拆分得太细，为了完成某个业务，系统间的调用次数会呈指数级上升，而系统间的调用通道目前都是通过网络传输的方式，性能远比系统内的函数调用要低得多。我们以一个简单的图示来说明。

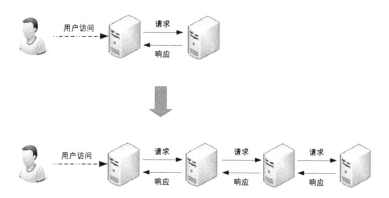

如上图所示，当系统拆分 2 个子系统的时候，用户访问需要 1 次系统间的请求和 1 次响应，当系统拆分为 4 个子系统的时候，系统间的请求次数从 1 次增加到 3 次，假如继续拆分下去为100 个子系统，为了完成某次用户访问，系统间的请求次数变成了 99 次。

为了描述简单，我们抽象出一个最简单的模型：假设这些系统采用 IP 网络连接，理想情况下一次请求和响应在网络上耗费为 1ms，业务处理本身耗时为 50ms。我们也假设系统拆分对单个业务请求性能没有影响，那么系统拆分为两个子系统的时候，处理一次用户访问耗时为 51ms，而系统拆分为 100 个子系统的时候，处理一次用户访问耗时竟然达到了 149ms。

虽然系统拆分可能在某种程度上能提升业务处理性能，但提升性能也是有限的，不可能系统不拆分的时候业务处理耗时为 50ms，系统拆分后业务处理耗时只要 1ms，因为最终决定业务处理性能的还是业务逻辑本身。如果业务逻辑本身没有发生大的变化，那么理论上的性能是有一个上限的，系统拆分能够让性能逼近这个极限，但无法突破这个极限。因此，任务分解带来的性能收益是有一个度的，并不是任务分解得越细越好，而对于架构设计来说，如何把握这个粒度就非常关键了。

1.3.2 高可用

参考维基百科定义：

高可用指"系统无中断地执行其功能"的能力，代表系统的可用性程度，是进行系统设计时的准则之一。

这个定义的关键在于"无中断"，但恰好难点也在"无中断"上面，因为无论单个硬件，还是单个软件，都不可能做到无中断，硬件会出故障，软件会有 bug；硬件会逐渐老化，软件会越来越复杂和庞大……

除了硬件和软件本质上无法做到"无中断"，外部环境导致的不可用更加不可避免和控制。例如，断电、水灾、地震，这些事故或灾难也会导致系统不可用，而且影响程度更加严重，更加难以预测和规避。

所以，**系统的高可用方案五花八门，但万变不离其宗，本质上都是通过"冗余"来实现高可用**。通俗点来讲，就是一台机器不够就两台，两台不够就四台；一个机房可能断电，那就部署两个机房；一条通道可能故障，那就用两条，两条不够那就用 3 条（移动、电信、联通一起上）。高可用的"冗余"解决方案，单纯从形式上来看，和高性能是一样的，都是通过增加更多机器来达到目的，但其实本质上是有根本区别的：高性能增加机器的目的在于"扩展"处理性能；高可用增加机器的目的在于"冗余"处理单元。

通过冗余增强了可用性，但同时也带来了复杂性，我们根据不同的应用场景来逐一分析。

- 计算高可用

这里的"计算"指的是业务的逻辑处理。计算有一个特点就是无论在哪台机器上进行计算，同样的算法和输入数据，产出的结果都是一样的，所以将计算从一台机器迁移到另外一台机器，对业务并没有什么影响。既然如此，计算高可用的复杂度体现在哪里呢？我们以最简单的单机变双机为例进行分析。如下是单机变双机的简单架构示意图。

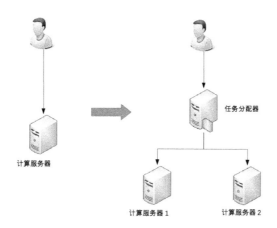

细心的读者可能会发现，这个双机的架构图和前面高性能章节讲到的双机架构图是一模一样的，因此复杂度也是类似的，具体表现为：

（1）需要增加一个任务分配器，选择合适的任务分配器也是一件复杂的事情，需要综合考虑性能、成本、可维护性、可用性等各方面因素。

（2）任务分配器和真正的业务服务器之间有连接和交互，需要选择合适的连接方式，并且对连接进行管理。例如，连接建立、连接检测、连接中断后如何处理等。

（3）任务分配器需要增加分配算法。例如，常见的双机算法有主备、主主。主备方案又可以细分为冷备、温备、热备。

以上只是简单的双机架构示意图，我们再看一个复杂一点的高可用集群架构示意图。

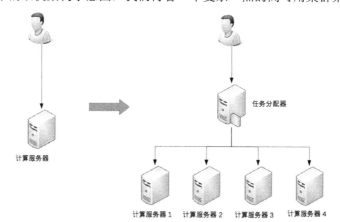

这个高可用集群相比双机来说，分配算法更加复杂，可以是 1 主 3 备、2 主 2 备、3 主 1备、4 主 0 备，具体应该采用哪种方式，需要结合实际业务需求来分析和判断，并不存在某种算法就一定优于另外的算法。例如，ZooKeeper 采用的就是 1 主多备，而 Memcached 采用的就是全主 0 备。

- **存储高可用**

对于需要存储数据的系统来说，整个系统的高可用设计关键点和难点就在于"存储高可用"。存储与计算相比，有一个本质上的区别：将数据从一台机器搬到另一台机器，需要经过线路进行传输。线路传输的速度是毫秒级别：同一机房内能够做到几毫秒，分布在不同地方的机房，传输耗时需要几十甚至上百毫秒。例如，从广州机房到北京机房，稳定情况下 ping 延时大约是 50ms，不稳定情况下可能达到 1s 甚至更多。

虽然毫秒对于人来说几乎没有什么感觉，但是对于高可用系统来说，就是本质上的不同，这意味着整个系统在某个时间点上，数据肯定是不一致的。按照"数据 + 逻辑 = 业务"这个公式来套的话，数据不一致，即使逻辑一致，最后的业务表现就不一样了。以最经典的银行储蓄业务为例，假设用户的数据存在北京机房，用户存入了 1 万块钱，然后他查询的时候被路由到了上海机房，北京机房的数据没有同步到上海机房，用户会发现他的余额并没有增加 1 万块。想象一下，此时用户肯定会背后一凉，马上怀疑自己的钱被盗了，然后赶紧打客服电话投诉，甚至打 110 报警，即使最后发现只是因为传输延迟导致的问题，站在用户的角度来说，这个过程的体验肯定很不好，如下图所示。

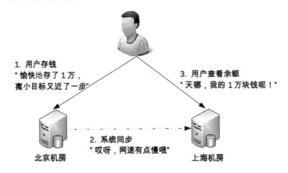

除了物理上的传输速度限制，传输线路本身也存在可用性问题，传输线路可能中断、可能拥塞、可能异常（错包、丢包），并且传输线路的故障时间一般都特别长，短的十几分钟，长的几个小时都是可能的。例如，2015 年支付宝因为光缆被挖掘机挖断，业务影响超过 4 个小时；2016 年中美海底光缆中断 3 小时。在传输线路中断的情况下，就意味着存储无法进行同步，在这段时间内整个系统的数据是不一致的。

综合上述分析，无论正常情况下的传输延迟，还是异常情况下的传输中断，都会导致系统的数据在某个时间点或时间段是不一致的，而数据的不一致又会导致业务问题；但如果完全不做冗余，系统的整体高可用又无法保证，所以**存储高可用的难点不在于如何备份数据，而在于如何减少或规避数据不一致对业务造成的影响**。

分布式领域里面有 1 个著名的 CAP 定理（后续还会详细阐述），从理论上论证了存储高可用的复杂度。也就是说，存储高可用不可能同时满足"一致性、可用性、分区容错性"，最多满足其中两个，这就要求我们在做架构设计时要结合业务进行取舍。

- **高可用状态决策**

无论计算高可用，还是存储高可用，其基础都是"状态决策"，即系统需要能够判断当前的状态是正常的还是出现了异常，如果出现了异常就要采取行动来保证高可用；如果状态决策本身都是有错误或偏差，那么后续的任何行动和处理无论怎么完美都是没有意义和价值的。但在具体实践的过程中，恰好存在一个本质的矛盾：通过冗余来实现的高可用系统，状态决策本质上就不可能做到完全正确。下面我们基于几种常见的决策方式进行详细分析。

【独裁式】

独裁式决策指的是存在一个独立的决策主体——我们姑且称它为"决策者"——负责收集信息然后进行决策；所有冗余的个体——我们姑且称它为"上报者"——都将状态信息发送给决策者。其基本架构如下图所示。

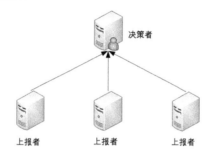

独裁式的决策方式不会出现决策混乱的问题，因为只有一个决策者，但问题也正是在于只有一个决策者：当决策者本身故障时，整个系统就无法实现准确的状态决策。如果决策者本身又做一套状态决策，那就陷入一个递归的死循环了。

【协商式】

协商式决策指的是两个独立的个体通过交流信息，然后根据规则进行决策，最常用的协商式决策就是主备决策，基本架构如下图所示。

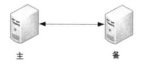

这个架构的基本协商规则可以按照如下方式设计：

（1）2 台服务器启动时都是备机。

（2）2 台服务器建立连接。

（3）2 台服务器交换状态信息。

（4）某 1 台服务器做出决策，成为主机；另一台服务器继续保持备机身份。

协商式决策的架构不复杂，规则也不复杂，其难点在于，如果两者的信息交换出现问题（比如主备连接中断），此时状态决策应该怎么做。以上述架构图为例：

（1）如果备机在连接中断的情况下认为主机故障，那么备机需要升级为主机，但实际上此时主机并没有故障，那么系统就出现了两个主机，这与设计初衷（1 主 1 备）是不符合的。架构图如下。

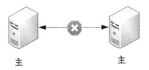

（2）如果备机在连接中断的情况下不认为主机故障，则此时如果主机真的发生故障，那么系统就没有主机了，这同样不符合设计初衷（1 主 1 备）。架构图如下。

（3）如果为了规避连接中断对状态决策带来的影响，可以增加更多的连接。例如，双连接、三连接。架构图如下。

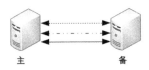

这样虽然能够降低连接中断对状态带来的影响（注意：只能降低，不能彻底解决），但同时又引入了这几条连接之间信息取舍的问题，即如果不同连接上传递的信息不同，应该以哪个连接为准？实际上这也是一个无解的答案，无论以哪个连接为准，在特定场景下都可能存在问题。

综合上面的分析，协商式状态决策在某些场景总是存在一些问题的。

【民主式】

民主式决策指的是多个独立的个体通过投票的方式来进行状态决策。例如，ZooKeeper 集群在选举 leader 时就是采用这种方式，ZooKeeper 的基本架构如下图所示。

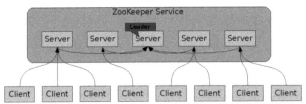

民主式决策和协商式决策比较类似，其基础都是独立的个体之间交换信息，每个个体做出自己的决策，然后按照"多数取胜"的规则来确定最终的状态。不同点在于民主式决策比协商式决策要复杂得多，ZooKeeper 的选举协议 ZAB，绝大部分人都看得云里雾里（笔者也一样看不懂），更不用说用代码来实现这套算法了。

除了算法复杂，民主式决策还有一个固有的缺陷：脑裂。这个词来源于医学上，指人体左右大脑半球的连接被切断后，左右脑因为无法交换信息，导致各自做出决策，然后身体受到两个大脑分别控制，会做出各种奇怪的动作。例如：当一个脑裂患者更衣时，他有时会一只手将裤子拉起，另一只手却将裤子往下脱。脑裂的根本原因是原来统一的集群因为连接中断，造成了两个独立分隔的子集群，每个子集群单独进行选举，于是选出了 2 个主机，相当于人体有两个大脑了。示意图如下。

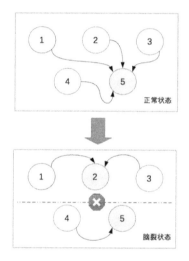

正常状态的时候，节点 5 作为主节点，其他节点作为备节点；当连接发生故障时，节点 1、节点 2、节点 3 形成了一个子集群，节点 4、节点 5 形成了另外一个子集群，这两个子集群的连接已经中断，无法进行信息交换。按照民主决策的规则和算法，两个子集群分别选出了节点 2 和节点 5 作为主节点，此时整个系统就出现了两个主节点。这个状态违背了系统设计的初衷，两个主节点会各自做出自己的决策，整个系统的状态就混乱了。

为了解决脑裂问题，民主式决策的系统一般都采用"投票节点数必须超过系统总节点数一半"规则来处理。如上图那种情况，节点 4 和节点 5 形成的子集群总节点数只有 2 个，没有达到总节点数 5 个的一半，因此这个子集群不会进行选举。这种方式虽然解决了脑裂问题，但同时降低了系统整体的可用性，即如果系统不是因为脑裂问题导致投票节点数过少，而真的是因为节点故障（例如，节点 1、节点 2、节点 3 真的发生了故障），此时系统也不会选出主节点，整个系统就相当于宕机了，尽管此时还有节点 4 和节点 5 是正常的。

综合上面的分析，无论采取什么样的方案，状态决策都不可能做到任何场景下都没有问题，但完全不做高可用方案又会有更大的问题，如何选取适合系统的高可用方案，也是一个复杂的分析、判断和选择的过程。

1.3.3　可扩展性

可扩展性指系统为了应对将来需求变化而提供的一种扩展能力，当有新的需求出现时，系统不需要或仅需要少量修改就可以支持，无须整个系统重构或重建。

由于软件系统固有的多变性，新的需求总会不断地提出来，因此可扩展性显得尤其重要。在软件开发领域，面向对象思想的提出，就是为了解决可扩展性带来的问题，后来的设计模式，更是将可扩展性做到了极致（《设计模式》一书的副标题就是"可复用面向对象软件的基础"）。得益于设计模式的巨大影响力，几乎所有的技术人员对于可扩展性都特别重视。

设计具备良好可扩展性的系统，有两个基本条件：正确预测变化、完美封装变化。但要达成这两个条件，本身也是一件复杂的事情，我们接下来具体分析。

- 预测变化

软件系统与硬件或建筑相比，有一个很大的差异：软件系统在发布后还可以不断地修改和演进，这就意味着不断有新的需求需要实现。如果新需求能够不改代码甚至少改代码就可以实现，那当然是皆大欢喜的，否则来一个需求就要求系统大改一次，成本会非常高，程序员心里也不爽（改来改去），产品经理也不爽（做得那么慢），老板也不爽（那么多人就只能干这么点事）。因此作为架构师，我们总是试图去预测所有的变化，然后设计完美的方案来应对，当下一次需求真正来临时，架构师可以自豪地说：这个我当时已经预测到了，架构已经完美地支持，只需要一两天工作量就可以了！

然而理想是美好的，现实却是复杂的。有一句谚语："唯一不变的是变化"，如果按照这个标准去衡量，架构师每个设计方案都要考虑可扩展性。例如，架构师准备设计一个简单的后台管理系统，当架构师考虑用 MySQL 存储数据时，要考虑后续是否需要用 Oracle 来存储？当架构师设计用 HTTP 做接口协议时，要考虑要不要支持 ProtocolBuffer？甚至更离谱一点，架构师是否要考虑 VR 技术对架构的影响从而提前做好可扩展性？如果每个点都考虑可扩展性，架构师会不堪重负，架构设计也会异常庞大最终无法落地。但我们也不能完全不做预测，否则可能系统刚上线，马上来新的需求就需要重构，这同样意味着前期很多投入的工作量也是白费的。

同时，预测这个词，本身就暗示了不可能每次预测都是准确的，如果预测的事情出错，我们期望中的需求迟迟不来，甚至被明确否定，那么基于预测做的架构设计就没什么作用，投入的工作量也就白费了。

综合上述分析，预测变化的复杂性在于：

（1）不能每个设计点都考虑可扩展性。

（2）不能完全不考虑可扩展性。

（3）所有的预测都存在出错的可能性。

对于架构师来说，如何把握预测的程度和提升预测结果的准确性，是一件很复杂的事情，而且没有通用的标准可以简单套上去，更多的时候是靠自己的经验、直觉，所以架构设计评审的时候经常会出现两个设计师对某个判断争得面红耳赤的情况，原因就在于没有明确标准，不同的人理解和判断有偏差，而最终又只能选择一个判断。

- **应对变化**

假设架构师经验非常丰富，目光非常敏锐，看问题非常准，所有的变化都能准确预测，是否意味着可扩展性就很容易实现了呢？也没那么理想，因为预测变化是一回事，采取什么方案来应对变化，又是另外一个复杂的事情。即使预测很准确，如果方案不合适，则系统扩展一样很麻烦。

第一种应对变化的常见方案是将"变化"封装在一个"变化层"，将不变的部分封装在一个独立的"稳定层"，其基本架构如下图所示。

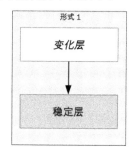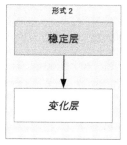

无论变化层依赖稳定层，还是稳定层依赖变化层都是可以的，需要根据具体业务情况来设计。例如，如果系统需要支持 XML、JSON、ProtocolBuffer 三种接入方式，那么最终的架构就是上图中的"形式 1"架构，如下图所示。

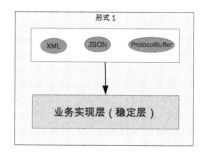

如果系统需要支持 MySQL、Oracle、DB2 数据库存储，那么最终的架构就变成了"形式 2"的架构了，具体架构如下图所示。

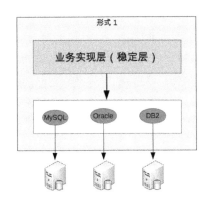

无论采取哪种形式，通过剥离变化层和稳定层的方式应对变化，都会带来两个主要的复杂性相关的问题。

（1）系统需要拆分出变化层和稳定层。

对于哪些属于变化层，哪些属于稳定层，很多时候并不是像前面的样例（不同接口协议或不同数据库）那样明确，不同的人有不同的理解，导致架构设计评审的时候可能吵翻天。

（2）需要设计变化层和稳定层之间的接口。

接口设计同样至关重要，对于稳定层来说，接口肯定是越稳定越好；但对于变化层来说，在有差异的多个实现方式中找出共同点，并且还要保证当加入新的功能时原有的接口设计不需要怎么修改，是一件很复杂的事情。例如，MySQL 的 REPLACE INTO 和 Oracle 的 MERGE INTO 语法和功能有一些差异，那存储层如何向稳定层提供数据访问接口呢？是采取 MySQL 的方式，还是采取 Oracle 的方式，还是自适应判断？如果再考虑 DB2 的情况呢？相信大家看到这个简单的案例就已经能够大致体会到接口设计的复杂性了。

第二种常见的应对变化的方案是提炼出一个"抽象层"和一个"实现层"，抽象层是稳定的，实现层可以根据具体业务需要定制开发，当加入新的功能时，只需要增加新的实现，无须修改抽象层。这种方案典型的实践就是设计模式和规则引擎。考虑到绝大部分技术人员对设计模式都非常熟悉，我们以设计模式为例来说明这种方案的复杂性。

我们以设计模式的"装饰者"模式为例来分析。如下是装饰者模式的类关系图。

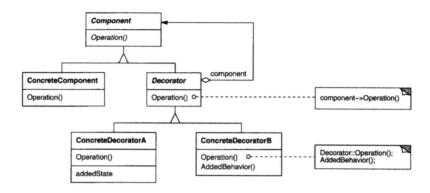

上图中的 Component 和 Decorator 就是抽象出来的规则，这个规则包括如下几部分：

（1）Component 和 Decorator 类。

（2）Decorator 类继承 Component 类。

（3）Decorator 类聚合了 Component 类。

这个规则一旦抽象出来后就固定了，不能轻易修改。例如，把规则 3 去掉，就无法实现装饰者模式的目的了。

装饰者模式相比传统的继承来实现功能，确实灵活很多。例如，《设计模式》中装饰者模式的样例"TextView"类的实现，用了装饰者之后，能够灵活地给 TextView 增加额外更多功能：可以增加边框、滚动条、背景图片等，这些功能上的组合不影响规则，只需要按照规则实现即可。但装饰者模式相对普通的类实现模式，明显要复杂多了。本来一个函数或一个类就能搞定的事情，现在要拆分成多个类，而且多个类之间必须按照装饰者模式来设计和调用。

规则引擎和设计模式类似，都是通过灵活的设计来达到可扩展的目的，但"灵活的设计"本身就是一件复杂的事情，不说别的，光是把 23 种设计模式全部理解和记住，都是一件很困难的事情。

1.3.4　低成本

当我们的架构方案只涉及几台或十几台服务器时，一般情况下成本并不是我们重点关注的目标，但如果架构方案涉及几百上千甚至上万台服务器，成本就会变成一个非常重要的架构设计考虑点。例如，A 方案需要 10000 台机器，B 方案只需要 8000 台机器，单从比例来看，也就节省了 20%的成本，但从数量来看，B 方案能节省 2000 台机器，1 台机器成本预算每年大约 2 万元，这样一年下来就能节省 4000 万元，4000 万元成本不是小数目，给 100 人的团队发奖金每人可以发 40 万元了，这可是算得上天价奖金了。通过一个架构方案的设计，就能轻松节约几千万元，不但展现了技术的强大力量，也带来了可观的收益，对于技术人员来说，最有满足感的事情莫过于如此了。

当我们设计"高性能""高可用"的架构时，通用的手段都是通过增加更多服务器来满足"高性能"和"高可用"的要求；而低成本正好与此相反，我们需要减少服务器的数量才能达成低成本的目标。因此，低成本本质上是与高性能和高可用冲突的，所以低成本很多时候不会是架构设计的首要目标，而是架构设计的附加约束。也就是说，我们首先设定一个成本目标，当我们根据高性能、高可用的要求设计出方案时，评估一下方案是否能满足成本目标，如果不行，就需要重新设计架构；如果无论如何都无法设计出满足成本要求的方案，那就只能找老板调整成本目标了。

低成本给架构设计带来的主要复杂度体现在：往往只有"创新"才能达到低成本目标。这里的"创新"既包括开创一个全新的技术领域（这个要求对绝大部分公司太高），也包括引入新技术，如果没有找到能够解决问题的新技术，那么真的就需要自己创造新的技术。

类似的新技术例子很多：

- NoSQL（Memcache、Redis 等）的出现是为了解决关系型数据库无法应对高并发访问带来的访问压力。
- 全文搜索引擎（Sphinx、Elasticsearch、Solr）的出现是为了解决关系型数据库 like 搜索的低效的问题。
- Hadoop 的出现是为了解决传统文件系统无法应对海量数据存储和计算的问题。

业界类似的例子也很多：

- Facebook 为了解决 PHP 的低效问题，刚开始的解决方案是 HipHop PHP，可以将 PHP 语言翻译为 C++语言执行，后来改为 HHVM，将 PHP 翻译为字节码然后由虚拟机执行，和 Java 的 JVM 类似。
- 新浪微博将传统的 Redis/MC + MySQL 方式，扩展为 Redis/MC + SSD Cache + MySQL 方式，SSD Cache 作为 L2 缓存使用，既解决了 MC/Redis 成本过高，容量小的问题，也解决了穿透 DB 带来的数据库访问压力。
- Linkedin 为了处理每天 5 千亿个事件，开发了高效的 Kafka 消息系统。
- 其他类似将 Ruby on Rails 改为 Java、Lua + Redis 改为 Go 语言实现的例子还有很多。

无论引入新技术，还是自己创造新技术，都是一件复杂的事情。引入新技术的主要复杂度在于需要去熟悉新技术，并且将新技术与已有技术结合起来；创造新技术的主要复杂度在于需要自己去创造全新的理念和技术，并且新技术跟旧技术相比，需要有质的飞跃。

相比来说，创造新技术要复杂更多，所以一般中小公司基本都是靠引入新技术来达到低成本的目标；而大公司更有可能自己去创造新的技术来达到低成本的目标，因为大公司才有足够的资源、技术和时间去创造新技术。

1.3.5　安全

安全本身是一个庞大而又复杂的技术领域，并且一旦出问题，对业务和企业形象影响非常大。例如：

- 2016 年雅虎爆出史上最大规模信息泄露事件，逾 5 亿用户资料在 2014 年被窃取。
- 2016 年 10 月美国遭史上最大规模 DDoS 攻击，东海岸网站集体瘫痪。
- 2013 年 10 月，为全国 4500 多家酒店提供网络服务的浙江慧达驿站网络有限公司，因安全漏洞问题，致 2 千万条入住酒店的客户信息泄露，由此导致很多敲诈、家庭破裂的后续事件。

正因为经常能够看到或听到各类安全事件，所以大部分技术人员和架构师，对安全这部分多多少少会有一些了解和考虑。

从技术的角度来讲，安全可以分为两类：一类是功能上的安全，另一类是架构上的安全。

【功能安全】

例如，常见的 XSS 攻击、CSRF 攻击、SQL 注入、Windows 漏洞、密码破解等，本质上是因为系统实现有漏洞，黑客有了可乘之机。黑客会利用各种漏洞潜入系统，这种行为就像小偷一样。小偷会翻墙、开锁、爬窗、钻狗洞进入我们的房子；黑客和小偷的手法都是利用系统不完善的地方潜入系统进行破坏或盗取。因此形象地说，功能安全其实就是"防小偷"。

从实现的角度来看，功能安全更多的是和具体的编码相关，与架构关系不大。现在很多开发框架都内嵌了常见的安全功能，能够大大减少安全相关功能的重复开发，但框架只能预防常见的安全漏洞和风险（常见的 XSS 攻击、CSRF 攻击、SQL 注入等），无法预知新的安全问题，而且框架本身很多时候也存在漏洞（例如，流行的 Apache Struts2 就多次爆出了调用远程代码执行的高危漏洞，给整个互联网都造成了一定的恐慌），所以功能安全是一个逐步完善的过程，而且往往都是在问题出现后才能有针对性的解决方案，我们永远无法预测系统下一个漏洞在哪里，也不敢说自己的系统肯定没有任何问题，所以功能安全是一个"攻"与"防"的矛盾，只能在这种攻防大战中逐步完善，不可能在系统架构设计的时候一劳永逸地解决。

【架构安全】

功能安全是"防小偷"，而架构安全就是"防强盗"。强盗会直接用锤子将大门砸开，或者用炸药将围墙炸倒；小偷是偷东西，而强盗很多时候就是故意搞破坏，对系统的影响也大得多。因此架构设计时需要特别关注架构安全，尤其是互联网时代，理论上来说系统部署在互联网上时，全球任何地方都可以发起攻击。

传统的架构安全主要依靠防火墙，防火墙最基本的功能就是隔离网络，通过将网络划分成不同的区域，制定出不同区域之间的访问控制策略来控制不同信任程度区域间传送的数据流。例如，如下是一个典型的银行系统的安全架构。

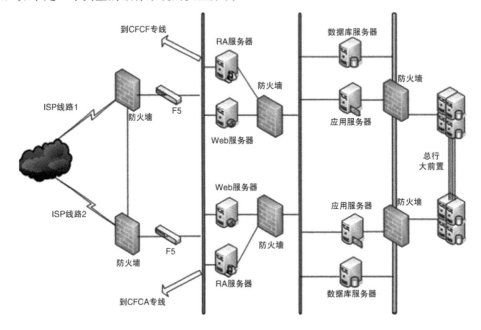

我们可以看到整个系统根据不同的分区部署了多个防火墙来保证系统的安全。

防火墙的功能虽然强大，但性能一般，所以在传统的银行和企业应用领域应用较多。但在互联网领域，防火墙的应用场景并不多。因为互联网的业务具有海量用户访问和高并发的特点，防火墙的性能不足以支撑；尤其是互联网领域的 DDOS 攻击，轻则几 GB，重则几十 GB。2016年知名安全研究人员 Brian Krebs 的安全博客网站遭遇 DDoS 攻击，攻击带宽达 665Gbps，是目前在网络犯罪领域已知的最大的拒绝服务攻击。这种规模的攻击，如果用防火墙来防，则需要部署大量的防火墙，成本会很高。例如，中高端一些的防火墙价格 10 万元，每秒能抗住大约25GB 流量，那么应对这种攻击就需要将近 30 台防火墙，成本将近 300 万元，这还不包括维护成本，而这些防火墙设备在没有发生攻击的时候又没有什么作用。也就是说，如果花费几百万元来买这么一套设备，有可能几年都没有发挥任何作用。

就算是公司对钱不在乎，一般也不会堆防火墙来防 DDOS 攻击，因为 DDOS 攻击最大的影响是大量消耗机房的出口总带宽。不管防火墙处理能力有多强，当出口带宽被耗尽时，整个业务在用户看来就是不可用的，因为用户的正常请求已经无法到达系统了。防火墙能够保证内部系统不受冲击，但用户进不来，对于用户来说，业务都已经受到影响了，至于是用户进不去，还是因为系统出故障，其实用户根本不会关心。

基于上述原因，互联网系统的架构安全目前并没有太好的设计手段来实现，更多是依靠运营商或云服务商强大的带宽和流量清洗的能力，较少自己来设计和实现。

1.3.6　规模

很多企业级的系统，既没有高性能要求，也没有双中心高可用要求，也不需要什么扩展性，但往往大家一说到这样的系统，很多人都会脱口而出：这个系统好复杂！为何这样说呢？关键就在于这样的系统往往功能特别多，逻辑分支特别多。特别是有的系统，发展时间比较长，不断地往上面叠加功能，后来的人由于不熟悉整个发展历史，可能连很多功能的应用场景都不清楚，或者细节根本无法掌握，面对的就是一个黑盒系统，看不懂、改不动、不敢改、修不了，复杂度自然就感觉很高了。

规模带来复杂度的主要原因就是"量变引起质变"，当数量超过一定的阈值后，复杂度会发生质的变化。常见的规模带来的复杂度如下。

- **功能越来越多，导致系统复杂度指数级上升**

例如，某个系统开始只有 3 大功能，后来不断增加到 8 大功能，虽然还是同一个系统，但复杂度已经相差很大了，具体相差多大呢？

我们以一个简单的抽象模型来计算一下，假设系统间的功能都是两两相关的，系统的复杂度=功能数量+功能之间的连接数量，通过计算我们可以看出：

```
3 个功能的系统复杂度 = 3 + 3 = 6
8 个功能的系统复杂度 = 8 + 28 = 36
```

可以看出，具备 8 个功能的系统的复杂度不是比具备 3 个功能的系统的复杂度多 5，而是多了 30，基本是指数级增长的，主要原因在于随着系统功能数量增多，功能之间的连接呈指数级增长。下图形象地展示了功能数量的增多带来了复杂度。

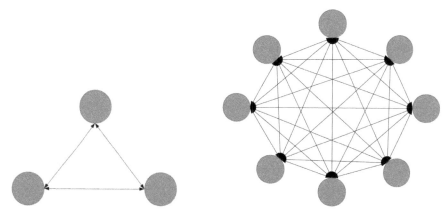

通过肉眼就可以很直观地看出，具备 8 个功能的系统复杂度要高得多。

- **数据越来越多，系统复杂度发生质变**

与功能类似，系统数据越来越多时，也会由量变带来质变，最近几年火热的"大数据"就是在这种背景下诞生的。大数据单独成为一个热门的技术领域，主要原因就是数据太多以后，传统的数据收集、加工、存储、分析的手段和工具已经无法适应，必须应用新的技术才能解决。目前的大数据理论基础是 Google 发表的三篇大数据相关论文，其中 Google File System 是大数据文件存储的技术理论，Google BigTable 是列式数据存储的技术理论，Google MapReduce 是大数据运算的技术理论，这三篇技术论文各自开创了一个新的技术领域。

即使我们的数据没有达到大数据规模，数据的增长也可能给系统带来复杂性。典型的例子莫过于使用关系数据库存储数据，我们以 MySQL 为例，MySQL 单表的数据因不同的业务和应用场景会有不同的最优值，但不管怎样都肯定是有一定的限度的，一般推荐在 5000 万行左右。如果因为业务的发展，单表数据达到了 10 亿行，就会产生很多问题，例如：

- 添加索引会很慢，可能需要几个小时，这几个小时内数据库表是无法插入数据的，相当于业务停机了。
- 修改表结构和添加索引存在类似的问题，耗时可能会很长；
- 即使有索引，索引的性能也可能会很低，因为数据量太大；
- 数据库备份耗时很长；

......

因此，当 MySQL 单表数据量太大时，我们必须考虑将单表拆分为多表，这个拆分过程也会引入更多复杂性，例如：

- 拆表的规则是什么？
- 以用户表为例：是按照用户 id 拆分表，还是按照用户注册时间拆表？
- 拆完表后查询如何处理？
- 以用户表为例：假设按照用户 id 拆表，当业务需要查询学历为"本科"以上的用户时，要去很多表查询才能得到最终结果，怎么保证性能？

......

还有很多类似的问题这里不一一展开，后续章节会详细讨论。

1.4　本章小结

- 系统泛指由一群有关联的个体组成，根据某种规则运作，能完成个别元件不能单独完成的工作的群体。它的意思是"总体""整体"或"联盟"。

- 子系统也是由一群有关联的个体所组成的系统，多半是更大系统中的一部分。
- 软件模块（Module）是一套一致而互相紧密关联的软件组织。它分别包含了程序和数据结构两部分。
- 软件组件定义为自包含的、可编程的、可重用的、与语言无关的软件单元，软件组件可以很容易被用于组装应用程序中。
- 软件框架（Software Framework），通常指的是为了实现某个业界标准或完成特定基本任务的软件组件规范，也指为了实现某个软件组件规范时，提供规范所要求之基础功能的软件产品。
- 软件架构指软件系统的顶层结构。
- 同一软件系统从不同的角度进行分解，会得到不同的架构。
- 架构设计的主要目的是为了解决软件系统复杂度带来的问题。
- 主要的软件系统复杂度有高性能、高可用、可扩展、低成本、安全、规模几种。

第 2 章
架构设计原则

成为架构师是每个程序员的梦想，但并不意味着把编程做好就能够自然而然地成为一个架构师，优秀程序员和架构师之间还有一个明显的鸿沟需要跨越，这个鸿沟就是"不确定性"。

对于编程来说，本质上是不能存在不确定的，对于同样一段代码，不管是谁写的，不管什么时候执行，执行的结果应该都是确定的（注意："确定的"并不等于"正确的"，有 bug 也是确定的）。例如，1+1 肯定要等于 2，不能 99%的概率等于 2，1%的概率等于 3，除非结果本身就是概率相关的。例如，机器学习的输出结果。实际上机器学习的目标也是提升结果的确定性，例如，将图像识别的准确率从 97%提升到 99%。为了保证这种"确定性"，编程语言制定了明确的语言规范，操作系统提供了明确的 API，我们写代码必须遵循编程语言的语法，调用操作系统 API 必须遵循 API 定义。

而对于架构设计来说，本质上是不确定的，同样的一个系统，A 公司和 B 公司做出来的架构可能差异很大，但最后都能正常运转；同样一个数据库，MySQL 貌似也可以，MongoDB 貌似也可以；同样一个方案，A 设计师认为应该这样做，B 设计师认为应该那样做，看起来好像都有道理……相比编程来说，架构设计并没有像编程语言那样的语法来进行约束，更多的时候是面对多种可能性时进行选择。

可是一旦涉及"选择"，就很容易让架构师陷入两难的境地，例如：

- 是要选择业界最先进的技术，还是选择团队目前最熟悉的技术？如果选了最先进的技术后出了问题怎么办？如果选了目前最熟悉的技术，那么后续技术演进怎么办？

- 是要选择 Google 的 Angular 的方案来做，还是选择 Facebook 的 React 来做？Angular

看起来更强大，但 React 看起来更灵活？

- 是要选 MySQL 还是 MongoDB？团队对 MySQL 很熟悉，但是 MongoDB 更加适合业务场景？

- 淘宝的电商网站架构很完善，我们新做一个电商网站，是否简单地照搬淘宝就可以了？

还有很多类似的问题和困惑，关键原因在于架构设计领域并没有一套通用的规范来指导架构师进行架构设计，更多是依赖架构师的经验和直觉。因此架构设计有时候也会被看作一项比较神秘的工作，对于不了解架构设计的技术人员来说，感觉架构师就像魔法师一样，简单挥舞几下魔法棒就变出了一个架构。

业务千变万化，技术层出不穷，设计理念也是百花齐放，看起来似乎很难有一套通用的规范来适用所有的架构设计场景。但是在研究了架构设计的发展历史、多个公司的架构发展过程（QQ、淘宝、Facebook 等）、众多的互联网公司架构设计后，我们发现有几个共性的原则隐含其中，这就是：**合适原则**、**简单原则**、**演化原则**。架构设计时遵循这几个原则，有助于我们做出最好的选择。

2.1　合适原则

原则宣言："合适优于业界领先"。

优秀的技术人员都有很强的技术情结，当他们做方案或架构时，总想不断地挑战自己，想达到甚至优于业界领先水平是其中一个典型表现，因为这样才能够展现自己的优秀，才能在年终 KPI 绩效总结里面骄傲地写上"设计了 XX 方案，达到了和 Google 相同的技术水平""XX 方案的性能测试结果大大优于阿里集团的 YY 方案"。

梦想虽然很美好，现实却是很残酷的：绝大部分这样想和这样做的架构，最后都以失败告终！我在互联网行业见过"亿级用户平台"的失败。2011 年的时候，某几个人规模的业务团队，雄心勃勃地提出要做一个和腾讯 QQ（那时候微信还没火起来）一拼高下的"亿级用户平台"，虽然团队干劲很足，但整个项目的开发过程和后续的迭代过程简直就是一场灾难，例如：

- 什么都自己搞，连日志收集都要用 C 语言重新实现一遍，花了很长时间改各种疑难问题；

- 系统巨复杂，开发周期很长，开发过程中的问题很多；

- 系统测试工作量巨大，效率很低，开发一个简单的功能，一大堆子系统联动；

- 系统上线复杂、效率低，随便一个版本都要求几个甚至十几个子系统同步操作。

怎么回事，不是说"梦想还是要有的，万一实现了呢"？

梦想是好的，但再好的梦想，也需要脚踏实地实现！这里的"脚踏实地"主要体现在以下几个方面。

（1）将军难打无兵之仗。

大公司的分工比较细，一个小系统可能就是一个小组负责，比如说某个通信大厂，做一个OM 管理系统就有十几个人，阿里的中间件团队有几十个人，而大部分公司，整个研发团队可能就 100 多人，某个业务团队可能就十几个人。十几个人的团队，想做几十个人的团队的事情，而且还要做得更加好，不能说绝对不可能，但难度是可想而知的。

没那么多人，却想干那么多活，是失败的第一个主要原因。

（2）罗马不是一天建成的。

业界领先的很多方案，其实并不是一堆天才某个时期灵机一动，然后加班加点就搞出来的，而是经过几年时间的发展才逐步完善和初具规模的。阿里中间件团队 2008 年成立，发展到现在已经有十年了。我们只知道他们抗住了多少次"双 11"，做了多少优秀的系统，但经历了什么样的挑战、踩了什么样的坑，只有他们自己知道！这些挑战和踩坑，都是架构设计非常关键的促进因素，单纯靠拍脑袋或头脑风暴，是不可能和真正实战遇到挑战和问题同日而语的。

没有那么多积累，却想一步登天，是失败的第二个主要原因。

（3）冰山下面才是关键。

很多人以为，业界领先的方案都是天才创造出来的，所以自己也要设计一个业界领先的方案，以此来证明自己也是天才。确实有这样的天才，但更多的时候，业界领先的方案其实都是"逼"出来的！简单来说，"业务"发展到一定阶段，量变导致了质变，出现了新的问题，已有的方式已经不能应对这些问题，需要用一种新的方案来解决，通过创新和尝试，才有了业界领先的方案。GFS 为何在 Google 诞生，而不是在 Microsoft 诞生？我认为 Google 有那么庞大的数据是一个主要的因素，而不是因为 Google 的工程师比 Microsoft 的工程师更加聪明。

没有那么卓越的业务场景，却幻想灵光一闪成为天才，是失败的第三个主要原因。

回到前面举的例子，"亿级用户平台"失败的原因三个因素全占了，没有腾讯那么多的人（当然钱差得更多），没有 QQ 那样海量用户的积累，没有 QQ 那样的业务，这个项目失败其实是在一开始就注定了的（注意这里的失败不是说系统做不出来，而是系统没有按照最初的目标来实现）。

所以，真正优秀的架构都是在企业当前人力、条件、业务等各种约束下设计出来的，能够合理地将资源整合在一起并发挥出最大功效，并且能够快速落地。这也是很多 BAT（百度，阿里巴巴、腾讯）出来的架构师到了小公司或创业团队反而做不出成绩的原因，因为没有了大公司的平台、资源、积累，只是生搬硬套大公司的做法，必然会失败。

2.2　简单原则

原则宣言："简单优于复杂"。

软件架构设计是一门技术活，而历史上的技术活，无论瑞士的钟表，还是瓦特的蒸汽机；无论莱特兄弟发明的飞机，还是摩托罗拉发明的手机，无一不是越来越精细、越来越复杂，因此当我们进行架构设计时，会自然而然地想把架构做精美、做复杂，这样才能体现我们的技术实力，也才能够将架构做成一件艺术品。

由于软件架构和建筑架构表面上的相似性，我们也会潜意识地将对建筑的审美观点移植到软件架构上面。我们惊叹于长城的宏伟、泰姬陵的精美、悉尼歌剧院的艺术感、迪拜帆船酒店的豪华感，因此，对于我们自己亲手打造的软件架构，我们也希望它宏伟、精美、艺术、豪华……总之就是不能寒酸、不能简单。

团队的压力也会有意无意地促进我们走向复杂的方向，因为大部分人在评价一个方案水平高低的时候，复杂性是其中一个重要的参考指标。设计一个主备方案，如果你用心跳来实现，可能大家都认为这太简单了；但如果你引入 ZooKeeper 来做主备决策，可能很多人会认为方案更加高大上一些，毕竟我们使用的是 ZAB 协议（类似 Paxos 算法），而 ZAB 协议本身就很复杂，真正理解 ZAB 协议的人很少（笔者也不懂），但并不妨碍大家都知道 ZooKeeper 很优秀。

以上种种原因会在潜意识层面促使初出茅庐的架构师不自觉地追求架构的复杂性。然而，"复杂"在制造领域代表先进，在建筑领域代表领先，但在软件领域，却恰恰相反，代表的是"问题"。

软件领域的复杂性体现在以下两个方面。

- **结构的复杂性**

结构复杂的系统几乎毫无例外地具备两个特点：组成复杂系统的组件数量更多，同时这些组件之间的关系也更加复杂。我们以图形的方式来形象地说明复杂性：

两个组件组成的系统如下图所示。

三个组件组成的系统如下图所示。

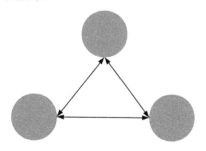

四个组件组成的系统如下图所示。

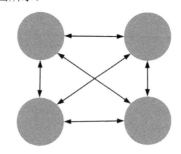

五个组件组成的系统如下图所示。

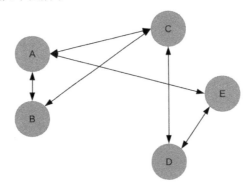

结构上的复杂性存在的第一个问题是：组件越多，就越有可能其中某个组件出现故障，从而导致系统故障。这个概率可以算出来：假设组件的故障率是 10%（有 10%的时间不可用），那么有 3 个组件的系统可用性是（1-10%）×（1-10%）×（1-10%）= 72.9%，有 5 个组件的系统可用性是（1-10%）×（1-10%）×（1-10%）×（1-10%）×（1-10%）=59%，两者的可用性相差 13%。

结构上的复杂性存在的第二个问题是：某个组件改动，会影响关联的所有组件，这些被影响的组件同样会继续递归影响更多的组件。以上图 5 个组件组成的系统为例：组件 A 修改或异常时，会影响组件 B/C/E，D 又会影响 E。这个问题会影响整个系统的开发效率，因为一旦变更涉及外部系统，需要协调各方统一进行方案评估、资源协调、上线配合。

结构上的复杂性存在的第三个问题是：定位一个复杂系统中的问题总是比简单系统更加困难。首先是组件多，每个组件都有嫌疑，因此要逐一排查；其次组件间的关系复杂，有可能表现故障的组件并不是真正问题的根源。

- **逻辑复杂性**

看到结构复杂性后，我们的第一反应可能就是"降低组件数量"，毕竟组件数量越少，系统结构越简单。最简单的结构当然就是整个系统只有一个组件，即系统本身，所有的功能和逻辑都在这一个组件中实现。

　　不幸的是这样做是行不通的，原因在于除了结构复杂性，还有逻辑复杂性，即如果某个组件的逻辑太复杂，一样会带来各种问题。

　　逻辑复杂的组件一个典型特征就是单个组件承担了太多的功能。以电商业务为例，常见的功能有：商品管理、商品搜索、商品展示、订单管理、用户管理、支付、发货、客服……把这些功能全部在一个组件中实现，就是典型的逻辑复杂性。

　　逻辑复杂性典型的表现就是电路图。我们对比一下简单的电路图和复杂电路图，不用详细去研究这个电路图的含义，我们只是感觉一下复杂性的差异即可。

　　一个简单的电路图如下图所示。

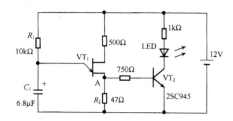

　　一个复杂的电路图如下图所示。

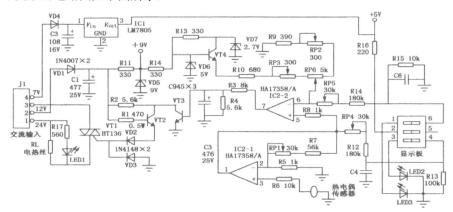

　　逻辑复杂几乎会导致软件工程的每个环节都有问题，假设现在淘宝的这些功能全部在单一的组件中实现，可以想象一下这个恐怖的场景：

　　（1）系统会很庞大，可能是上百万上千万的代码规模，"clone"一次代码要 30 分钟。

　　（2）几十上百人维护这一套代码，某个"菜鸟"不小心改了一行代码，导致整站崩溃。

　　（3）需求像雪片般飞来，为了应对，开几十个代码分支，然后各种分支合并、各种分支覆盖。

　　（4）产品、研发、测试、项目管理不停地开会讨论版本计划，协调资源，解决冲突。

（5）版本太多，每天都要上线几十个版本，系统每隔 1 个小时重启一次。

（6）线上运行出现故障，几十个人扑上去定位和处理，一间小黑屋都装不下所有人，整个办公区闹翻天。

......

不用多说，肯定谁都无法忍受这样的场景。

为何复杂的电路意味更强大的功能，而复杂的架构却有很多问题呢？根本原因在于电路一旦设计好后进入生产，就不会再变，复杂性只是在设计时带来影响；而一个软件系统在投入使用后，后续还有源源不断的需求要实现，因此要不断地修改系统，复杂性在整个系统生命周期中一直都有很大影响。

功能复杂的组件另外一个典型特征就是采用了复杂的算法，复杂算法导致的问题主要是难以理解，进而导致难以实现、难以修改，并且出了问题难以快速解决。

以 ZooKeeper 为例，ZooKeeper 本身的功能主要就是选举，为了实现分布式下的选举，采用了 ZAB 协议，所以 ZooKeeper 功能虽然相对简单，但系统实现却比较复杂。相比之下，etcd 就要简单一些，因为 etcd 采用的是 Raft 协议。相比 ZAB 协议，Raft 协议更加容易理解，更加容易实现。

综合前面的分析，我们可以看到，无论结构的复杂性，还是逻辑的复杂性，都会存在各种问题，所以架构设计时如果简单的方案和复杂的方案都可以满足需求，一定要选择简单的方案，《UNIX 编程艺术》总结的 KISS（Keep It Simple,Stupid!）原则一样适应于架构设计。

2.3　演化原则

原则宣言："演化优于一步到位"。

软件架构从字面意思理解和建筑结构非常类似，事实上"架构"这个词就是建筑领域的专业名词，维基百科对"软件架构"的定义中有一段话描述了这种相似性：

> 从和目的、主题、材料和结构的联系上来说，软件架构可以和建筑物的架构相比拟。

例如，软件架构描述的是一个软件系统的结构，包括各个模块，以及这些模块的关系；建筑架构描述的是一幢建筑的结构，包括各个部件，以及这些部件如何有机地组成成一幢完美的建筑。

然而，表面意思上的相似性却掩盖了一个本质上的差异：建筑一旦完成（甚至一旦开建）就不可再变，而软件却需要根据业务的发展不断地变化！

- 古埃及的吉萨大金字塔，4000 多年前完成的，到现在还是当初的架构。

- 中国的明长城，600 多年前完成的，现在保存下来的长城还是当年的结构。
- 美国白宫，公元 1800 年建成，200 年来进行了几次扩展，但整体结构并无变化，只是在旁边的空地扩建或改造内部的布局。

对比一下，我们来看看软件架构。

Windows 系统的发展历史，如下图所示。

如果对比 Windows 8 的架构和 Windows 1.0 的架构，就会发现它们其实是两个不同的系统了！

Android 的发展历史如下图所示。

同样，Android 6.0 和 Android 1.6 的差异也很大。

对于建筑来说，永恒是主题；而对于软件来说，变化才是主题！软件架构需要根据业务的发展而不断变化。设计 Windows 和 Android 的人都是顶尖的天才，即便如此，他们也不可能在 1985 年设计出 Windows 8，不可能在 2009 年设计出 Android 6.0。

如果没有把握"软件架构需要根据业务发展不断变化"这个本质，在做架构设计的时候就很容易陷入一个误区：试图一步到位地设计一个软件架构，期望不管业务如何变化，架构都稳如磐石！

为了实现这样的目标，要么照搬业界大公司公开发表的方案；要么投入庞大的资源和时间来做各种各样的预测、分析、设计。无论哪种做法，后果都很明显：投入巨大，落地遥遥无期！更让人沮丧的是，就算跌跌撞撞拼死拼活终于落地，却发现很多预测和分析都是不靠谱的！

考虑到软件架构需要根据业务发展不断变化这个本质特点，软件架构设计其实更加类似于大自然"设计"一个生物：

- 首先，生物要适应当时的环境。
- 其次，生物需要不断地迭代繁殖，将有利的基因传递下去，将不利的基因剔除或修复。
- 最后，当环境变化时，生物要能够快速改变以适应环境变化；如果生物无法调整就被自然淘汰；新的生物会保留一部分原来被淘汰的生物的基因。

软件架构设计同样是类似的过程：

- 首先，设计出来的架构要满足当时的业务需要。
- 其次，架构要不断地在实际应用过程中迭代，保留优秀的设计，修复有缺陷的设计，改正错误的设计，去掉无用的设计，使得架构逐渐完善。
- 最后，当业务发生变化时，架构要扩展、重构、甚至重写；代码也许会重写，但有价值的经验、教训、逻辑、设计等（类似生物体内的基因）却可以在新架构中延续。

架构师在进行架构设计时需要牢记这个原则，时刻提醒自己不要贪大求全，或者盲目照搬大公司的做法，而是应该认真分析当前业务的特点，明确业务面临的主要问题，设计合理的架构，快速落地以满足业务需要，然后在运行过程中不断完善架构，不断随着业务演化架构。

2.4 本章小结

- 架构设计原则 1：合适原则，合适的架构优于业界领先的架构。
- 真正优秀的架构都是在企业当前人力、条件、业务等各种约束下设计出来的，能够合理地将资源整合在一起并发挥出最大功效，并且能够快速落地。
- 架构设计原则 2：简单原则，简单的架构优于复杂的架构。
- 软件领域的复杂性体现在两方面：结构的复杂性、逻辑的复杂性。
- 架构设计原则 3：演化原则，架构需要随着业务的发展而不断演化。
- 对于建筑来说，永恒是主题；而对于软件来说，变化才是主题。
- 软件架构设计类似于生物演化。

第 3 章
架构设计流程

在绝大部分公司里，架构师都是技术人员的终极方向，是技术金字塔的顶端。在很多人眼里，架构师类似于艺术家，他们拥有非凡的才华，创造了一个个优秀的产品，并受到人们的敬佩，成为行业"大牛"，从此走向人生的巅峰！

但架构设计真的这么神秘和神奇吗，普通技术人员难道就和架构设计无缘了？

导致这种错误的认知产生的主要原因是技术人员会学习编程语言、数据结构和算法、操作系统、软件工程等，但缺少体系化的架构设计的学习，大学也缺乏相应的架构设计教育和培训等。大部分人做架构设计都是靠自己摸索，或者跟着已有的架构师边做边学，而很多已经成为架构师的技术人员，也并没有形成一套完整的架构设计方法论，仅仅也是自己多积累了一些经验而已。

事实上架构设计没有什么神秘和神奇的地方，也不需要架构师具有艺术家的才华，只要掌握适当的方法，逐步完善架构，"菜鸟"也能够做架构设计。简单来说，架构设计是有套路的，按照套路去做，即使没有丰富的架构设计经验，也能做出基本可行的架构。

3.1 有的放矢——识别复杂度

架构设计的本质目的是为了解决软件系统的复杂性，所以在我们设计架构时，首先就要分析系统的复杂性。只有正确分析出了系统的复杂性，后续的架构设计方案才不会偏离方向；否则如果对系统的复杂性进行了错误的判断，即使后续的架构设计方案再完美再先进，都是南辕北辙，做得越好，错得越多、越离谱。

例如，如果一个系统的复杂度本来是业务逻辑太复杂，功能耦合严重，架构师却设计了一个 TPS 到达 5 万/每秒的高性能架构，即使这个架构最终的性能再优秀都没有任何意义，因为架构没有解决正确的复杂性问题。

架构的复杂度主要来源于"高性能""高可用""可扩展"等几个方面，但架构师在具体判断复杂性的时候，不能生搬硬套，认为任何时候都从这三个方面进行复杂度分析就可以了。实际上绝大部分场景下，复杂度只是其中的某一个，少数情况下包含其中两个，如果真的出现同时需要解决三个或三个以上的复杂度，要么说明这个系统之前做得实在是太烂了，要么架构师的判断出现了严重失误。

例如，某公司 2011 年的时候提出做用户中心，设计对标腾讯的 QQ，按照腾讯的 QQ 用户量级和功能复杂度进行设计，高性能、高可用、可扩展、安全等技术一应俱全，一开始就设计出了 40 多个子系统，然后投入大量人力开发了将近 1 年时间才跌跌撞撞地正式上线。

上线后发现之前的过度设计完全是多此一举，而且带来很多问题：

- 系统复杂无比，运维效率低下，每次业务版本升级都需要十几个子系统同步升级，操作步骤复杂，容易出错，出错后回滚还可能带来二次问题。
- 每次版本开发和升级都需要十几个子系统配合，开发效率低下。
- 子系统数量太多，关系复杂，小问题不断，而且出问题后定位困难。
- 开始设计的号称每秒 TPS 5 万的系统，实际 TPS 连 500 都不到。

由于业务没有发展，最初的设计人员陆续离开，整个系统成了一个烂摊子，后来接手的团队，无奈又花了 2 年时间将系统重构，合并很多子系统，将原来 40 多个子系统合并成不到 20 个子系统，整个系统才逐步稳定下来。

如果运气真的不好，接手了一个每个复杂度都存在问题的系统，那应该怎么办呢？答案是一个个来解决问题，不要幻想一次架构重构解决所有问题。例如，上述的"用户中心"的案例，后来接手的团队其实面临几个主要的问题：系统稳定性不高，经常出各种莫名的小问题；系统子系统数量太多，系统关系复杂，开发效率低；不支持异地多活，机房级别的故障会导致业务整体不可用。如果同时要解决这些问题，就可能会面临如下困境：

- 要做的事情太多，反而感觉无从下手。
- 设计方案本身太复杂，落地时间遥遥无期。
- 同一个方案要解决不同的复杂性，有的设计点是互相矛盾的。例如，要提升系统可用性，就需要将数据及时存储到硬盘上，而硬盘刷盘反过来又会影响系统性能。

因此，正确的做法是将主要的复杂度问题列出来，然后根据业务、技术、团队等综合情况进行排序，优先解决当前面临的最主要的复杂度问题。例如，前面的"用户中心"的案例，团队就优先选择将子系统的数量降下来，后来发现子系统数量降下来后，不但开发效率提升了，原来经常发生的小问题也基本消失了，于是团队再在这个基础上做了异地多活方案，也取得了非常好的效果。

对于按照复杂度优先级解决的这种方式有一个普遍的担忧：如果按照优先级来解决复杂度，可能会出现解决了优先级排在前面的复杂度后，解决后续复杂度的方案需要将已经落地的方案推倒重来。这个担忧理论上是可能的，但现实中几乎是不可能出现的，原因在于软件系统的可塑性和易变性：对于同一个复杂度问题，软件系统的方案可以有多个，总是可以挑出综合来看性价比最高的方案。

即使架构师决定要推倒重来，这个新的方案也必须能够同时解决已经被解决的复杂度问题，一般来说能够达到这种理想状态的方案基本都是依靠新技术的引入。例如，Hadoop 能够将高可用、高性能、容量三个大数据处理的复杂度问题同时解决。

3.2　按图索骥——设计备选方案

确定了系统面临的主要复杂度问题后，方案设计就有了明确的目标，我们就可以开始真正进行架构方案设计了。

架构设计是一个技术活，而技术往往又与创新联系在一起。在很多技术人员眼中，架构师就像魔法师一样，魔术棒一挥，一个架构方案就被创造出来了，因此很多技术人员都会误以为要成为架构师，就需要有天才的创造力，再想到自己好像天分也一般，悟性也不强，创造力更是缺乏，就会感觉这辈子都不可能成为一个优秀的架构师了。

事实上架构师没有魔术师那么神秘，绝大部分架构师也无须天才那样创新，成熟的架构师首先对已经存在的技术非常熟悉，对已经经过验证的架构模式烂熟于心，然后根据自己对业务的理解，挑选合适的架构模式进行组合，再对组合后的方案进行修改和调整。

软件技术经过几十年的发展，虽然新技术还是层出不穷，但经过时间考验，已经被各种场景验证过的成熟技术更多。例如，高可用的主备方案、集群方案，高性能的负载均衡、多路复用，可扩展的分层、插件化等技术，绝大部分时候我们有了明确的目标后，按图索骥就能够找到可选的解决方案。

只有当这种方式完全无法满足需求的时候，才会考虑进行方案的创新，而事实上方案的创新绝大部分情况下也都是基于已有的成熟技术。

- NoSQL：Key-Value 的存储和数据库的索引其实是类似的，Memecache 只是把数据库的索引独立出来做成了一个缓存系统。
- Hadoop 大文件存储方案，基础其实是集群方案 + 数据复制方案。

- Docker 虚拟化，基础是 LXC（Linux Containers，LXC）。
- LevelDB 的文件存储结构是 Skip List。

在《技术的本质》一书中，对技术的组合有清晰的阐述：

> 新技术都是在现有技术的基础上发展起来的，现有技术又来源于先前的技术。将技术进行功能性分组，可以大大简化设计过程，这是技术"模块化"的首要原因。技术的"组合"和"递归"特征，将彻底改变我们对技术本质的认识。

虽说基于已有的技术或架构模式进行组合，然后调整，大部分情况下就能够得到我们需要的方案，但并不意味着架构设计是一件很简单的事情。因为可选的模式有很多，组合的方案更多，往往一个问题的解决方案有很多个；如果在组合的方案上进行一些创新，那么解决方案会更多。因此，如何设计最终的方案，并不是一件容易的事情，这个阶段也是很多架构师容易犯错的地方。

第一种常见的错误：设计最优秀的方案！

很多架构师在设计架构方案时，心里会默认有一种技术情结：我要设计一个优秀的架构，才能体现我的技术能力！例如，高可用的方案中，集群方案明显比主备方案要优秀和强大；高性能的方案中，淘宝的 XX 方案是业界领先的方案……

根据架构设计原则中"简单原则"的要求，挑选合适自己业务、团队、技术能力的方案才是好方案；否则要么浪费大量资源开发了无用的系统（例如，"用户中心"的案例，设计了 50000 TPS 的系统，实际 TPS 只有 500），要么根本无法实现（例如，10 个人的团队要开发现在的整个淘宝系统）。

第二种常见的错误：只做一个方案！

很多架构师在做方案设计时，可能心里会简单地对几个方案进行初步的设想，再简单地判断哪个最好，然后就基于这个判断开始进行详细的架构设计了。

这样做有很多弊端：

- 心里评估过于简单，可能没有想得全面，只是因为某一个缺点就把某个方案给否决了，而实际上没有哪个方案是完美的，某个地方有缺点的方案可能是综合来看最好的方案。
- 架构师再怎么牛，经验知识和技能也有局限，有可能某个评估的标准或经验是不正确的，或者是老的经验不适新的情况，甚至有的评估标准是架构师自己原来就理解错了。
- 单一方案设计会出现过度辩护的情况，即架构评审时，针对方案存在的问题和疑问，架构师会竭尽全力去为自己的设计进行辩护，经验不足的设计人员可能会强词夺理。

因此，架构师需要设计多个备选方案，但方案的数量可以说是无穷无尽的，架构师也不可能穷举所有方案，那合理的做法应该是什么样的呢？

- 备选方案的数量以 3 ~ 5 个为最佳。

  少于 3 个方案可能是因为思维狭隘，考虑不周全；多于 5 个则需要耗费大量的精力和时间，并且方案之间的差别可能不明显。

- 备选方案的差异要比较明显。

  例如，主备方案和集群方案差异就很明显，或者同样是主备方案，用 ZooKeeper 做主备决策和用 Keepalived 做主备决策的差异也很明显。但是都用 ZooKeeper 做主备决策，一个检测周期是 1 分钟，一个检测周期是 5 分钟，这就不是架构上的差异，而是细节上的差异了，不适合做成两个方案。

- 备选方案的技术不要只局限于已经熟悉的技术。

  设计架构时，架构师需要将视野放宽，考虑更多可能性。很多架构师或设计师积累了一些成功的经验，出于快速完成任务和降低风险的目的，可能自觉或不自觉地倾向于使用自己已经熟悉的技术，对于新的技术有一种不放心的感觉。就像那句俗语说的："如果你手里有一把锤子，那么所有的问题在你看来都是钉子"。例如，架构师对 MySQL 很熟悉，因此不管什么存储都基于 MySQL 去设计方案，系统性能不够了，首先考虑的就是 MySQL 分库分表，而事实上也许引入一个 Memcache 缓存就能够解决问题。

第三种常见的错误：备选方案过于详细。

有的架构师或设计师在写备选方案时，错误地将备选方案等同于最终的方案，每个备选方案都写得很细。这样做的弊端显而易见：

- 耗费了大量的时间和精力；

- 将注意力集中到细节中，忽略了整体的技术设计，导致备选方案数量不够或差异不大；

- 评审的时候其他人会被很多细节给绕进去，评审效果很差。例如，评审的时候针对某个定时器应该是 1 分钟还是 30 秒，争论得不可开交。

正确的做法是备选阶段关注的是技术选型，而不是技术细节，技术选型的差异要比较明显。例如，采用 ZooKeeper 和 Keepalived 两种不同的技术来实现主备，差异就很大；而同样都采用 ZooKeeper，一个方案的节点设计是 /service/node/master，另一个方案的节点设计是 /company/service/master，这两个方案并无明显差异，无须在备选方案设计阶段作为两个不同的备选方案，至于节点路径究竟如何设计，只要在最终的方案中挑选一个进行细化即可。

3.3　深思熟虑——评估和选择备选方案

完成备选方案设计后，如何挑选出最终的方案也是一个很大的挑战，主要原因如下：

- 每个方案都是可行的，如果方案不可行就根本不应该作为备选方案。

- 没有哪个方案是完美的。例如，A 方案有性能的缺点，B 方案有成本的缺点，C 方案有新技术不成熟的风险。

- 评价标准主观性比较强，比如架构师说 A 方案比 B 方案复杂，但另外一个设计师可能会认为差不多，架构师也比较难将"复杂"一词进行量化。因此，方案评审的时候我们经常会遇到几个设计师针对某个方案或某个技术点争论得面红耳赤。

正因为选择备选方案存在这些困难，所以实践中很多设计师或架构师就采取了如下指导思想。

- 最简派

设计师挑选一个看起来最简单的方案。例如，我们要做全文搜索功能，方案 1 基于 MySQL，方案 2 基于 Elasticsearch。MySQL 的查询功能比较简单，而 Elasticsearch 的倒排索引设计要复杂得多，写入数据到 Elasticsearch 中，要设计 Elasticsearch 的索引，要设计 Elasticsearch 的分布式……全套下来复杂度很高，所以干脆就挑选 MySQL 来做吧。

- 最牛派

最牛派的做法和最简派正好相反，设计师会倾向于挑选技术上看起来最牛的方案。例如，性能最高的、可用性最好的、功能最强大的，或者淘宝用的、微信开源的、Google 出品的，等等。

我们以缓存方案中的 Memcache 和 Redis 为例，假如我们要挑选一个搭配 MySQL 使用的缓存，Memcache 是纯内存缓存，支持基于一致性 hash 的集群；而 Redis 同时支持持久化，支持数据字典，支持主备，支持集群，看起来比 Memcache 好很多啊，所以就选 Redis 好了。

- 最熟派

设计师基于自己的过往经验，挑选自己最熟悉的方案。我们以编程语言为例，假如设计师曾经是一个 C++经验丰富的开发人员，现在要设计一个运维管理系统，由于对 Python 或 Ruby on Rails 不熟悉，因此继续选择 C++来做运维管理系统。

- 领导派

领导派就更加聪明了，列出备选方案，设计师自己拿捏不定，然后就让领导来定夺，反正最后方案选对了那是领导厉害，方案选的不对怎么办？那也是领导"背锅"。

其实这些不同的做法本身并不存在绝对的正确或绝对的错误，关键是不同的场景应该采取不同的方式。也就是说，有时候我们要挑选最简单的方案，有时候要挑选最优秀的方案，有时候要挑选最熟悉的方案，甚至有时候真的要领导拍板。因此关键问题是：这里的"有时候"到底应该怎么判断？

答案就是"360 度环评"！具体的操作方式为：列出我们需要关注的质量属性点，然后分别从这些质量属性的维度去评估每个方案，再综合挑选适合当时情况的最优方案。

常见的方案质量属性点有：性能、可用性、硬件成本、项目投入、复杂度、安全性、可扩展性等。在评估这些质量属性时，需要遵循架构设计原则 1"合适原则"和原则 2"简单原则"，避免贪大求全，基本上某个质量属性能够满足一定时期内业务发展就可以了。

假如我们做一个购物网站，现在的 TPS 是 1000，如果我们预期 1 年内能够发展到 TPS 2000（业务一年翻倍已经是很好的情况了），在评估方案的性能时，只要能超过 2000 的都是合适的方案，而不是说淘宝的网站 TPS 是每秒 10 万，我们的购物网站就要按照淘宝的标准也实现 TPS 10 万。

有的设计师会有这样的担心：如果我们运气真的很好，业务直接一年翻了 10 倍，TPS 从 1000 上升到 10000，那岂不是按照 TPS 2000 做的方案不合适了，又要重新做方案？

这种情况确实有可能存在，但概率很小，如果每次做方案都考虑这种小概率事件，我们的方案会出现过度设计，导致投入浪费。考虑这个问题的时候，需要遵循架构设计原则 3"演化原则"，避免过度设计、一步到位的想法。按照原则 3 的思想，即使真的出现这种情况，那就算是重新做方案，代价也是可以接受的，因为业务如此迅猛发展，钱和人都不是问题。例如，淘宝和微信的发展历程中，有过多次这样大规模重构系统的经历。

通常情况下，如果某个质量属性评估和业务发展有关系（例如，性能、硬件成本等），需要评估未来业务发展的规模时，一种简单的方式是将当前的业务规模乘以 2~4 即可，如果现在的基数较低，可以乘以 4，如果现在基数较高，可以乘以 2。例如，现在的 TPS 是 1000，则按照 TPS 4000 来设计方案；如果现在 TPS 是 10000，则按照 TPS 20000 来设计方案。

当然，最理想的情况是设计一个方案，能够简单地扩容就能够跟上业务的发展。例如，我们设计一个方案，TPS 2000 的时候只要 2 台机器，TPS 20000 的时候只需要简单地将机器扩展到 20 台即可；但现实往往没那么理想，因为量变会引起质变，具体哪些地方质变，是很难提前太多预判的。举一个最简单的例子：一个开发团队 5 个人开发了一套系统，能够从 TPS 2000 平滑扩容到 TPS 20000，但是当业务规模真的达到 TPS 20000 的时候，团队规模已经扩大到了 20 个人，此时系统发生了两个质变：

- 首先是团队规模扩大，20 个人的团队在同一个系统上开发，开发效率变得很低，系统迭代速度很慢，经常出现某个功能开发完了要等另外的功能开发完成才能一起测试上线，此时如果要解决问题，就需要将系统拆分为更多子系统。
- 其次是原来单机房的集群设计不满足业务需求了，需要升级为异地多活的架构。

如果团队一开始就预测到这两个问题，系统架构提前就拆分为多个子系统并且支持异地多活呢？这种"事后诸葛亮"也是不行的，因为最开始的时候团队只有 5 个人，5 个人在有限的时间内要完成后来 20 个人才能完成的高性能、异地多活、可扩展的架构，项目时间会遥遥无期，业务很难等待那么长的时间。

我们以一个具体实例来展示一下方案"360 度环评"的具体做法（为了突出重点，示例相对做了简化）。

3.3.1　业务背景

某个大约 20 个人规模的创业团队做了一个垂直电商的网站，其中开发人员大约是 6 个人。创业初期为了能够快速上线，系统架构设计得很简单，就是一个简单的 Web 网站，其架构如下图所示。

由于业务飞速发展，目前的 Web 服务器已经出现性能瓶颈，用户访问缓慢，用户投诉日益增多，影响业务的进一步发展。

3.3.2　备选方案设计

【方案 1：横向扩展】

横向扩展的实现比较简单，就是简单地增加 Web 服务器，将单台 Web 服务器扩展为 Web 服务器集群，其架构如下图所示。

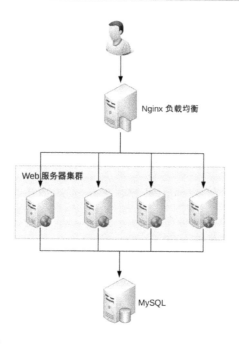

【方案 2：系统拆分】

参考淘宝，将电商系统拆分为商品子系统、订单子系统、用户管理子系统，其架构示意图如下图所示。

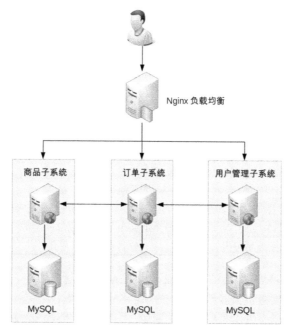

3.3.3　备选方案 360 度环评

我们分析本次方案设计需要关注的架构质量属性：

第一，由于背景问题是系统性能不足，因此"性能"是首要考虑的架构质量属性。由于业务快速发展，我们希望本次方案做完后，性能上至少能支撑接下来 1 年内的业务发展。

第二，由于开发人员只有 5 个人，因此复杂度和项目开发时间也是需要重点关注的，我们不希望一个方案需要做半年时间才能做完。

第三，由于是创业公司，目前还处于未盈利状态，因此方案的成本也需要考虑。

第四，业务发展很快，各种新的功能不断提出，产品经理希望我们的业务迭代速度更快一些，因此系统需要能够快速扩展新的功能。

第五，用户量增长很快，系统如果故障影响比较大，因此系统的可用性也需要关注。

最终的质量属性包括性能、复杂度、成本、可扩展、可用性。我们逐一对比两个方案，如下表所示。

质量属性	集群方案	拆分方案	备注
性能	中，继续扩展下去，MySQL 会成为瓶颈	高，系统拆分为子系统，子系统又可以做成集群方案	拆分方案优
复杂度	低，只需要引入 Nginx 做负载均衡	高，需要对系统和数据库进行拆分	集群方案优
成本	中，需要增加 Web 服务器	中，需要增加 web 服务器和 MySQL 服务器，但 MySQL 服务器物理上可以共用，逻辑上分开即可	集群方案稍微优一点
可扩展	低，所有的功能继续在同一个系统实现，系统会越来越复杂，扩展越来越难	高，系统按照职责拆分为多个子系统，每个子系统可单独扩展	拆分方案优
可用性	中，Web 服务器是集群模式，但 MySQL 是单点的，MySQL 故障会导致整个业务不可用	高，子系统是独立的，某个子系统故障不会导致整个业务不可用	拆分方案优

完成方案的 360 度环评后，我们虽然能够从"360 度环评"表格一目了然地看到各个方案的优劣点，但这样一个表格也只能帮助我们分析各个备选方案，还是没有告诉我们具体选哪个方案，原因就在于没有哪个方案是完美的。例如，上述示例中的拆分方案在"性能、可扩展、

可用性" 3 个方面都占优，而集群方案在"复杂度、成本"两个方面占优。即使同样占优，有的是稍微好一些，例如，成本方面集群方案比拆分方案只是稍微好一些；而在可扩展性方面，拆分方案要比集群方案好很多。

面临这种选择上的困难，有几种看似正确但实际错误的做法。

（1）数量对比法：简单地看哪个方案的优点多就选哪个。例如，上述示例中 5 个质量属性的对比，其中拆分方案占优的有 3 个，集群方案占优的有 2 个，所以就挑选"拆分方案"。

这种方案主要的问题在于把所有质量属性的重要性等同，而没有考虑质量属性的优先级。例如，对于 BAT 这类公司来说，这类方案的成本都不是问题，可用性和可扩展性比成本要更重要得多；但对于创业公司来说，成本可能就会变得很重要。

其次，有时候会出现两个方案的优点数量是一样的情况。例如，我们对比 6 个质量属性，很可能出现两个方案各有 3 个优点，这种情况下也没法选；如果为了数量上的不对称，强行再增加一个质量属性进行对比，这个最后增加的不重要的属性反而成了影响方案选择的关键因素，这又犯了没有区分质量属性的优先级的问题。

（2）加权法：每个质量属性给一个权重。例如，性能的权重高中低分别得 10 分、5 分、3 分，成本权重高中低分别是 5 分、3 分、1 分，然后将每个方案的权重得分加起来，最后看哪个方案的权重得分最高就选哪个。

这种方案主要的问题是无法客观地给出每个质量属性的权重得分。例如，性能权重得分为何是 10 分、5 分、3 分，而不是 5 分、3 分、1 分，或者是 100 分、80 分、60 分？这个分数是很难确定的，没有明确的标准，甚至会出现为了选某个方案，设计师故意将某些权重分值调高而降低另外一些权重分值，最后方案的选择就变成了一个数字游戏了。

正确的做法是**"按优先级选择"**，即设计师综合当前的业务发展情况、团队人员规模和技能、业务发展预测等因素，将质量属性按照优先级排序，首先挑选满足第一优先级的，如果方案都满足，那就再看第二优先级……以此类推。那会不会出现两个或多个方案，每个质量属性的优缺点都一样的情况呢？理论上是可能的，实际上是不可能的，前面我们提到，在做备选方案设计时，不同的备选方案之间的差异要比较明显，差异明显的备选方案不可能所有的优缺点都是一样的。

回到我们的电商架构示例，由于整个开发团队只有 5 个人，既要做业务版本开发，又要解决架构性能问题，同时业务发展还很快，因此方案能否快速实施是最优先考虑的（当然两个方案都必须能够解决性能问题），因此需要挑选一个简单一些的方案，那就是"集群方案"。

当然，有前瞻性的架构师必然会看到随着业务的发展和用户数量的增加，"集群方案"不可避免地会遇到 MySQL 单点问题和单体系统不方便扩展的问题，最终还是要演化到"拆分架构"。架构师此时就需要为未来准备，由于导致当前无法选择"拆分方案"的主要原因是开发人力不够，那么架构师就需要提出人员招聘来应对业务发展和技术发展的需要，从而在合适的时机（可能是 1 年后，也可能是 2 年后）启动"拆分方案"的实施。

3.4 精雕细琢——详细方案设计

完成备选方案的设计和选择后，我们终于可以长出一口气，因为整个架构设计最难的一步已经完成了，但整体方案尚未完成，架构师还需继续努力。接下来我们需要再接再厉，将最终确定的备选方案进行细化，使得备选方案变成一个可以落地的设计方案。

简单来说，详细方案设计就是将方案涉及的关键技术细节给确定下来。

- 假如我们确定使用 Elasticsearch 来做全文搜索，那么就需要确定 Elasticsearch 的索引是按照业务划分，还是一个大索引就可以了；副本数量是 2 个、3 个还是 4 个，集群节点数量是 3 个还是 6 个等。

- 假如我们确定使用 MySQL 分库分表，那么就需要确定哪些表要分库分表，按照什么维度来分库分表，分库分表后联合查询怎么处理等。

- 假如我们确定引入 Nginx 来做负载均衡，那么 Nginx 的主备怎么做，Nginx 的负载均衡策略用哪个（权重分配？轮询？ip_hash？）等。

可以看到，详细设计方案里面其实也有一些技术点和备选方案类似。例如，Nginx 的负载均衡策略，备选有轮询、权重分配、ip_hash、fair、url_hash 五个，具体选哪个呢？看起来和备选方案阶段面临的问题类似，但实际上这里的技术方案选择是很轻量级的，我们无须像备选方案阶段那样操作，而只需要简单根据这些技术的适用场景选择就可以了。

例如，Nginx 的负载均衡策略，简单按照如下规则选择就可以。

- 轮询（默认）

  每个请求按时间顺序逐一分配到不同的后端服务器，后端服务器分配的请求数基本一致，如果后端服务器"down 掉"，能自动剔除。

- 加权轮询

  根据权重来进行轮询，权重高的服务器分配的请求更多，主要适应于后端服务器性能不均的情况，如新老服务器混用。

- ip_hash

  每个请求按访问 IP 的 hash 结果分配，这样每个访客固定访问一个后端服务器，主要用于解决 session 的问题，如购物车类的应用。

- fair

  按后端服务器的响应时间来分配请求，响应时间短的优先分配，能够最大化地平衡各后端服务器的压力，可以适用于后端服务器性能不均衡的情况，也可以防止某台后端服务器性能不足的情况下还继续接收同样多的请求从而造成雪崩效应。

- url_hash

  按访问 URL 的 hash 结果来分配请求，每个 URL 定向到同一个后端服务器，适用于后端服务器能够将 URL 的响应结果缓存的情况。

这几个策略的适用场景区别还是比较明显的，根据我们的业务需要，挑选一个合适的即可。例如，前面的电商架构案例，由于和 session 比较强相关，因此如果用 Nginx 来做集群负载均衡，那么选择 ip_hash 策略是比较合适的。

详细设计方案阶段可能遇到的一种极端情况就是在详细设计阶段发现备选方案不可行，一般情况下主要的原因是备选方案设计时遗漏了某个关键技术点或关键的质量属性。例如，笔者曾经参与过一个项目，在备选方案阶段确定是可行的，但在详细方案设计阶段，发现由于细节点太多，方案非常庞大，整个项目可能要开发长达 1 年时间，最后只得废弃原来的备选方案，重新调整项目目标、计划和方案。这个项目的主要失误就是在备选方案评估时忽略了开发周期这个质量属性。

幸运的是，这种情况可以通过如下方式能够有效地避免：

- 架构师不但要进行备选方案设计和选型，还需要对备选方案的关键细节有较深入的理解。例如，架构师选择了 Elasticsearch 作为全文搜索解决方案，前提必须是架构师自己对 Elasticsearch 的设计原理有深入的理解，比如索引、副本、集群等技术点；而不能道听途说 Elasticsearch 很牛，所以选择它，更不能成为把"细节我们不讨论"这句话挂在嘴边的"PPT 架构师"。

- 通过分步骤、分阶段、分系统等方式，尽量降低方案复杂度，方案本身的复杂度越高，某个细节推翻整个方案的可能性就越高，适当降低复杂性，可以减少这种风险。

- 如果方案本身就很复杂，那么就采取设计团队的方式来进行设计，博采众长，汇集大家的智慧和经验，防止 1、2 个设计师时可能出现的思维盲点或经验盲区。

3.5　本章小结

- 设计架构的时候，首先要分析出系统的复杂性。

- 架构师根据自己对业务的理解，挑选合适的架构模式进行组合，再对组合后的方案进行修改和调整。

- 新技术都是在现有技术的基础上发展起来的，现有技术又来源于先前的技术。

- 备选方案的数量以 3~5 个备选方案为最佳。

- 备选方案的差异要比较明显。

- 备选方案的技术不要只局限于已经熟悉的技术。

- 通过 360 度环评的方式来评估备选方案。

- 按照质量属性的优先级来判断备选方案的优劣。

- 架构师需要对技术的细节和原理有较深入的理解，避免成为"PPT 架构师"。

- 通过分步骤、分阶段、分系统等方式，尽量降低方案复杂度。

- 采取设计团队的方式来进行设计，可以博采众长，汇集团队经验，减少思维和经验盲区。

第 2 部分　高性能架构模式

第 4 章
存储高性能

4.1　关系数据库

虽然近十年各种存储技术飞速发展，但关系数据库由于其 ACID 的特性和功能强大的 SQL 查询，目前还是各种业务系统中关键和核心的存储系统，很多场景下高性能的设计最核心的部分就是关系数据库的设计。

不管是为了满足业务发展的需要，还是为了提升自己的竞争力，关系数据库厂商（Oracle、DB2、MySQL 等）在优化和提升单个数据库服务器的性能方面也做了非常多的技术优化和改进。但业务发展速度和数据增长速度，远远超出数据库厂商的优化速度，尤其是互联网业务兴起之后，海量用户加上海量数据的特点，单个数据库服务器已经难以满足业务需要，必须考虑数据库集群的方式来提升性能。

高性能数据库集群的第一种方式是"读写分离"，其本质是将访问压力分散到集群中的多个节点，但是没有分散存储压力；第二种方式是"分库分表"，既可以分散访问压力，又可以分散存储压力。接下来我们将详细介绍这些方案。

4.1.1　读写分离

读写分离的基本原理是将数据库读写操作分散到不同的节点上，其基本架构如下图所示。

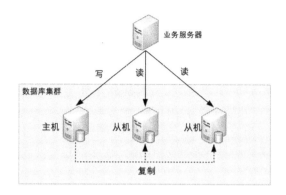

读写分离的基本实现如下：

（1）数据库服务器搭建主从集群，一主一从、一主多从都可以。

（2）数据库主机负责读写操作，从机只负责读操作。

（3）数据库主机通过复制将数据同步到从机，每台数据库服务器都存储了所有的业务数据。

（4）业务服务器将写操作发给数据库主机，将读操作发给数据库从机。

> **注**：这里用的是"主从集群"，而不是"主备集群"，"备机"一般被认为仅仅提供备份功能，不提供访问功能；而"从机"的"从"可以理解为"仆从"，仆从是要帮主人干活的，"从机"是需要提供读数据的功能的，所以使用"主备"还是"主从"，是要看场景的，这两个词并不是完全等同的。

读写分离的实现逻辑并不复杂，但在实际应用过程中需要应对复制延迟带来的复杂性。

以 MySQL 为例，主从复制延迟可能达到 1s，如果有大量数据同步，延迟 1 分钟也是有可能的。主从复制延迟会带来一个问题：如果业务服务器将数据写入到数据库主服务器后立刻（1s内）进行读取，此时读操作访问的是从机，主机还没有将数据复制过来，到从机读取数据是读不到最新数据的，业务上可能会有问题。例如，用户刚注册完后立刻登录，业务服务器会提示他"你还没有注册"，而用户明明刚才已经注册成功了。

解决主从复制延迟有几种常见的方法。

（1）写操作后的读操作指定发给数据库主服务器。

例如，注册账号完成后，登录时读取账号的读操作也发给数据库主服务器。这种方式和业务强绑定，对业务的侵入和影响较大，如果哪个新来的程序员不知道这样写代码，就会导致一个 bug。

（2）读从机失败后再读一次主机。

这就是通常所说的"二次读取"，二次读取和业务无绑定，只需要对底层数据库访问的 API

进行封装即可，实现代价较小，不足之处在于如果有很多二次读取，将大大增加主机的读操作压力。例如，黑客暴力破解账号，会导致大量的二次读取操作，主机可能顶不住读操作的压力从而崩溃。

（3）关键业务读写操作全部指向主机，非关键业务采用读写分离。

例如，对于一个用户管理系统来说，注册+登录的业务读写操作全部访问主机，用户的介绍、爱好、等级等业务，可以采用读写分离，因为即使用户改了自己的自我介绍，在查询时却看到了自我介绍还是旧的，业务影响与不能登录相比就小很多，还可以忍受。

4.1.2　分库分表

读写分离分散了数据库读写操作的压力，但没有分散存储压力，当数据量达到千万甚至上亿条的时候，单台数据库服务器的存储能力会成为系统的瓶颈，主要体现在以下几个方面。

（1）数据量太大，读写的性能会下降，即使有索引，索引也会变得很大，性能同样会下降。

（2）数据文件会变得很大，数据库备份和恢复需要耗费很长时间。

（3）数据文件越大，极端情况下丢失数据的风险越高（例如，机房火灾导致数据库主备机都发生故障）。

基于上述原因，单个数据库服务器存储的数据量不能太大，需要控制在一定的范围内。为了满足业务数据存储的需求，就需要将存储分散到多台数据库服务器上。

常见的分散存储的方法有"分库"和"分表"两大类，接下来将详细介绍这些方案。

- **业务分库**

业务分库指的是按照业务模块将数据分散到不同的数据库服务器。例如，一个简单的电商网站，包括用户、商品、订单三个业务模块，我们可以将用户数据、商品数据、订单数据分开放到三台不同的数据库服务器上，而不是将所有数据都放在一台数据库服务器上。方案示意图如下。

虽然业务分库能够分散存储和访问压力，但同时也带来了新的问题，接下来我们进行详细分析。

【join 操作问题】

业务分库后，原本在同一个数据库中的表分散到不同数据库中，导致无法使用 SQL 的 join 查询。

例如："查询购买了化妆品的用户中女性用户的列表"这个功能，虽然订单数据中有用户的 id 信息，但是用户的性别数据在用户数据库中，如果在同一个库中，则简单的 join 查询就能完成，但现在数据分散在两个不同的数据库中，无法做 join 查询。只能采取先从订单数据库中查询购买了化妆品的用户 id 列表，然后到用户数据库中查询这批用户 id 中的女性用户列表，这样实现就比简单的 join 查询复杂多了。

【事务问题】

原本在同一个数据库中不同的表可以在同一个事务中修改，业务分库后，表分散到不同的数据库中，无法通过事务统一修改。虽然数据库厂商提供了一些分布式事务的解决方案（例如，MySQL 的 XA），但性能实在太低，与高性能存储的目标是相违背的。

例如，用户下订单的时候需要扣减商品库存，如果订单数据和商品数据在同一个数据库中，我们可以使用事务来保证扣减商品库存和生成订单的操作要么都成功要么都失败，但分库后就无法使用数据库事务了，需要业务程序自己来模拟实现事务的功能。例如，先扣减商品库存，扣减成功后生成订单，如果因为订单数据库异常导致生成订单失败，业务程序又需要将商品库存加上；而如果因为业务程序自己异常导致生成订单失败，则商品库存就无法恢复了，需要人工通过日志等方式来手工修复库存异常。

【成本问题】

业务分库同时也带来了成本的代价，本来 1 台服务器搞定的事情，现在要 3 台，如果考虑备份，那就是 2 台变成了 6 台。

基于上述原因，对于初创业务，并不建议一开始就这样拆分，主要有几个原因：

（1）初创业务存在很大的不确定性，业务不一定能发展起来，业务开始的时候并没有真正的存储和访问压力，业务分库并不能为业务带来价值。

（2）业务分库后，表之间的 join 查询、数据库事务无法简单实现了。

（3）业务分库后，因为不同的数据要读写不同的数据库，代码中需要增加根据数据类型映射到不同数据库的逻辑，增加了工作量。而业务初创期间最重要的是快速实现、快速验证，业务分库会拖慢业务节奏。

有的架构师可能会想：如果业务真的发展很快，岂不是我们很快就又要进行业务分库了？那为何不一开始就设计好呢？

首先，这里的"如果"事实上发生的概率很低，做 10 个业务有 1 个业务能活下去就很不错了，更何况快速发展，和中彩票的概率差不多。如果我们每个业务上来就按照淘宝、微信的规模去做架构设计，不但会累死自己，还会害死业务。

其次，如果业务真的发展很快，后面进行业务分库也不迟，因为业务发展好，相应的资源投入就会加大，可以投入更多的人和更多的钱，那业务分库带来的代码和业务复杂的问题就可以通过增加人来解决，成本问题也可以通过增加资金来解决。

最后，单台数据库服务器的性能其实也没有想象的那么弱，一般来说，单台数据库服务器能够支撑 10 万用户量量级的业务，初创业务从 0 发展到 10 万级用户，并不是想象得那么快。

如果公司已经有业务分库的成熟解决方案，自然可以拿来就用，在业务开始设计时就考虑业务分库最好。例如，在淘宝上做一个新的业务，由于已经有成熟的数据库解决方案，用户量也很大，需要在一开始就设计业务分库甚至后面介绍的分表方案。

- **分表**

将不同业务数据分散存储到不同的数据库服务器，能够支撑百万甚至千万用户规模的业务，但如果业务继续发展，同一业务的单表数据也会达到单台数据库服务器的处理瓶颈。例如，淘宝的几亿用户数据，如果全部存放在一台数据库服务器的一张表中，肯定是无法满足性能要求的，此时就需要对单表数据进行拆分。

单表数据拆分有两种方式：垂直分表和水平分表。示意图如下。

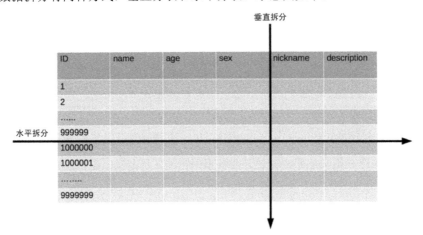

为了形象地理解垂直拆分和水平拆分的区别，可以想象你手里拿着一把刀，面对一个蛋糕切一刀：

- 从上往下切就是垂直切分，因为刀的运行轨迹与蛋糕是垂直的，这样可以把蛋糕切成高度相等（面积可以相等也可以不相等）的两部分，对应到表的切分就是表记录数相同但包含不同的列。例如，示意图中的垂直切分，会把表切分为两个表，一个表包含 ID、name、age、sex 列，另外一个表包含 ID、nickname、description 列。

- 从左往右切就是水平切分，因为刀的运行轨迹与蛋糕是平行的，这样可以把蛋糕切成面积相等（高度可以相等也可以不相等）的两部分，对应到表的切分就是表的列相同但包含不同的行数据。例如，示意图中的水平切分，会把表分为两个表，两个表都包含 ID、name、age、sex、nickname、description 列，但是一个表包含的是 ID 从 1 到 999999 的行数据，另一个表包含的是 ID 从 1000000 到 9999999 的行数据。

以上示例为了简单，只考虑了一次切分的情况，实际架构设计过程中并不局限切分的次数，可以切两次，也可以切很多次，就像切蛋糕一样，可以切很多刀。

单表进行切分后，是否要将切分后的多个表分散在不同的数据库服务器中，可以根据实际的切分效果来确定，并不强制要求单表切分为多表后一定要分散到不同数据库中。原因在于单表切分为多表后，新的表即使在同一个数据库服务器中，也可能带来可观的性能提升。如果性能能够满足业务要求，是可以不拆分到多台数据库服务器的，毕竟我们在业务分库的章节看到业务分库也会引入很多复杂性的问题；如果单表拆分为多表后，单台服务器依然无法满足性能要求，那就不得不再次进行业务分库的设计了。

分表能够有效地分散存储压力和带来性能提升，但和分库一样，也会引入各种复杂性，接下来我们详细说明。

- **垂直分表**

垂直分表适合将表中某些不常用且占了大量空间的列拆分出去。例如，前面示意图中的 nickname 和 description 字段，假设我们是一个婚恋网站，用户在筛选其他用户的时候，主要是用 age 和 sex 两个字段进行查询，而 nickname 和 description 两个字段主要用于展示，一般不会在业务查询中用到。description 本身又比较长，因此我们可以将这两个字段独立到另外一张表中，这样在查询 age 和 sex 时，就能带来一定的性能提升。

垂直分表引入的复杂性主要体现在表操作的数量要增加。例如，原来只要一次查询就可以获取 name、age、sex、nickname、description，现在需要两次查询，一次查询获取 name、age、sex，另外一次查询获取 nickname、description。

不过相比接下来要讲的水平分表，这个复杂性就是小巫见大巫了。

- **水平分表**

水平分表适合表行数特别大的表，如果单表行数超过 5000 万就必须进行分表，这个数字可以作为参考，但并不是绝对标准，关键还是要看表的访问性能。对于一些比较复杂的表，可能超过 1000 万就要分表了，而对于一些简单的表，即使存储数据超过 1 亿行，也可以不分表。但不管怎样，当看到表的数据量达到千万级别时，作为架构师就要警觉起来，因为这很可能是架构的性能瓶颈或隐患。

水平分表相比垂直分表，会引入更多的复杂性，主要表现在以下方面

【路由】

水平分表后，某条数据具体属于哪个切分后的子表，需要增加路由算法进行计算，这个算法会引入一定的复杂性。

常见的路由算法有如下几种。

- 范围路由

选取有序的数据列（例如，整型、时间戳等）作为路由的条件，不同分段分散到不同的数据库表中。以最常见的用户 ID 为例，路由算法可以按照 1000000 的范围大小进行分段，1～999999 放到数据库 1 的表中，1000000～1999999 放到数据库 2 的表中，以此类推。

范围路由设计的复杂点主要体现在分段大小的选取上，分段太小会导致切分后子表数量过多，增加维护复杂度；分段太大可能会导致单表依然存在性能问题，一般建议分段大小在 100 万至 2000 万之间，具体需要根据业务选取合适的分段大小。

范围路由的优点是可以随着数据的增加平滑地扩充新的表。例如，现在的用户是 100 万，如果增加到 1000 万，只需要增加新的表就可以了，原有的数据不需要动。

范围路由的一个比较隐含的缺点是分布不均匀，假如按照 1000 万来进行分表，有可能某个分段实际存储的数据只有 1000 条，而另外一个分段实际存储的数据有 900 万条。

- Hash 路由

选取某个列（或者某几个列组合也可以）的值进行 Hash 运算，然后根据 Hash 结果分散到不同的数据库表中。同样以用户 ID 为例，假如我们一开始就规划了 10 个数据库表，路由算法可以简单地用 user_id % 10 的值来表示数据所属的数据库表编号，ID 为 985 的用户放到编号为 5 的子表中，ID 为 10086 的用户放到编号为 6 的字表中。

Hash 路由设计的复杂点主要体现在初始表数量的选取上，表数量太多维护比较麻烦，表数量太少又可能导致单表性能存在问题。而用了 Hash 路由后，增加子表数量是非常麻烦的，所有数据都要重分布。

Hash 路由的优缺点和范围路由基本相反，Hash 路由的优点是表分布比较均匀，缺点是扩充新的表很麻烦，所有数据都要重分布。

- 配置路由

配置路由就是路由表，用一张独立的表来记录路由信息。同样以用户 ID 为例，我们新增一张 user_router 表，这个表包含 user_id 和 table_id 两列，根据 user_id 就可以查询对应的 table_id。

配置路由设计简单，使用起来非常灵活，尤其是在扩充表的时候，只需要迁移指定的数据，然后修改路由表就可以了。

配置路由的缺点就是必须多查询一次，会影响整体性能；而且路由表本身如果太大（例如，几亿条数据），性能同样可能成为瓶颈，如果我们再次将路由表分库分表，则又面临一个死循环式的路由算法选择问题。

【join 操作】

水平分表后，数据分散在多个表中，如果需要与其他表进行 join 查询，需要在业务代码或数据库中间件中进行多次 join 查询，然后将结果合并。

【count()操作】

水平分表后，虽然物理上数据分散到多个表中，但某些业务逻辑上还是会将这些表当作一个表来处理。例如，获取记录总数用于分页或展示，水平分表前用一个 count()就能完成的操作，在分表后就没那么简单了。常见的处理方式有如下两种。

- count()相加

具体做法是在业务代码或数据库中间件中对每个表进行 count()操作，然后将结果相加。这种方式实现简单，缺点就是性能比较低。例如，水平分表后切分为 20 张表，则要进行 20 次 count(*)操作，如果串行的话，则可能需要几秒钟才能得到结果。

- 记录数表

具体做法是新建一张表，假如表名为"记录数表"，包含 table_name、row_count 两个字段，每次插入或删除子表数据成功后，都更新"记录数表"。

这种方式获取表记录数的性能要大大优于 count()相加的方式，因为只需要一次简单查询就可以获取数据。缺点是复杂度增加不少，对子表的操作要同步操作"记录数表"，如果有一个业务逻辑遗漏了，数据就会不一致；且针对"记录数表"的操作和针对子表的操作无法放在同一事务中进行处理，异常的情况下会出现操作子表成功了而操作记录数表失败，同样会导致数据不一致。

此外，记录数表的方式也增加了数据库的写压力，因为每次针对子表的 insert 和 delete 操作都要 update 记录数表，所以对于一些不要求记录数实时保持精确的业务，也可以通过后台定时更新记录数表。定时更新实际上就是"count()相加"和"记录数表"的结合，即定时通过 count()相加计算表的记录数，然后更新记录数表中的数据。

【order by 操作】

水平分表后，数据分散到多个子表中，排序操作无法在数据库中完成，只能由业务代码或数据库中间件分别查询每个子表中的数据，然后汇总进行排序。

4.1.3 实现方法

读写分离需要将读/写操作区分开来，然后访问不同的数据库服务器；分库分表需要根据不同的数据访问不同的数据库服务器，两者本质上都是一种分配机制，即将不同的 SQL 语句发送到不同的数据库服务器。

常见的分配实现方式有两种：程序代码封装和中间件封装。

- **程序代码封装**

程序代码封装指在代码中抽象一个数据访问层来实现读写分离、分库分表。例如，基于 Hibernate 进行简单封装，就可以实现读写分离，基本架构如下图所示。

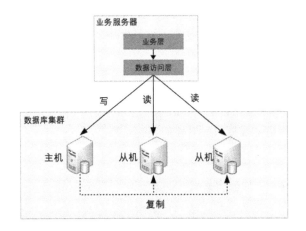

程序代码封装的方式具备如下几个特点：

- 实现简单，而且可以根据业务做较多定制化的功能。

- 每个编程语言都需要自己实现一次，无法通用，如果一个业务包含多个编程语言写的多个子系统，则重复开发的工作量比较大。

- 故障情况下，如果主从发生切换，则可能需要所有系统都修改配置并重启。

目前开源的实现方案中，淘宝的 TDDL（Taobao Distributed Data Layer，外号：头都大了）是比较有名的。它是一个通用数据访问层，所有功能封装在 jar 包中供业务代码调用。其基本原理是一个基于集中式配置的 jdbc datasource 实现，具有主备、读写分离、动态数据库配置等功能，基本架构如下图所示。

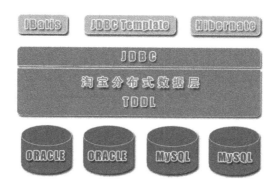

- **中间件封装**

中间件封装指的是独立一套系统出来，实现读写分离和分库分表操作。中间件对业务服务器提供 SQL 兼容的协议，对于业务服务器来说，访问中间件和访问数据库没有区别，事实上在业务服务器看来，中间件就是一个数据库服务器。例如，中间件实现读写分离的基本架构如下图所示。

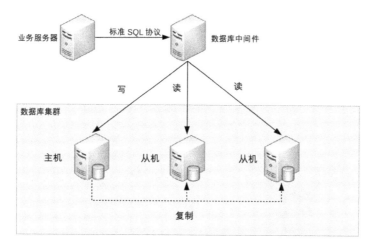

数据库中间件的方式具备如下特点：

- 能够支持多种编程语言，因为数据库中间件对业务服务器提供的是标准 SQL 接口。
- 数据库中间件要支持完整的 SQL 语法和数据库服务器的协议（例如，MySQL 客户端和服务器的连接协议），这是一个很复杂的事情，而且细节特别多，很容易出现 bug。
- 数据库中间件自己不执行真正的读写操作，但所有的数据库操作请求都要经过中间件，中间件的性能要求也很高。
- 数据库主从切换对业务服务器无感知，数据库中间件可以探测数据库服务器的主从状态。例如，向某个测试表写入一条数据，成功的就是主机，失败的就是从机。

由于数据库中间件的复杂度要比程序代码封装高出一个数量级，一般情况下建议采用程序语言封装的方式，或者使用成熟的开源数据库中间件。如果是大公司，则可以投入人力去实现数据库中间件，因为这个系统一旦做好，接入的业务系统越多，节省的程序开发投入也就越多，价值也越大。

目前的开源数据库中间件方案中，MySQL 官方先是提供了 mysql-proxy，但 mysql-proxy 一直没有正式 GA，现在 MySQL 官方推荐 MySQL Router。MySQL Router 的主要功能有读写分离、故障自动切换、负载均衡、连接池等，其基本架构如下图所示。

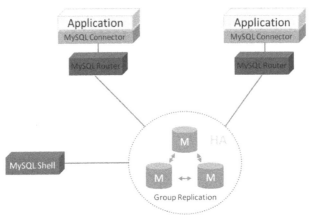

奇虎 360 公司也开源了自己的数据库中间件 Atlas，Atlas 是基于 MySQL proxy 实现的，基本架构如下图所示。

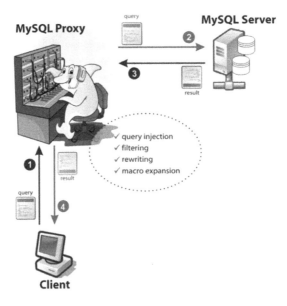

以下是官方介绍：Atlas 是一个位于应用程序与 MySQL 之间的中间件。在后端 DB 看来，Atlas 相当于连接它的客户端，在前端应用看来，Atlas 相当于一个 DB。Atlas 作为服务端与应用程序通信，它实现了 MySQL 的客户端和服务端协议，同时作为客户端与 MySQL 通信。它对应用程序屏蔽了 DB 的细节，同时为了降低 MySQL 负担，它还维护了连接池。

- **实现复杂度**

读写分离实现时只要识别 SQL 操作是读操作还是写操作即可，通过简单地判断 SELECT、UPDATE、INSERT、DELETE 几个关键字就可以实现，而分库分表的实现除了要判断操作类型，还要判断 SQL 中的具体需要操作的表、操作函数（例如，count 函数）、order by、group by 操作等，然后根据不同的操作进行不同的处理。例如，order by 操作需要先从多个库查询各个库的数据，然后重新执行 order by 才能得到最终的结果。相比来说，分库分表的实现要复杂得多。

4.2 NoSQL

关系数据库经过几十年的发展后已经非常成熟，强大的 SQL 功能和 ACID 的属性，使得关系数据库广泛应用于各式各样的系统中，但这并不意味着关系数据库是完美的，关系数据库存在如下缺点。

（1）关系数据库存储的是行记录，无法存储数据结构。

以微博的关注为例，"我关注的人"是一个用户 ID 列表，使用关系数据库存储只能将列表拆成多行，然后再查询出来组装，无法直接存储一个列表。

（2）关系数据库的 schema 扩展很不方便。

关系数据库的表结构 schema 是强约束，操作不存在的列会报错，业务变化时扩充列也比较麻烦，需要执行 DDL（data definition language，如 CREATE、ALTER、DROP 等）语句修改，而且修改时可能会长时间锁表（例如，MySQL 可能将表锁住 1 个小时）。

（3）关系数据库在大数据场景下 I/O 较高

例如，对一些大量数据的表进行统计之类的运算，关系数据库的 I/O 会很高，因为即使只针对其中某一列进行运算，关系数据库也会将整行数据读取。

（4）关系数据库的全文搜索功能比较弱。

关系数据库的全文搜索只能使用 like 进行整表扫描匹配，性能非常低，在互联网这种搜索复杂的场景下无法满足业务要求。

针对上述问题，分别诞生了不同的 NoSQL 解决方案，这些方案与关系数据库相比，在某些应用场景下表现更好。但世上没有免费的午餐，NoSQL 方案带来的优势，本质上是牺牲 ACID 特性中的某个或某几个特性，因此我们不能盲目地迷信 NoSQL 是银弹，而应该将 NoSQL 作为

SQL 的一个有力补充，NoSQL != No SQL，而是 NoSQL = Not Only SQL。

常见的 NoSQL 方案有如下 4 类。

- K-V 存储：解决关系数据库无法存储数据结构的问题，以 Redis 为代表。
- 文档数据库：解决关系数据库强 schema 约束的问题，以 MongoDB 为代表。
- 列式数据库：解决关系数据库大数据场景下的 I/O 问题，以 HBase 为代表。
- 全文搜索引擎：解决关系数据库的全文搜索性能问题，以 Elasticsearch 为代表。

接下来我们将分别简单介绍各种 NoSQL 方案的典型特征和应用场景。

4.2.1　K-V 存储

K-V 存储的全称是 Key-Value 存储，其中 Key 是数据的标识，和关系数据库中的主键含义一样，Value 就是具体的数据。

Redis 是 K-V 存储的典型代表，它是一款开源（基于 BSD 许可）的高性能 K-V 缓存和存储系统。Redis 的 Value 是具体的数据结构，包括 string、hash、list、set、sorted set、bitmap 和 hyperloglog，所以常常被称为数据结构服务器。

以 List 数据结构为例，Redis 提供了如下的典型的操作。

- LPOP key，从队列的左边出队一个元素。
- LINDEX key index，获取一个元素，通过其索引列表。
- LLEN key，获得队列（List）的长度。
- RPOP key，从队列的右边出队一个元素。

如果用关系数据库来实现以上这些功能，就会变得很复杂。例如，LPOP 操作是移除并返回 key 对应的 list 的第一个元素。如果用关系数据库来存储，为了达到同样目的，则需要进行如下操作：

（1）每条数据除了数据编号（例如，行 ID），还要有位置编号，否则没有办法判断哪条数据是第一条。注意这里不能用行 ID 作为位置编号，因为我们会往列表头部插入数据。

（2）查询出第一条数据。

（3）删除第一条数据。

（4）更新从第二条开始的所有数据的位置编号。

可以看出关系数据库的实现很麻烦，而且需要进行多次 SQL 操作，性能很低。

Redis 的缺点主要体现在并不支持完整的 ACID 事务，Redis 虽然提供事务功能，但 Redis 的事务和关系数据库的事务不可同日而语，Redis 的事务只能保证隔离性和一致性（I 和 C），无法保证原子性和持久性（A 和 D）。具体实现原理如下：

- 原子性

  Redis 事务不支持原子性，Redis 不支持回滚操作，事务中间一条命令执行失败，既不会导致前面已经执行的命令被回滚，也不会中断后面的命令的执行。

- 一致性

  Redis 事务能够保证事务开始之前和事务结束以后，数据库的完整性没有被破坏。

- 隔离性

  Redis 不存在多个事务的问题，因为 Redis 是单进程单线程的工作模式。这种隔离性的方式也带来一个隐含的问题：如果某个客户端通过事务提交了大量的命令，那么会阻塞其他客户端进行任何操作。

- 持久性

  Redis 提供两种持久化的方式，即 RDB 和 AOF。

RDB 持久化只备份当前内存中的数据集，事务执行完毕时，其数据还在内存中，并未立即写入到磁盘，所以 RDB 持久化不能保证 Redis 事务的持久性。

AOF 持久化是先执行命令，执行成功后再将命令追加到日志文件中。即使 AOF 每次执行命令后立刻将日志文件刷盘，也可能丢失 1 条命令数据，因此 AOF 也不能严格保证 Redis 事务的持久性。

举一个微博的例子来说明 Redis 事务和数据库事务的差别。例如，用户 A 关注了用户 B，实际上产生了两条数据操作：A 的"关注"列表要增加 B，B 的"粉丝"列表要增加 A。如果用数据库来存储关系数据，通过事务可以保证这两个操作要么同时成功，要么同时失败。而使用 Redis 事务来处理，可能将 B 加入了 A 的关注列表，但没有将 A 加入 B 的粉丝列表。

虽然 Redis 并没有严格遵循 ACID 原则，但实际上大部分业务也不需要严格遵循 ACID 原则。以上述的微博关注操作为例，即使系统没有将 A 加入 B 的粉丝列表，其实业务影响也非常小，因此我们在设计方案时，需要根据业务特性和要求来确定是否可以用 Redis，而不能因为 Redis 不遵循 ACID 原则就直接放弃。

4.2.2　文档数据库

为了解决关系数据库 schema 带来的问题，文档数据库应运而生，文档数据库最大的特点就是 no-schema，可以存储和读取任意的数据，目前绝大部分文档数据库存储的数据格式是 JSON（或者 BSON）。因为 JSON 数据是自描述的，无须在使用前定义字段，读取一个 JSON 中不存在的字段也不会导致 SQL 那样的语法错误。

文档数据库的 no-schema 特性，给业务开发带来如下几个明显的优势。

（1）新增字段简单。

业务上增加新的字段，无须再像关系数据库一样要先执行 DDL 语句修改表结构，程序代码直接读写即可。

（2）历史数据不会出错。

对于历史数据，即使没有新增的字段，也不会导致错误，只会返回空值，此时代码进行兼容处理即可。

（3）可以很容易存储复杂数据。

JSON 是一种强大的描述语言，能够描述复杂的数据结构。例如，我们设计一个用户管理系统，用户的信息有 ID、姓名、性别、爱好、邮箱、地址、学历信息。其中爱好是列表（因为可以有多个爱好），地址是一个结构，包括省、市、区楼盘地址，学历包括学校、专业、入学毕业年份信息等。如果我们用关系数据库来存储，需要设计多张表，包括基本信息（列：ID、姓名、性别、邮箱）、爱好（列：ID、爱好）、地址（列：省、市、区、详细地址）、学历（列：入学时间、毕业时间、学校名称、专业），而使用文档数据库，一个 JSON 就可以全部描述。

```json
{
    "id": 10000,
    "name": "James",
    "sex": "male",
    "hobbies": [
        "football",
        "playing",
        "singing"
    ],
    "email": "user@google.com",
    "address": {
        "province": "GuangDong",
        "city": "GuangZhou",
        "district": "Tianhe",
        "detail": "PingYun Road 163"
    },
    "education": [
        {
            "begin": "2000-09-01",
            "end": "2004-07-01",
            "school": "UESTC",
            "major": "Computer Science & Technology"
```

```
        },
        {
            "begin": "2004-09-01",
            "end": "2007-07-01",
            "school": "SCUT",
            "major": "Computer Science & Technology"
        }
    ]
}
```

通过这个样例我们看到，使用 JSON 来描述数据，比使用关系型数据库表来描述数据方便和容易得多，而且更加容易理解。

文档数据库的这个特点，特别适合电商和游戏这类的业务场景。以电商为例，不同商品的属性差异很大。例如，冰箱的属性和笔记本电脑的属性差异非常大，如下图所示。

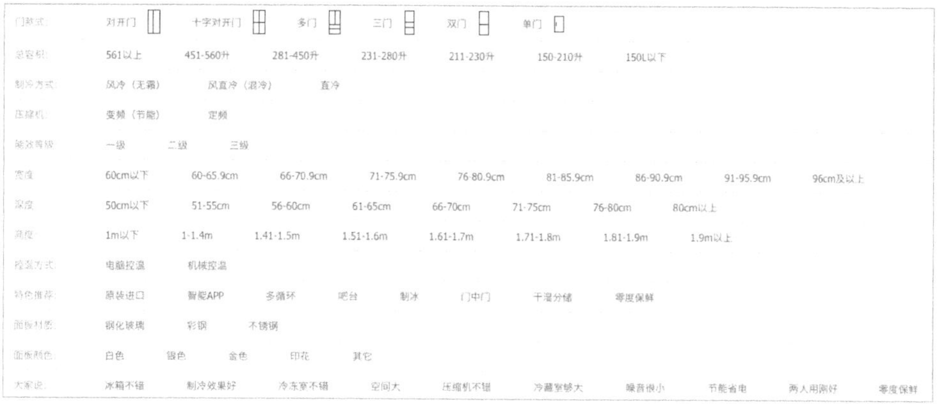

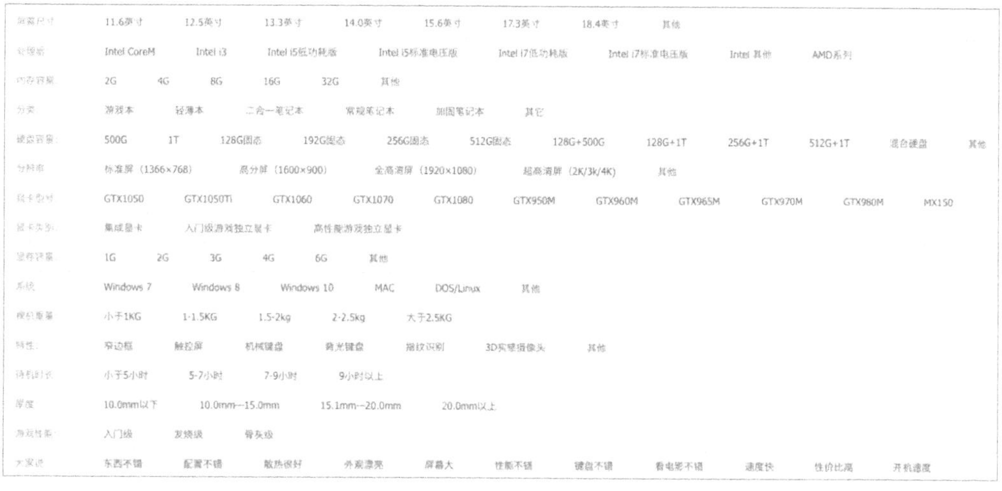

即使是同类商品也有不同的属性。例如，LCD 和 LED 显示器，两者有不同的参数指标。这种业务场景如果使用关系数据库来存储数据，就会很麻烦，而使用文档数据库，简单、方便，扩展新的属性也更加容易。

文档数据库 no-schema 的特性带来的这些优势也是有代价的，最主要的代价就是不支持事务。例如，使用 MongoDB 来存储商品库存，系统创建订单的时候首先需要扣减库存，然后再创建订单。这是一个事务操作，用关系数据库来实现就很简单，但如果用 MongoDB 来实现，就无法做到事务性。异常情况下可能出现库存被扣减了，但订单没有创建的情况。因此某些对事务要求严格的业务场景是不能使用文档数据库的。

文档数据库另外一个缺点就是无法实现关系数据库的 join 操作。例如，我们有一个用户信息表，一个订单表，订单表中有买家用户 id。如果要查询"购买了苹果笔记本用户中的女性用户"，用关系数据库来实现，一个简单的 join 操作就搞定了；而用文档数据库是无法进行 join 查询的，需要查两次：一次查询订单表中购买了苹果笔记本的用户，然后再查询这些用户哪些是女性用户。

综合上述的介绍和分析，文档数据库并不能完全取代关系数据库，更多时候是作为关系数据库的一种补充。例如，在常见的电商网站设计中，可以使用关系数据库存储商品库存信息、订单基础信息，而使用文档数据库来存储商品详细信息，详细设计如下（仅为举例，实际上要复杂很多）。

【商品库存信息表（使用关系数据库）】

商品 ID	库　　存	修改时间
1	211	2017-07-01 14:00:01
2	985	2017-07-01 14:00:01

【订单信息表（使用关系数据库）】

订单 ID	商品 ID	创 建 时 间	单　　价	数　　量	金　　额
10086	1	2017-07-01 14:00:01	9.9	2	19.8
10087	2	2017-07-01 14:00:01	8999	1	8999

【商品信息（使用文档数据库，如 MongoDB）】

```
{
    "id": 1,
    "title": "马克杯",
    "seller": "景德镇瓷器店",
    "price": 9.9,
    "description": "这是东半球最好最便宜最帅气的马克杯",
    "high": "20cm",
```

```
    "material": "陶瓷",
    "capacity": "500ml"
  }



{⊟
    "id": 2,
    "title": "Apple MacBook Air 13.3 英寸笔记本电脑",
    "seller": "苹果官方旗舰店",
    "price": 8999,
    "description": "Mac 电脑是程序员的情人",
    "cpu": "i7",
    "memory": "8G",
    "disk": "512G SSD"
  }
```

4.2.3　列式数据库

顾名思义，列式数据库就是按照列来存储数据的数据库，与之对应的传统关系数据库被称为"行式数据库"，因为关系数据库是按照行来存储数据的。

关系数据库按照行式来存储数据，主要有如下几个优势：

（1）业务同时读取多个列时效率高，因为这些列都是按行存储在一起的，一次磁盘操作就能够把一行数据中的各个列都读取到内存中。

（2）能够一次性完成对一行中的多个列的写操作，保证了针对行数据写操作的原子性和一致性，否则如果采用列存储，可能会出现某次写操作，有的列成功了，有的列失败了，导致数据不一致。

我们可以看到，行式存储的优势是在特定的业务场景下才能体现，如果不存在这样的业务场景，那么行式存储的优势也将不复存在，甚至成为劣势，典型的场景就是海量数据进行统计。例如，计算某个城市体重超重的人员数据，实际上只需要读取每个人的体重这一列并进行统计即可，而行式存储即使最终只使用一列，也会将所有行数据都读取出来。如果单行用户信息有1KB，其中体重只有 4 个字节，行式存储还是会将整行 1KB 数据全部读取到内存中，这是明显的浪费。而如果采用列式存储，每个用户只需要读取 4 字节的体重数据即可，I/O 将大大减少。

除了节省 I/O，列式存储还具备更高的存储压缩比，能够节省更多的存储空间，普通的行式数据库一般压缩率在 3∶1 到 5∶1 左右，而列式数据库的压缩率一般在 8∶1 到 30∶1 左右、因为单个列的数据相似度相比行来说更高，能够达到更高的压缩率。

同样，如果场景发生变化，列式存储的优势又会变成劣势。典型的场景是需要频繁地更新多个列。因为列式存储将不同列存储在磁盘上不连续的空间，导致更新多个列时磁盘是随机写操作，而行式存储时同一行多个列都存储在连续的空间，一次磁盘写操作就可以完成，列式存储的随机写效率要远远低于行式存储的写效率。此外，列式存储高压缩率在更新场景下也会成为劣势，因为更新时需要将存储数据解压后更新，然后再压缩，最后写入磁盘。

基于上述列式存储的优缺点，一般将列式存储应用在离线的大数据分析和统计场景中，因为这种场景主要是针对部分列进行操作，且数据写入后就无须再更新删除。

4.2.4 全文搜索引擎

- **数据库的缺陷**

传统的关系型数据库通过索引来达到快速查询的目的，但是在全文搜索的业务场景下，索引也无能为力，主要体现在如下几点：

- 全文搜索的条件可以随意排列组合，如果通过索引来满足，则索引的数量会非常多。
- 全文搜索的模糊匹配方式，索引无法满足，只能用 like 查询，而 like 查询是整表扫描，效率非常低。

我们举一个具体的例子来看看关系型数据库为何无法满足全文搜索的要求。假设我们做一个婚恋网站，其主要目的是帮助程序员找朋友，但模式与传统婚恋网站不同，是"程序员发布自己的信息，用户来搜索程序员"。程序员的信息表设计如下表所示。

ID	姓 名	性 别	地 点	单 位	爱 好	语 言	自 我 介 绍
1	多隆	男	北京	猫厂	写代码，旅游，马拉松	Java、C++、PHP	P8，老粗，头脑简单，为人热情
2	如花	女	上海	鹅厂	旅游，美食，唱歌	PHP、Java	美女如花，风华绝代，貌美如花
3	小宝	男	广州	熊厂	泡吧、踢球	Python、Go、C	我是一匹来自北方的狼

我们来看一下这个简单业务的搜索场景。

- 美女 1：听说 PHP 是世界上最好的语言，那么 PHP 的程序员肯定是钱最多的，而且我妈一定要我找一个上海的。

  美女 1 的搜索条件是"性别 + PHP + 上海"，其中"PHP"要用模糊匹配查询"语言"

列，"上海"要查询"地点"列，如果用索引支撑，则需要建立"地点"这个索引。

- 美女 2：猫厂好厉害，我好崇拜这些技术哥哥啊，要是能找一个技术哥哥陪我旅游就更好了。

  美女 2 的搜索条件是"性别 +猫厂 + 旅游"，其中"旅游"要用模糊匹配查询"爱好"列，"猫厂"需要查询"单位"列，如果要用索引支撑，则需要建立"单位"索引。

- 美女 3：我是一个"程序媛"，想在北京找一个猫厂的 P8 的 Java 大牛；

  美女 3 的搜索条件是"性别 + 猫厂 + 北京 + Java + P8"，其中"猫厂 + 北京"可以通过索引来查询，但"Java""P8"都只能通过模糊匹配来查询。

- 帅哥 4：程序员妹子有没有漂亮的呢？试试看看。

  帅哥 3 的搜索条件是"性别 + 美丽 + 美女"，只能通过模糊匹配搜索"自我介绍"列。

以上只是简单举了几个例子，实际上搜索条件是无法列举完全的，各种排列组合非常多。即使是几个简单的例子，我们也可以看出，传统关系型数据库在支撑全文搜索业务时的缺陷。正因为如此，我们需要考虑 Not Only SQL，通过引入全文搜索引擎来弥补关系型数据库的缺陷。

- **基本原理**

全文搜索引擎的技术原理被称为"倒排索引"（Inverted index），也常被称为**反向索引**、置入档案或反向档案，是一种索引方法，其基本原理是建立单词到文档的索引。之所以被称为"倒排"索引，是和"正排索引"相对的，"正排索引"的基本原理是建立文档到单词的索引。我们通过一个简单的样例来说明这两种索引的差异。

假设我们有一个技术文章的网站，里面收集了各种技术文章，用户可以在网站浏览或搜索文章。

【正排索引，如下表所示】

文 章 ID	文 章 名 称	文 章 内 容
1	敏捷架构设计原则	省略具体内容，文档内容包含：架构、设计、架构师等单词
2	Java 编程必知必会	省略具体内容，文档内容包含：Java、编程、面向对象、类、架构、设计等单词
3	面向对象葵花宝典是什么	省略具体内容，文档内容包含：设计、模式、对象、类、Java 等单词

（注：文章内容仅为示范，文章内容实际上存储的是几千字的内容）

正排索引适用于根据文档名称来查询文档内容。例如，用户在网站上单击了"面向对象葵花宝典是什么"，网站根据文章标题查询文章的内容展示给用户。

【倒排索引，如下表所示】

单　　词	文档 ID 列表
架构	1，2
设计	1，2，3
Java	2，3

（注：表格仅为示范，不是完整的倒排索引表格，实际上的倒排索引有成千上万行，因为每个单词就是一个索引。）

倒排索引适用于根据关键词来查询文档内容。例如，用户只是想看"设计"相关的文章，网站需要将文章内容中包含"设计"一词的文章都搜索出来展示给用户。

通过上面的样例我们也可以看出，倒排索引和正排索引虽然是相反的两个索引技术，但实际应用的时候并不是非此即彼，而是将两者结合起来，用到倒排索引的地方几乎肯定会用到正排索引。例如，用户搜索文章时用的是倒排索引，系统根据搜索关键词搜索到文档 ID，然后系统根据文档 ID 去查询文档名称展示给用户；当用户单击具体的某篇文档时，系统根据文档 ID 查询文档内容并展示给用户，此时用的是正排索引。

- **与数据库结合**

全文搜索引擎的索引对象是单词和文档，而关系数据库的索引对象是键和行，两者的术语差异很大，不能简单地等同起来。因此，为了让全文搜索引擎支持关系型数据的全文搜索，需要做一些转换操作，即将关系型数据转换为文档数据。

目前常用的转换方式是将关系型数据按照对象的形式转换为 JSON 文档，然后将 JSON 文档输入全文搜索引擎进行索引。我们同样以程序员的基本信息表为例，看看如何转换。

将原始表格转换为 JSON 文档，可以得到 3 个程序员信息相关的文档：

```
{
  "id": 1,
  "姓名": "多隆",
  "性别": "男",
  "地点": "北京",
  "单位": "猫厂",
  "爱好": "写代码，旅游，马拉松",
  "语言": "Java、C++、PHP",
  "自我介绍": "P8，老粗，头脑简单，为人热情"
}

{
```

```
    "id": 2,
    "姓名": "如花",
    "性别": "女",
    "地点": "上海",
    "单位": "鹅厂",
    "爱好": "旅游, 美食, 唱歌",
    "语言": " PHP、Java",
    "自我介绍": "美女如花, 风华绝代, 貌美如花"
  }


  {
    "id": 3,
    "姓名": "小宝",
    "性别": "男",
    "地点": "广州",
    "单位": "熊厂",
    "爱好": "泡吧、踢球",
    "语言": " Python、Go、C",
    "自我介绍": "我是一匹来自北方的狼"
  }
```

全文搜索引擎能够基于 JSON 文档建立全文索引, 然后快速进行全文搜索。以 Elasticsearch 为例, 其索引基本原理如下:

> Elasticsearch 是分布式的文档存储方式。它能存储和检索复杂的数据结构——序列化成为 JSON 文档——以实时的方式。
>
> 在 Elasticsearch 中, 每个字段的所有数据都是默认被索引的。即每个字段都有为了快速检索设置的专用倒排索引。而且, 不像其他多数的数据库, 它能在相同的查询中使用所有倒排索引, 并以惊人的速度返回结果。

需要注意的是, 为了描述简单, 以上示例只是单表到 JSON 文档的转换。实际应用中的转换, 并不限定为只能单表到文档的转换, 而可以根据搜索需要, 灵活地从表转换到文档, 可以单表转换到文档, 也可以多表联合起来转换为单一文档。例如, 一个学生管理系统, 数据库表可以设计为基础信息表(包含学号、姓名、性别、年龄、籍贯等)、专业信息表(学院、专业等)、成绩信息表(学科、成绩等)、社团信息表(是否为学生会干部、学生团体等)等多个表格, 但最终转换为 JSON 文档时, 可以一个学生有一个 JSON 文档, 文档中包含学生的所有信息。

4.3 缓存

虽然我们可以通过各种手段来提升存储系统的性能，但在某些复杂的业务场景下，单纯依靠存储系统的性能提升不够的，典型的场景如下。

（1）需要经过复杂运算后得出的数据，存储系统无能为力。

例如，一个论坛需要在首页展示当前有多少用户同时在线，如果使用 MySQL 来存储当前用户状态，则每次获取这个总数都要 "count(*)" 大量数据，这样的操作无论怎么优化 MySQL，性能都不会太高。如果要实时展示用户同时在线数，则 MySQL 性能无法支撑。

（2）读多写少的数据，存储系统有心无力。

绝大部分在线业务都是读多写少。例如，微博、淘宝、微信这类互联网业务，读业务占了整体业务量的 90%以上。以微博为例：一个明星发一条微博，可能几千万人来浏览。如果使用 MySQL 来存储微博，用户写微博只有一条 insert 语句，但每个用户浏览时都要 select 一次，即使有索引，几千万条 select 语句对 MySQL 数据库的压力也会非常大。

缓存就是为了弥补存储系统在这些复杂业务场景下的不足，缓存的基本原理就是将可能重复使用的数据放到内存中，**一次生成，多次使用**，避免每次使用都去访问存储系统。

以使用最广泛的 Memcache 为例，其基本的架构如下图所示。

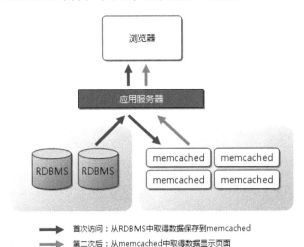

缓存能够带来性能的大幅提升，以 Memcache 为例，单台 Memcache 服务器简单的 key-value 查询能够达到 5 万以上的 TPS。

缓存虽然能够大大减轻存储系统的压力，但同时也给架构引入了更多复杂性。架构设计时如果没有针对缓存的复杂性进行处理，某些场景下甚至会导致整个系统崩溃。接下来我们逐一分析缓存的架构设计要点。

4.3.1　缓存穿透

缓存穿透是指缓存没有发挥作用，业务系统虽然去缓存中查询数据，但缓存中没有数据，业务系统需要再次去存储系统中查询数据。通常情况下有两种情况：存储数据不存在，以及生成缓存数据需要耗费大量时间或资源。

- **存储数据不存在**

第一种情况是被访问的数据确实不存在。一般情况下，如果存储系统中没有某个数据，则不会在缓存中存储相应的数据，这样就导致用户查询的时候，在缓存中找不到对应的数据，每次都要去存储系统中再查询一遍，然后返回数据不存在。缓存在这个场景中并没有起到分担存储系统访问压力的作用。

通常情况下，业务上读取不存在的数据的请求量并不会太大，如果出现一些异常情况，例如，被黑客攻击，故意大量访问某些不存在数据的业务，有可能会将存储系统拖垮。

这种情况的解决办法比较简单，如果查询存储系统的数据没有找到，则直接设置一个默认值（可以是空值，也可以是具体的值）并存到缓存中，这样第二次读取缓存时就会获取默认值，而不会继续访问存储系统。

- **缓存数据生成耗费大量时间或资源**

第二种情况是存储系统中存在数据，但生成缓存数据需要耗费较长时间或耗费大量资源。如果刚好在业务访问的时候缓存失效了，那么也会出现缓存没有发挥作用，访问压力全部集中在存储系统上的情况。

典型的就是电商的商品分页，假设我们在某个电商平台上选择"手机"这个类别进行查看，由于数据巨大，不能把所有数据都缓存起来，只能按照分页进行缓存。由于难以预测用户到底会访问哪些分页，因此业务上最简单的就是每次点击分页的时候按分页计算和生成缓存。通常情况下这样实现是基本满足要求的，但如果被竞争对手用爬虫来遍历的时候，系统性能就可能出现问题。

具体的场景如下：

（1）分页缓存的有效期设置为 1 天，因为设置太长时间，缓存不能反映真实的数据。

（2）通常情况下，用户不会从第 1 页到最后 1 页全部看完，一般用户访问集中在前 10 页，因此第 10 页以后的缓存过期失效的可能性很大。

（3）竞争对手每周来爬取数据，爬虫会将所有分类的所有数据全部遍历，从第 1 页到最后

1 页都会读取，此时很多分页缓存可能都失效了。

（4）由于很多分页都没有缓存数据，从数据库中生成缓存数据又非常耗费性能（order by limit 操作），因此爬虫会将整个数据库全部拖慢。

这种情况并没有太好的解决方案，因为爬虫会遍历所有的数据，而且什么时候来爬取也是不确定的，可能每天都来，也可能每周来一次，还可能一个月来一次，我们也不可能为了应对爬虫而将所有数据永久缓存。通常的应对方案要么就是识别爬虫，然后禁止访问，但这可能影响 SEO 和推广；要么就是做好监控，发现问题后及时处理，因为爬虫不是攻击，不会进行暴力破坏，对系统的影响是逐步的，监控发现问题后有时间进行处理。

4.3.2　缓存雪崩

缓存雪崩是指当缓存失效（过期）后引起系统性能急剧下降的情况。当缓存过期被清除后，业务系统需要重新生成缓存，因此需要再次访问存储系统，再次进行运算，这个处理步骤耗时几十毫秒甚至上百毫秒。而对于一个高并发的业务系统来说，几百毫秒内可能会接到几百上千个请求。由于旧的缓存已经被清除，新的缓存还未生成，并且处理这些请求的线程都不知道另外有一个线程正在生成缓存，因此所有的请求都会去重新生成缓存，都会去访问存储系统，从而对存储系统造成巨大的性能压力。这些压力又会拖慢整个系统，严重的会造成数据库宕机，从而形成一系列连锁反应，造成整个系统崩溃。

缓存雪崩的常见解决方法有两种：更新锁机制和后台更新机制。

- **更新锁**

对缓存更新操作进行加锁保护，保证只有一个线程能够进行缓存更新，未能获取更新锁的线程要么等待锁释放后重新读取缓存，要么就返回空值或默认值。

对于采用分布式集群的业务系统，由于存在几十上百台服务器，即使单台服务器只有一个线程更新缓存，但几十上百台服务器一起算下来也会有几十上百个线程同时来更新缓存，同样存在雪崩的问题。因此分布式集群的业务系统要完美实现更新锁机制，需要用到分布式锁，如 ZooKeeper。

- **后台更新**

由后台线程来更新缓存，而不是由业务线程来更新缓存，缓存本身的有效期设置为永久，后台线程定时更新缓存。

后台定时机制需要考虑一种特殊的场景，当缓存系统内存不够时，会"踢掉"一些缓存数据，从缓存被"踢掉"到下一次定时更新缓存的这段时间内，业务线程读取缓存返回空值，而业务线程本身又不会去更新缓存，因此业务上看到的现象就是数据丢了。解决的方式有两种：

（1）定时读取。

后台线程除了定时更新缓存，还要频繁地去读取缓存（例如，1 秒或 100 毫秒读取一次），如果发现缓存被"踢了"就立刻更新缓存，这种方式实现简单，但读取时间间隔不能设置得太长，因为如果缓存被踢了，缓存读取间隔时间又太长，则这段时间内业务访问都拿不到真正的数据而是一个空的缓存值，用户体验一般。

（2）消息队列通知。

业务线程发现缓存失效后，通过消息队列发送一条消息通知后台线程更新缓存。可能会出现多个业务线程都发送了缓存更新消息，但其实对后台线程没有影响，后台线程收到消息后更新缓存前可以判断缓存是否存在，存在就不执行更新操作。这种方式实现依赖消息队列，复杂度会高一些，但缓存更新更及时，用户体验更好。

后台更新既适应单机多线程的场景，也适合分布式集群的场景，相比更新锁机制要简单一些。

后台更新机制还适合业务刚上线的时候进行缓存预热。缓存预热指系统上线后，将相关的缓存数据直接加载到缓存系统，而不是等待用户访问才来触发缓存加载。

4.3.3　缓存热点

虽然缓存系统本身的性能比较高，但对于一些特别热点的数据，如果大部分甚至所有的业务请求都命中同一份缓存数据，则这份数据所在的缓存服务器的压力也很大。例如，某明星微博发布"我们"来宣告恋爱了，短时间内上千万的用户都会来围观。

缓存热点的解决方案就是复制多份缓存，将请求分散到多个缓存服务器上，减轻缓存热点导致的单台缓存服务器压力。以新浪微博为例，对于粉丝数超过 100 万的明星，每条微博都可以生成 100 份缓存，缓存的数据是一样的，通过在缓存的 key 里面加上编号进行区分，每次读缓存时都随机读取其中某份缓存。

4.4　本章小结

- 高性能数据库集群的第一种方式是"读写分离"，其本质是将访问压力分散到集群中的多个节点，但是没有分散存储压力。
- 数据库读写分离需要考虑"复制延迟"带来的复杂性。
- 数据库读写分离的分配机制有两种实现方式：程序代码封装和中间件封装。
- 高性能数据库集群的第二种方式是"分库分表"，既可以分散访问压力，又可以分散存储压力。

- 业务分库指的是按照业务模块将数据分散到不同的数据库服务器。
- 业务分库会引入 join 操作问题、事务问题、成本问题三个复杂度相关的问题。
- 数据库分表分为垂直分表和水平分表。
- 垂直分表引入的复杂性主要体现在表操作的数量要增加。
- 水平分表引入了路由、join 操作、count()操作、order by 操作等复杂度问题。
- K-V 存储在数据结构方面相比关系型数据库具备较大的优势。
- 文档数据库最大的特点就是 no-schema，可以存储和读取任意的数据。
- 列式存储在某些场景下能够大大节省 I/O。
- 列式存储具备很高的压缩比，能够节省存储空间。
- 全文搜索引擎的基本原理是倒排索引。
- 为了让全文搜索引擎支持关系型数据的全文搜索，需要做一些转换操作，即将关系型数据转换为文档数据。
- 缓存穿透是指当业务系统查询的数据在存储系统中没有的时候，每次查询都会访问存储系统。
- 缓存雪崩是指当缓存失效（过期）后引起系统性能急剧下降的情况。
- 缓存热点指大部分甚至所有业务请求都命中同一份缓存数据。

第 5 章
计算高性能

高性能是每个程序员的追求，无论我们是做一个系统，还是写一行代码，都希望能够达到高性能的效果。而高性能又是最复杂的一环，磁盘、操作系统、CPU、内存、缓存、网络、编程语言、架构等，每个都有可能影响系统达到高性能，一行不恰当的 debug 日志，就可能将服务器的性能从 3 万 TPS 降低到 8 千 TPS；一个 tcp_nodelay 参数，就可能将响应时间从 2ms 延长到 40ms。因此，要做到高性能计算是一件很复杂很有挑战的事情，软件系统开发过程中的不同阶段都关系着高性能最终是否能够实现。

站在架构师的角度，当然需要特别关注高性能架构的设计。高性能架构设计主要集中在两方面：

（1）尽量提升单服务器的性能，将单服务器的性能发挥到极致。

（2）如果单服务器无法支撑性能，设计服务器集群方案。

除了以上两点，最终系统能否实现高性能，还和具体的实现及编码相关。但架构设计是高性能的基础，如果架构设计没有做到高性能，则后面的具体实现和编码能提升的空间是有限的。形象地说，架构设计决定了系统性能的上限，实现细节决定了系统性能的下限。

5.1 单服务器高性能

单服务器高性能的关键之一就是服务器采取的网络编程模型，网络编程模型有如下两个关键设计点：

（1）服务器如何管理连接。

（2）服务器如何处理请求。

以上两个设计点最终都和操作系统的 I/O 模型及进程模型相关。

（1）I/O 模型：阻塞、非阻塞、同步、异步。

（2）进程模型：单进程、多进程、多线程。

以上基础的知识点本节不做详细的阐述，只是在介绍详细的网络模型时会用到这些知识点。

5.1.1 PPC

PPC 是 Process per Connection 的缩写，其含义是指每次有新的连接就新建一个进程去专门处理这个连接的请求，这是传统的 UNIX 网络服务器所采用的模型。基本的流程图如下。

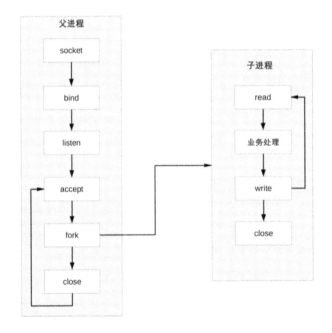

（1）父进程接受连接（图中 accept）。

（2）父进程"fork"子进程（图中 fork）。

（3）子进程处理连接的读写请求（图中子进程 read、业务处理、write）。

（4）子进程关闭连接（图中子进程中的 close）。

> **注：** 图中有一个小细节，父进程"fork"子进程后，直接调用了 close，看起来好像是关闭了连接，其实只是将连接的文件描述符引用计数减一，真正的关闭连接是等子进程也调用 close 后，连接对应的文件描述符引用计数变为 0 后，操作系统才会真正关闭连接，更多细节请参考《UNIX 网络编程：卷 1》。

PPC 模式实现简单，比较适合服务器的连接数没那么多的情况。例如，数据库服务器。对于普通的业务服务器，在互联网兴起之前，由于服务器的访问量和并发量并没有那么大，这种模式其实运作得也挺好。而互联网兴起后，服务器的并发和访问量从几十剧增到成千上万，这种模式的弊端就凸显出来了，主要体现在如下几个方面。

（1）fork 代价高：站在操作系统的角度，创建一个进程的代价是很高的，需要分配很多内核资源，需要将内存映像从父进程复制到子进程。即使现在的操作系统在复制内存映像时用到了 Copy on Write（写时复制）技术，总体来说创建进程的代价还是很大的。

（2）父子进程通信复杂：父进程"fork"子进程时，文件描述符可以通过内存映像复制从父进程传到子进程，但"fork"完成后，父子进程通信就比较麻烦了，需要采用 IPC（Interprocess Communication）之类的进程通信方案。例如，子进程需要在 close 之前告诉父进程自己处理了多少个请求以支撑父进程进行全局的统计，那么子进程和父进程必须采用 IPC 方案来传递信息。

（3）进程数量增大后对操作系统压力较大：如果每个连接存活时间比较长，而且新的连接又源源不断的进来，则进程数量会越来越多，操作系统进程调度和切换的频率也越来越高，系统的压力也会越来越大。因此，一般情况下，PPC 方案能处理的并发连接数量最大也就几百。

针对 PPC 模式不同的缺点，产生了不同的解决方案。

5.1.2　prefork

在 PPC 模式中，当连接进来时才"fork"新进程来处理连接请求，由于"fork"进程代价高，用户访问时可能感觉比较慢，prefork 模式的出现就是为了解决这个问题。

顾名思义，prefork 就是提前创建进程（pre-fork）。系统在启动的时候就预先创建好进程，然后才开始接受用户的请求，当有新的连接进来的时候，就可以省去"fork"进程的操作，让用户的访问更快、体验更好。prefork 的基本示意图如下。

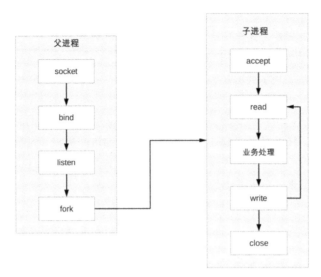

prefork 的实现关键就是多个子进程都 accept 同一个 socket，当有新的连接进入时，操作系统保证只有一个进程能最后 accept 成功。但这里也存在一个小小的问题："惊群"现象，就是指虽然只有一个子进程能 accept 成功，但所有阻塞在 accept 上的子进程都会被唤醒，这样就导致了不必要的进程调度和上下文切换。幸运的是，操作系统可以解决这个问题，例如，Linux 2.6 版本后内核已经解决了 accept 惊群问题。

prefork 模式和 PPC 一样，还是存在父子进程通信复杂、支持的并发连接数量有限的问题，因此目前实际应用也不多。Apache 服务器提供了 MPM prefork 模式，推荐在需要可靠性或与旧软件兼容的站点时采用这种模式，默认情况下最大支持 256 个并发连接。

5.1.3 TPC

TPC 是 Thread per Connection 的缩写，其含义是指每次有新的连接就新建一个线程去专门处理这个连接的请求。与进程相比，线程更轻量级，创建线程的消耗比进程要少得多；同时多线程是共享进程内存空间的，线程通信相比进程通信更简单。因此，TPC 实际上是解决或弱化了 PPC 的问题 1（fork 代价高）和问题 2（父子进程通信复杂）。

TPC 的基本流程如下：

（1）父进程接受连接（图中 accept）。

（2）父进程创建子线程（图中 pthread）。

（3）子线程处理连接的读写请求（图中子线程 read、业务处理、write）。

（4）子线程关闭连接（图中子线程中的 close）。

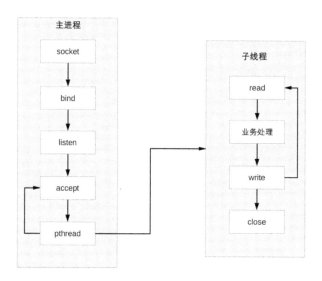

> **注：** 图中有一个小细节，和 PPC 相比，主进程不用"close"连接了。原因是在于子线程是共享主进程的进程空间的，连接的文件描述符并没有被复制，因此只需要一次 close 即可。

TPC 虽然解决了 fork 代价高和进程通信复杂的问题，但是也引入了新的问题。

首先，创建线程虽然比创建进程代价低，但并不是没有代价，高并发时（例如每秒上万连接）还是有性能问题。

其次，无须进程间通信，但是线程间的互斥和共享又引入了复杂度，可能一不小心就导致了死锁问题；

最后，多线程会出现互相影响的情况，某个线程出现异常时，可能导致整个进程退出（例如内存越界）。

除了引入了新的问题，TPC 还是存在 CPU 线程调度和切换代价的问题。因此，TPC 方案本质上和 PPC 方案基本类似，在并发几百连接的场景下，反而更多的是采用 PPC 的方案，因为 PPC 方案不会有死锁的风险，也不会多进程互相影响，稳定性更高。

5.1.4　prethread

在 TPC 模式中，当连接进来时才创建新的线程来处理连接请求，虽然创建线程比创建进程要更加轻量级，但还是有一定的代价，而 prethread 模式就是为了解决这个问题。

和 prefork 类似，prethread 模式会预先创建线程，然后才开始接受用户的请求，当有新的连接进来的时候，就可以省去创建线程的操作，让用户感觉更快、体验更好。

由于多线程之间数据共享和通信比较方便，因此实际上 prethread 的实现方式相比 prefork 要灵活一些，常见的实现方式有下面几种：

（1）主进程 accept，然后将连接交给某个线程处理。

（2）子线程都尝试去 accept，最终只有一个线程 accept 成功，方案的基本示意图如下。

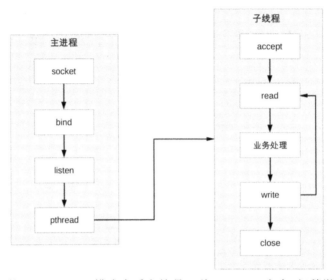

Apache 服务器的 MPM worker 模式本质上就是一种 prethread 方案，但稍微做了改进。Apache 服务器会创建多个进程，每个进程里面再创建多个线程，这样做主要是考虑稳定性，即使某个子进程里面的某个线程异常导致整个子进程退出，还会有其他子进程继续提供服务，不会导致整个服务器全部挂掉。

prethread 理论上可以比 prefork 支持更多的并发连接，Apache 服务器 MPM worker 模式默认支持 16 × 25 = 400 个并发处理线程。

5.1.5 Reactor

PPC 方案最主要的问题就是每个连接都要创建进程（为了描述简洁，这里只以 PPC 和进程为例，实际上换成 TPC 和线程，原理是一样的），连接结束后进程就销毁了，这样做其实是很大的浪费。为了解决这个问题，一个自然而然的想法就是资源复用，即不再单独为每个连接创建进程，而是创建一个进程池，将连接分配给进程，一个进程可以处理多个连接的业务。

引入资源池的处理方式后，会引出一个新的问题：进程如何才能高效地处理多个连接的业务？当一个连接一个进程时，进程可以采用"read -> 业务处理 -> write"的处理流程，如果当前连接没有数据可以读，则进程就阻塞在 read 操作上。这种阻塞的方式在一个连接一个进程的场景下没有问题，但如果一个进程处理多个连接，进程阻塞在某个连接的 read 操作上，此时即使其他连接有数据可读，进程也无法去处理，很显然这样是无法做到高性能的。

解决这个问题的最简单的方式是将 read 操作改为非阻塞，然后进程不断地轮询多个连接。这种方式能够解决阻塞的问题，但解决的方式并不优雅。首先轮询是要消耗 CPU 的；其次如果一个进程处理几千上万的连接，则轮询的效率是很低的。

为了能够更好地解决上述问题，一种自然而然的想法就是只有当连接上有数据的时候进程才去处理，这就是 I/O 多路复用技术的来源。

I/O 多路复用这个术语在通信行业比较常见。例如，时分复用（GSM）、码分复用（CDMA）、频分复用（GSM）等，其含义是"在一个信道上传输多路信号或数据流的过程和技术"，但如果拿这个含义套到计算机领域中就会导致混淆，因为单纯从表面含义来看，通信领域的"信道"和计算机领域的"连接"是类似的，通信领域的"数据流"和计算机领域的"数据"是类似的。如果直接照搬通信领域的多路复用定义到计算机领域，就会将多路复用理解为"一条连接上传输多种数据"，这与事实上的 I/O 多路复用含义相差太大。计算机网络领域的 I/O 多路复用，其中的"多路"，就是指多条连接，"复用"指的是多条连接复用同一个阻塞对象，这个阻塞对象和具体的实现有关。以 Linux 为例，如果使用 select，则这个公共的阻塞对象就是 select 用到的 fd_set，如果使用 epoll，就是 epoll_create 创建的文件描述符。

I/O 多路复用技术归纳起来有如下两个关键实现点：

（1）当多条连接共用一个阻塞对象后，进程只需要在一个阻塞对象上等待，而无须再轮询所有连接。

（2）当某条连接有新的数据可以处理时，操作系统会通知进程，进程从阻塞状态返回，开始进行业务处理。

I/O 多路复用结合线程池，完美地解决了 PPC 和 TPC 模型的问题，而且"大神们"给它取了一个很牛的名字：Reactor，中文是"反应堆"。联想到"核反应堆"，听起来就很吓人，实际上这里的"反应"不是聚变裂变反应的意思，而是"事件反应"的意思，可以通俗地理解为"来了一个事件我就有相应的反应"。Reactor 模式也叫 Dispatcher 模式（很多开源的系统里面会看到这个名称的类，其实就是实现 Reactor 模式的），更加贴近模式本身的含义，即 I/O 多路复用统一监听事件，收到事件后分配（Dispatch）给某个进程。

Reactor 模式的核心组成部分包括 Reactor 和处理资源池（进程池或线程池），其中 Reactor 负责监听和分配事件，处理资源池负责处理事件。初看 Reactor 的实现是比较简单的，但实际上结合不同的业务场景，Reactor 模式的具体实现方案灵活多变，主要体现在如下两点。

- Reactor 的数量可以变化：可以是一个 Reactor，也可以是多个 Reactor。
- 资源池的数量可以变化：以进程为例，可以是单个进程，也可以是多个进程（线程类似）。

将以上两个因素排列组合一下，理论上可以有 4 种选择，但由于"多 Reactor 单进程"实现方案相比"单 Reactor 单进程"方案，既复杂又没有性能优势，因此"多 Reactor 单进程"方案仅仅是一个理论上的方案，实际没有应用。

最终 Reactor 模式有如下三种典型的实现方案：

（1）单 Reactor 单进程/单线程。

（2）单 Reactor 多线程。

（3）多 Reactor 多进程/线程。

以上方案具体选择进程还是线程，更多的是和编程语言及平台相关。例如，Java 语言一般使用线程（例如，Netty），C 语言使用进程和线程都可以（例如，Nginx 使用进程，Memcache 使用线程）。

- **单 Reactor 单进程/线程**

单 Reactor 单进程/线程的方案示意图如下（以进程为例）。

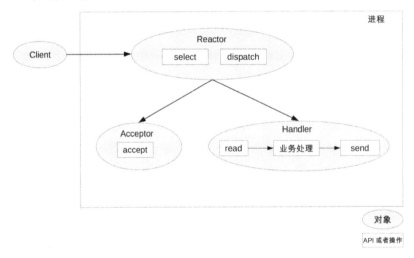

注： select、accept、read、send 是标准的网络编程 API，dispatch 和"业务处理"是需要完成的操作，其他方案示意图类似。

方案详细说明如下：

（1）Reactor 对象通过 select 监控连接事件，收到事件后通过 dispatch 进行分发。

（2）如果是连接建立的事件，则由 Acceptor 处理，Acceptor 通过 accept 接受连接，并创建一个 Handler 来处理连接后续的各种事件。

（3）如果不是连接建立事件，则 Reactor 会调用连接对应的 Handler（第 2 步中创建的 Handler）

来进行响应。

（4）Handler 会完成 read->业务处理->send 的完整业务流程。

单 Reactor 单进程的模式优点就是很简单，没有进程间通信，没有进程竞争，全部都在同一个进程内完成。但其缺点也是非常明显，具体表现如下：

（1）只有一个进程，无法发挥多核 CPU 的性能；只能采取部署多个系统来利用多核 CPU，但这样会带来运维复杂度，本来只要维护一个系统，用这种方式需要在一台机器上维护多套系统。

（2）Handler 在处理某个连接上的业务时，整个进程无法处理其他连接的事件，很容易导致性能瓶颈。

因此，单 Reactor 单进程的方案在实践中应用场景不多，只适用于业务处理非常快速的场景，目前比较著名的开源软件中使用单 Reactor 单进程的是 Redis。

> **注**：C 语言编写系统的一般使用单 Reactor 单进程，因为没有必要在进程中再创建线程；而 Java 语言编写的一般使用单 Reactor 单线程，因为 Java 虚拟机是一个进程，虚拟机中有很多线程，业务线程只是其中的一个线程而已。

- **单 Reactor 多线程**

为了避免单 Reactor 单进程/线程方案的缺点，引入多进程/多线程是显而易见的，这就产生了第二个方案：单 Reactor 多线程。

单 Reactor 多线程方案示意图如下。

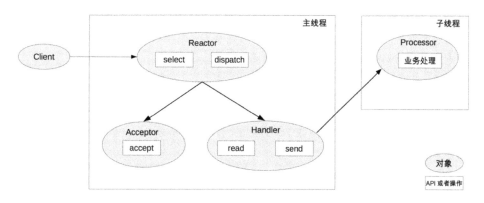

方案详细说明如下：

（1）主线程中，Reactor 对象通过 select 监控连接事件，收到事件后通过 dispatch 进行分发。

（2）如果是连接建立的事件，则由 Acceptor 处理，Acceptor 通过 accept 接受连接，并创建一个 Handler 来处理连接后续的各种事件。

（3）如果不是连接建立事件，则 Reactor 会调用连接对应的 Handler（第 2 步中创建的 Handler）来进行响应。

（4）Handler 只负责响应事件，不进行业务处理；Handler 通过 read 读取到数据后，会发给 Processor 进行业务处理。

（5）Processor 会在独立的子线程中完成真正的业务处理，然后将响应结果发给主进程的 Handler 处理；Handler 收到响应后通过 send 将响应结果返回给 client。

单 Reactor 多线程方案能够充分利用多核多 CPU 的处理能力，但同时也存在如下问题：

（1）多线程数据共享和访问比较复杂。例如，子线程完成业务处理后，要把结果传递给主线程的 Reactor 进行发送，这里涉及共享数据的互斥和保护机制。以 Java 的 NIO 为例，Selector 是线程安全的，但是通过 Selector.selectKeys()返回的键的集合是非线程安全的，对 selected keys 的处理必须单线程处理或采取同步措施进行保护。

（2）Reactor 承担所有事件的监听和响应，只在主线程中运行，瞬间高并发时会成为性能瓶颈。

> **注**：细心的读者可能会发现，我们只列出了"单 Reactor 多线程"方案，而没有列出"单 Reactor 多进程"方案，这是什么原因呢？主要原因在于如果采用多进程，子进程完成业务处理后，将结果返回给父进程，并通知父进程发送给哪个 client，则是很麻烦的事情。因为父进程只是通过 Reactor 监听各个连接上的事件然后进行分配，子进程与父进程通信时并不是一个连接。如果要将父进程和子进程之间的通信模拟为一个连接，并加入 Reactor 进行监听，则是比较复杂的。而采用多线程时，因为多线程是共享数据的，因此线程间通信是非常方便的。虽然要额外考虑线程间共享数据时的同步问题，但这个复杂度比上述进程间通信的复杂度要低很多。

- 多 Reactor 多进程/线程

为了解决单 Reactor 多线程的问题，最直观的方法就是将单 Reactor 改为多 Reactor，这就产生了第三个方案：多 Reactor 多进程/线程。

多 Reactor 多进程/线程方案示意图如下（以进程为例）。

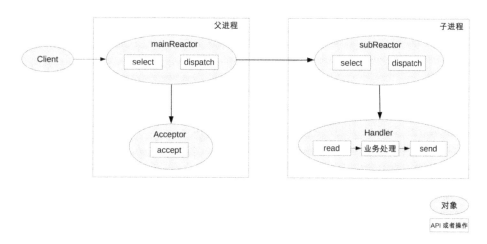

方案详细说明如下：

（1）父进程中 mainReactor 对象通过 select 监控连接建立事件，收到事件后通过 Acceptor 接收，将新的连接分配给某个子进程。

（2）子进程的 subReactor 将 mainReactor 分配的连接加入连接队列进行监听，并创建一个 Handler 用于处理连接的各种事件。

（3）当有新的事件发生时，subReactor 会调用连接对应的 Handler（即第 2 步中创建的 Handler）来进行响应。

（4）Handler 完成 read→业务处理→send 的完整业务流程。

多 Reactor 多进程/线程的方案看起来比单 Reactor 多线程要复杂，但实际实现时反而更加简单，主要原因如下：

（1）父进程和子进程的职责非常明确，父进程只负责接收新连接，子进程负责完成后续的业务处理。

（2）父进程和子进程的交互很简单，父进程只需要把新连接传给子进程，子进程无须返回数据。

（3）子进程之间是互相独立的，无须同步共享之类的处理（这里仅限于网络模型相关的 select、read、send 等无须同步共享，"业务处理"还是有可能需要同步共享的）。

目前采用多 Reactor 多进程实现的著名的开源系统是 Nginx，采用多 Reactor 多线程实现有 Memcache 和 Netty。

注：Nginx 采用的是多 Reactor 多进程的模式，但方案与标准的多 Reactor 多进程有差异。具体差异表现为主进程中仅仅创建了监听端口，并没有创建 mainReactor 来"accept"连接，而是由子进程的 Reactor 来"accept"连接，通过锁来控制一次只有一个子进程

进行"accept"，子进程"accept"新连接后就放到自己的 Reactor 进行处理，不会再分配给其他子进程，更多细节请查阅相关资料或阅读 Nginx 源码。

5.1.6 Proactor

Reactor 是非阻塞同步网络模型，因为真正的 read 和 send 操作都需要用户进程同步操作。这里的"同步"指用户进程在执行 read 和 send 这类 I/O 操作的时候是同步的，如果把 I/O 操作改为异步就能够进一步提升性能，这就是异步网络模型 Proactor。

Proactor 中文翻译为"前摄器"比较难以理解，与其类似的单词是 proactive，含义为"主动的"，因此我们照猫画虎翻译为"主动器"反而更好理解。Reactor 可以理解为"来了事件我通知你，你来处理"，而 Proactor 可以理解为"来了事件我来处理，处理完了我通知你"。这里的"我"就是操作系统内核，"事件"就是有新连接、有数据可读、有数据可写这些 I/O 事件。

Proactor 模型示意图如下。

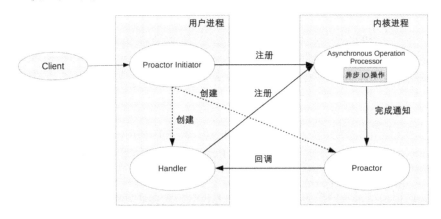

方案详细说明如下：

（1）Proactor Initiator 负责创建 Proactor 和 Handler，并将 Proactor 和 Handler 都通过 Asynchronous Operation Processor 注册到内核。

（2）Asynchronous Operation Processor 负责处理注册请求，并完成 I/O 操作。

（3）Asynchronous Operation Processor 完成 I/O 操作后通知 Proactor。

（4）Proactor 根据不同的事件类型回调不同的 Handler 进行业务处理。

（5）Handler 完成业务处理，Handler 也可以注册新的 Handler 到内核进程。

理论上 Proactor 比 Reactor 效率要高一些，异步 I/O 能够充分利用 DMA 特性，让 I/O 操作与计算重叠。但实现真正的异步 I/O，操作系统需要做大量的工作，目前 Windows 下通过 IOCP

实现了真正的异步 I/O，而在 Linux 系统下的 AIO 并不完善，因此在 Linux 下实现高并发网络编程时都是以 Reactor 模式为主。所以即使 boost asio 号称实现了 proactor 模型，其实它在 Windows 下采用 IOCP，而在 Linux 下是用 Reactor 模式（采用 epoll）模拟出来的异步模型。

5.2　集群高性能

单服务器无论如何优化，无论采用多好的硬件，总会有一个性能天花板，当单服务器的性能无法满足业务需求时，就需要设计高性能集群来提升系统整体的处理性能。

高性能集群的本质很简单，通过增加更多的服务器来提升系统整体的计算能力。计算本身存在一个特点：同样的输入数据和逻辑，无论在哪台服务器上执行，都应该得到相同的输出。因此高性能集群设计的复杂度主要体现在任务分配这部分，需要设计合理的任务分配策略，将计算任务分配到多台服务器上执行。

高性能集群的复杂性主要体现在需要增加一个任务分配器，以及为任务选择一个合适的任务分配算法。对于任务分配器，现在更流行的通用叫法是"负载均衡器"。但这个名称有一定的误导性，会让人潜意识里认为任务分配的目的是要保持各个计算单元的负载达到均衡状态，而实际上任务分配并不只是考虑计算单元的负载均衡。不同的任务分配算法目标是不一样的，有的基于负载考虑、有的基于性能（吞吐量、响应时间）考虑、有的基于业务考虑。考虑到"负载均衡"已经成为事实上的标准术语，后续我们用"负载均衡"来代替"任务分配"，以方便读者理解，但请时刻记住，负载均衡不只是为了计算单元的负载达到均衡状态。

5.2.1　负载均衡分类

常见的负载均衡系统包括 3 种：DNS 负载均衡、硬件负载均衡和软件负载均衡。

- **DNS 负载均衡**

DNS 是最简单也是最常见的负载均衡方式，一般用来实现地理级别的均衡。例如，北方的用户访问北京的机房，南方的用户访问深圳的机房。DNS 负载均衡的本质是 DNS 解析同一个域名可以返回不同的 IP 地址。例如，同样是 www.baidu.com，北方用户解析后获取的地址是 61.135.165.224（这是北京机房的 IP），南方用户解析后获取的地址是 14.215.177.38（这是深圳机房的 IP）。

下面是 DNS 负载均衡的简单示意图。

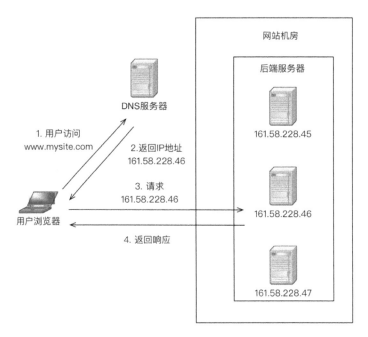

DNS 负载均衡实现简单、成本低，但也存在粒度太粗、负载均衡算法少等缺点。详细优缺点分析如下。

【优点】

（1）简单、成本低：负载均衡工作交给 DNS 服务器处理，无须自己开发或维护负载均衡设备。

（2）就近访问，提升访问速度：DNS 解析时可以根据请求来源 IP，解析成距离用户最近的服务器地址，可以加快访问速度，改善性能。

【缺点】

（1）更新不及时：DNS 缓存的时间比较长，修改 DNS 配置后，由于缓存的原因，还是有很多用户会继续访问修改前的 IP，这样的访问会失败，达不到负载均衡的目的，并且也影响用户正常使用业务。

（2）扩展性差：DNS 负载均衡的控制权在域名商那里，无法根据业务特点针对其做更多的定制化功能和扩展特性。

（3）分配策略比较简单：DNS 负载均衡支持的算法少；不能区分服务器的差异（不能根据系统与服务的状态来判断负载）；也无法感知后端服务器的状态。

针对 DNS 负载均衡的一些缺点，对于时延和故障敏感的业务，有一些公司自己实现了 HTTP-DNS 的功能，即使用 HTTP 协议实现一个私有的 DNS 系统。这样的方案和通用的 DNS

优缺点正好相反。

- **硬件负载均衡**

硬件负载均衡是通过单独的硬件设备来实现负载均衡功能,这类设备和路由器交换机类似,可以理解为一个用于负载均衡的基础网络设备。目前业界典型的硬件负载均衡设备有两款:F5 和 A10。这类设备性能强劲,功能强大,但价格都不便宜,一般只有"土豪"公司才会考虑使用此类设备。普通业务量级的公司一是负担不起,二是业务量没那么大,用这些设备也是浪费。

硬件负载均衡的优缺点如下。

【优点】

(1)功能强大:全面支持各层级的负载均衡,支持全面的负载均衡算法,支持全局负载均衡。

(2)性能强大:对比一下,软件负载均衡支持到 10 万级并发已经很厉害了,硬件负载均衡可以支持 100 万以上的并发。

(3)稳定性高:商用硬件负载均衡,经过了良好的严格测试,经过大规模使用,在稳定性方面高。

(4)支持安全防护:硬件均衡设备除具备负载均衡功能外,还具备防火墙、防 DDOS 攻击等安全功能。

【缺点】

(1)价格昂贵:最普通的一台 F5 就是一台"马 6",好一点的就是"宝马、Q7"了。

(2)扩展能力差:硬件设备,可以根据业务进行配置,但无法进行扩展和定制;

- **软件负载均衡**

软件负载均衡通过负载均衡软件来实现负载均衡功能,常见的有 Nginx 和 LVS,其中 Nginx 是软件的 7 层负载均衡,LVS 是 Linux 内核的 4 层负载均衡。4 层和 7 层的区别就在于协议和灵活性。Nginx 支持 HTTP、E-mail 协议,而 LVS 是 4 层负载均衡,和协议无关,几乎所有应用都可以做,例如,聊天、数据库等。

软件和硬件的最主要区别就在于性能,硬件负载均衡性能远远高于软件负载均衡性能。Nginx 的性能是万级,一般的 Linux 服务器上装一个 Nginx 大概能到 5 万/每秒;LVS 的性能是十万级,据说可达到 80 万/每秒;而 F5 性能是百万级,从 200 万/每秒到 800 万/每秒都有。当然,软件负载均衡的最大优势是便宜,一台普通的 Linux 服务器批发价大概就是 1 万元左右,相比 F5 的价格,那就是自行车和宝马的区别了。

除了使用开源的系统进行负载均衡,如果业务比较特殊,也可能基于开源系统进行定制(例如,Nginx 插件),甚至进行自研。

下面是 Nginx 的负载均衡架构示意图。

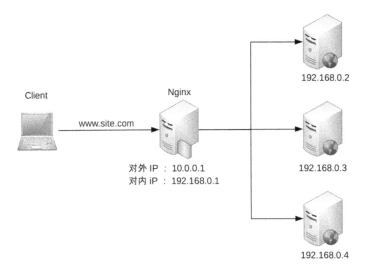

软件负载均衡的优缺点如下。

【优点】

（1）简单：无论部署，还是维护都比较简单。

（2）便宜：只要买个 Linux 服务器，装上软件即可。

（3）灵活：4 层和 7 层负载均衡可以根据业务进行选择；也可以根绝业务进行比较方便的扩展，例如，可以通过 Nginx 的插件来实现业务的定制化功能。

【缺点】

其实以下缺点都是和硬件负载均衡相比的，并不是说软件负载均衡没法用。

（1）性能一般：一个 Nginx 大约能支撑 5 万并发。

（2）功能没有硬件负载均衡那么强大。

（3）一般不具备防火墙和防 DDOS 攻击等安全功能。

5.2.2　负载均衡架构

前面我们介绍了 3 种常见的负载均衡机制：DNS 负载均衡、硬件负载均衡、软件负载均衡，每种方式都有一些优缺点，但并不意味着在实际应用中只能基于它们的优缺点进行非此即彼的选择，反而是基于它们的优缺点进行组合使用。具体来说，组合的基本原则为：DNS 负载均衡用于实现地理级别的负载均衡；硬件负载均衡用于实现集群级别的负载均衡；软件负载均衡用于实现机器级别的负载均衡。

我们以一个假想的实例来说明一下这种组合方式，如下图所示。

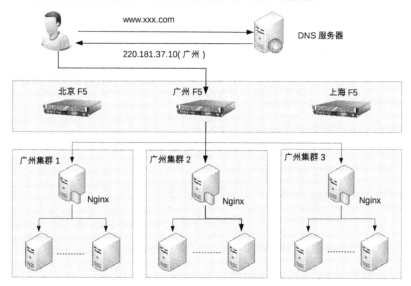

整个系统的负载均衡分为三层。

（1）地理级别负载均衡：www.xxx.com 部署在北京、广州、上海三个机房，当用户访问时，DNS 会根据用户的地理位置来决定返回哪个机房的 IP，图中返回了广州机房的 IP 地址，这样用户就访问到广州机房了。

（2）集群级别负载均衡：广州机房的负载均衡用的是 F5 设备，F5 收到用户请求后，进行集群级别的负载均衡，将用户请求发给 3 个本地集群中的一个，我们假设 F5 将用户请求发给了"广州集群 2"。

（3）机器级别的负载均衡：广州集群 2 的负载均衡用的是 Nginx，Nginx 收到用户请求后，将用户请求发送给集群里面的某台服务器，服务器处理用户的业务请求并返回业务响应。

需要注意的是，上图只是一个示例，一般在大型业务场景下才会这样用，如果业务量没这么大，则没有必要严格照抄这套架构。例如，一个大学的论坛完全可以不需要 DNS 负载均衡，也不需要 F5 设备，只需要用 Nginx 作为一个简单的负载均衡就足够了。

5.2.3　负载均衡的算法

负载均衡算法数量较多，而且可以根据一些业务特性进行定制开发，抛开细节上的差异，根据算法期望达到的目的，大体上可以分为如下几类。

（1）任务平分类：负载均衡系统将收到的任务平均分配给服务器进行处理，这里的"平均"可以是绝对数量的平均，也可以是比例或权重上的平均。

（2）负载均衡类：负载均衡系统根据服务器的负载来进行分配，这里的负载并不一定是通常意义上我们说的"CPU 负载"，而是系统当前的压力，可以用 CPU 负载来衡量，也可以用连接数、I/O 使用率、网卡吞吐量等来衡量系统的压力。

（3）性能最优类：负载均衡系统根据服务器的响应时间来进行任务分配，优先将新任务分配给响应最快的服务器。

（4）Hash 类：负载均衡系统根据任务中的某些关键信息进行 Hash 运算，将相同 Hash 值的请求分配到同一台服务器上。常见的有源地址 Hash、目标地址 hash、session id hash、用户 id hash 等。

接下来介绍一下常见的负载均衡算法及它们的优缺点。

- **轮询**

负载均衡系统收到请求后，按照顺序轮流分配到服务器上。

轮询是最简单的一个策略，无须关注服务器本身的状态，例如：

- 某个服务器当前因为触发了程序 bug 进入了死循环导致 CPU 负载很高，负载均衡系统是不感知的，还是会继续将请求源源不断地发送给它。
- 集群中有新的机器是 32 核的，老的机器是 16 核的，负载均衡系统也是不关注的，新老机器分配的任务数是一样的。

需要注意的是负载均衡系统无须关注"服务器本身状态"，这里的关键词是"本身"。也就是说，只要服务器在运行，运行状态是不关注的，但如果服务器直接宕机了，或者服务器和负载均衡系统断连了，则负载均衡系统是能够感知的，也需要做出相应的处理。例如，将服务器从可分配服务器列表中删除，否则就会出现服务器都宕机了，任务还不断地分配给它，这明显是不合理的。

总而言之，"简单"是轮询算法的优点，也是它的缺点。

- **加权轮询**

负载均衡系统根据服务器权重进行任务分配，这里的权重一般是根据硬件配置进行静态配置的，采用动态的方式计算会更加契合业务，但复杂度也会更高。

加权轮询是轮询的一种特殊形式，其主要目的就是为了解决不同服务器处理能力有差异的问题。例如，集群中有新的机器是 32 核的，老的机器是 16 核的，那么理论上我们可以假设新机器的处理能力是老机器的 2 倍，负载均衡系统就可以按照 2：1 的比例分配更多的任务给新机器，从而充分利用新机器的性能。

加权轮询解决了轮询算法中无法根据服务器的配置差异进行任务分配的问题，但同样存在无法根据服务器的状态差异进行任务分配的问题。

- **负载最低优先**

负载均衡系统将任务分配给当前负载最低的服务器，这里的负载根据不同的任务类型和业务场景，可以用不同的指标来衡量。例如：

- LVS 这种 4 层网络负载均衡设备，可以以"连接数"来判断服务器的状态，服务器连接数越大，表明服务器压力越大。
- Nginx 这种 7 层网络负载系统，可以以"HTTP 请求数"来判断服务器状态（Nginx 内置的负载均衡算法不支持这种方式，需要进行扩展）。
- 如果我们自己开发负载均衡系统，可以根据业务特点来选择指标衡量系统压力。如果是 CPU 密集型，可以以"CPU 负载"来衡量系统压力；如果是 I/O 密集型，则可以以"I/O 负载"来衡量系统压力。

负载最低优先的算法解决了轮询算法中无法感知服务器状态的问题，由此带来的代价是复杂度要增加很多。例如：

- 最少连接数优先的算法要求负载均衡系统统计每个服务器当前建立的连接，其应用场景仅限于负载均衡接收的任何连接请求都会转发给服务器进行处理，否则如果负载均衡系统和服务器之间是固定的连接池方式，就不适合采取这种算法。例如，LVS 可以采取这种算法进行负载均衡，而一个通过连接池的方式连接 MySQL 集群的负载均衡系统就不适合采取这种算法进行负载均衡。
- CPU 负载最低优先的算法要求负载均衡系统以某种方式收集每个服务器的 CPU 负载，而且要确定是以 1 分钟的负载为标准，还是以 15 分钟的负载为标准，不存在 1 分钟肯定比 15 分钟要好或差。不同业务最优的时间间隔是不一样的，时间间隔太短容易造成频繁波动，时间间隔太长又可能造成峰值来临时响应缓慢。

负载最低优先算法基本上能够比较完美地解决轮询算法的缺点，因为采用这种算法后，负载均衡系统需要感知服务器当前的运行状态。当然，其代价是复杂度大幅上升。通俗来讲，轮询可能是 5 行代码就能实现的算法，而负载最低优先算法可能要 1000 行才能实现，甚至需要负载均衡系统和服务器都要开发代码。负载最低优先算法如果本身没有设计好，或者不适合业务的运行特点，算法本身就可能成为性能的瓶颈，或者引发很多莫名其妙的问题。所以负载最低优先算法虽然效果看起来很美好，但实际上真正应用的场景反而没有轮询（包括加权轮询）那么多。

- **性能最优类**

负载最低优先类算法是站在服务器的角度来进行分配的，而性能最优优先类算法则是站在客户端的角度来进行分配的，优先将任务分配给处理速度最快的服务器，通过这种方式达到最快响应客户端的目的。

和负载最低优先类算法类似，性能最优优先类算法本质上也是感知了服务器的状态，只是通过响应时间这个外部标准来衡量服务器状态而已。因此性能最优优先类算法存在的问题和负载最低优先类算法类似，复杂度都很高，主要体现在：

- 负载均衡系统需要收集和分析每个服务器每个任务的响应时间，在大量任务处理的场景下，这种收集和统计本身也会消耗较多的性能。

- 为了减少这种统计上的消耗，可以采取采样的方式来统计，即不统计所有任务的响应时间，而是抽样统计部分任务的响应时间来估算整体任务的响应时间。采样统计虽然能够减少性能消耗，但使得复杂度进一步上升，因为要确定合适的采样率，采样率太低会导致结果不准确，采样率太高会导致性能消耗较大，找到合适的采样率也是一件复杂的事情。

- 无论全部统计，还是采样统计，都需要选择合适的周期：是 10 秒内性能最优，还是 1 分钟内性能最优，还是 5 分钟内性能最优……没有放之四海而皆准的周期，需要根据实际业务进行判断和选择，这也是一件比较复杂的事情，甚至出现系统上线后需要不断地调优才能达到最优设计。

- Hash 类

负载均衡系统根据任务中的某些关键信息进行 Hash 运算，将相同 Hash 值的请求分配到同一台服务器上，这样做的目的主要是为了满足特定的业务需求。例如：

- 源地址 Hash

  将来源于同一个源 IP 地址的任务分配给同一个服务器进行处理，适合于存在事务、会话的业务。例如，当我们通过浏览器登录网上银行时，会生成一个会话信息，这个会话是临时的，关闭浏览器后就失效。网上银行后台无须持久化会话信息，只需要在某台服务器上临时保存这个会话就可以了，但需要保证用户在会话存在期间，每次都能访问到同一个服务器，这种业务场景就可以用源地址 Hash 来实现。

- ID Hash

  将某个 ID 标识的业务分配到同一个服务器中进行处理，这里的 ID 一般是临时性数据的 ID（例如，session id）。例如，上述的网上银行登录的例子，用 session id hash 同样可以实现同一个会话期间，用户每次都是访问到同一台服务器的目的。

5.3 本章小结

- PPC 模型：每次有新的连接就新建一个进程去专门处理这个连接的请求。

- TPC 模型：每次有新的连接就新建一个线程去专门处理这个连接的请求。

- Reactor 模型的基础是 I/O 多路复用。

- Proactor 模型是非阻塞异步网络模式。

- 常见的负载均衡系统有 3 种：DNS 负载均衡、硬件负载均衡和软件负载均衡。

- DNS 是最简单的也是最常见的负载均衡方式，一般用来实现地理级别的均衡。

- 硬件负载均衡用于实现集群级别的负载均衡。

- 软件负载均衡用于实现机器级别的负载均衡。

- 负载均衡算法分为：任务平分类、负载均衡类、性能最优类和 Hash 类。

第 3 部分　高可用架构模式

第 6 章
CAP

  CAP 定理（CAP theorem）又被称作布鲁尔定理（Brewer's theorem），由加州大学伯克利分校（计算机领域神一样的大学）的计算机科学家埃里克·布鲁尔在 2000 年的 ACM PODC 上提出的一个猜想。2002 年，麻省理工学院（另一所计算机领域神一样的大学）的赛斯·吉尔伯特和南希·林奇发表了布鲁尔猜想的证明，使之成为分布式计算领域公认的一个定理。对于设计分布式系统的架构师来说，CAP 是必须掌握的理论。

  布鲁尔在提出 CAP 猜想的时候，并没有详细定义 Consistency、Availability、Partition Tolerance 三个单词的明确含义，因此如果初学者去查询 CAP 定义的时候会感到比较困惑，因为不同的资料对 CAP 的详细定义有一些细微的差别。

  IBM Cloud Docs：

> Consistency, where all nodes see the same data at the same time.
>
> Availability, which guarantees that every request receives a response about whether it succeeded or failed.
>
> Partition tolerance, where the system continues to operate even if any one part of the system is lost or fails.

  维基百科：

> Consistency: Every read receives the most recent write or an error

Availability: Every request receives a (non-error) response – without guarantee that it contains the most recent write

Partition tolerance: The system continues to operate despite an arbitrary number of messages being dropped (or delayed) by the network between nodes

Silverback：

Consistency: all nodes have access to the same data simultaneously

Availability: a promise that every request receives a response, at minimum whether the request succeeded or failed

Partition tolerance: the system will continue to work even if some arbitrary node goes offline or can't communicate

为了更好地解释 CAP 理论，下面挑选了 Robert Greiner 的文章作为参考基础。有趣的是，Robert Greiner 对 CAP 的理解也经历了一个过程，他写了两篇文章来阐述 CAP 理论，第一篇被标记为"outdated"（有一些中文翻译文章正好参考了第一篇），下面将对比前后两篇解释的差异点，通过对比帮助你更加深入地理解 CAP 理论。

6.1　CAP 理论

第一版：

any distributed system cannot guaranty C, A, and P simultaneously。

简单翻译为：对于一个分布式计算系统，不可能同时满足一致性（Consistence）、可用性（Availability）、分区容错性（Partition Tolerance）三个设计约束。

第二版：

in a distributed system (a collection of interconnected nodes that share data.), you can only have two out of the following three guarantees across a write/read pair: Consistency, Availability, and Partition Tolerance – one of them must be sacrificed。

简单翻译为：在一个分布式系统（指互相连接并共享数据的节点的集合）中，当涉及读写操作时，只能保证一致性（Consistence）、可用性（Availability）、分区容错性（Partition Tolerance）三者中的两个，另外一个必须被牺牲。

对比两个版本的定义，如下几个差异点很关键：

（1）第二版定义了什么才是 CAP 理论探讨的分布式系统，强调了两点：interconnected 和 share data，为何要强调这两点呢？ 因为分布式系统并不一定会互联和共享数据。最简单的例如 Memcache 的集群，相互之间就没有连接和共享数据，因此 Memcache 集群这类分布式系统就不符合 CAP 理论探讨的对象；而 MySQL 集群就是互联和进行数据复制的，因此是 CAP 理论探讨的对象。

（2）第二版强调了 write/read pair，这点其实和第 1 条差异点是一脉相承的。也就是说，CAP 关注的是对数据的读写操作，而不是分布式系统的所有功能。例如，ZooKeeper 的选举机制就不是 CAP 探讨的对象。

相比来说，第二版的定义更加精确。

虽然第二版的定义和解释更加严谨，但内容相比第一版来说更加难记一些，所以现在大部分技术人员谈论 CAP 理论时，更多还是按照第一版的定义和解释来说的，因为第一版虽然不严谨，但非常简单和容易记住。

除了基本概念进行了重新阐述，三个基本的设计约束也进行了重新阐述，我们详细分析一下。

6.1.1 一致性（Consistency）

第一版解释：

> All nodes see the same data at the same time。

简单翻译为：所有节点在同一时刻都能看到相同的数据。

第二版解释：

> A read is guaranteed to return the most recent write for a given client

简单翻译为：对某个指定的客户端来说，读操作保证能够返回最新的写操作结果。

第一版解释和第二版解释的主要差异点表现在以下几个方面：

- 第一版从节点 node 的角度描述，第二版从客户端 client 的角度描述。

  相比来说，第二版更加符合我们观察和评估系统的方式，即站在客户端的角度来观察系统的行为和特征。

- 第一版的关键词是 see，第二版的关键词是 read。

  第一版解释中的 see，其实并不确切，因为节点 node 是拥有数据，而不是看到数据，即使要描述也是用have；第二版从客户端client的读写角度来描述一致性，定义更加精确。

- 第一版强调同一时刻拥有相同数据（same time + same data），第二版并没有强调这点。这就意味着实际上对于节点来说，可能同一时刻拥有不同数据（same time + different data），这和我们通常理解的一致性是有差异的，为何做这样的改动呢？其实在第一版的详细解释中已经提到了，具体内容如下：

> A system has consistency if a transaction starts with the system in a consistent state, and ends with the system in a consistent state. In this model, a system can (and does) shift into an inconsistent state during a transaction, but the entire transaction gets rolled back if there is an error during any stage in the process.

参考上述的解释，对于系统执行事务来说，在事务执行过程中，系统其实处于一个不一致的状态，不同的节点的数据并不完全一致。因此第一版的解释"All nodes see the same data at the same time"是不严谨的，而第二版强调client读操作能够获取最新的写结果就没有问题。因为事务在执行过程中，client是无法读取到未提交的数据的，只有等到事务提交后，client才能读取到事务写入的数据，而如果事务失败则会进行回滚，client也不会读取到事务中间写入的数据。

6.1.2　可用性

第一版解释：

> Every request gets a response on success/failure.

简单翻译为：每个请求都能得到成功或失败的响应。

第二版解释：

> A non-failing node will return a reasonable response within a reasonable amount of time (no error or timeout).

简单翻译为：非故障的节点在合理的时间内返回合理的响应（不是错误和超时的响应）。

第一版解释和第二版解释主要差异点表现在以下几个方面：

- 第一版是 every request，第二版强调了 A non-failing node。

  第一版的 every request 是不严谨的，因为只有非故障节点才能满足可用性要求，如果节点本身就故障了，发给节点的请求不一定能得到一个响应。

- 第一版的 response 分为 success 和 failure，第二版用了两个 reasonable：reasonable response

和 reasonable time，而且特别强调了 no error or timeout。

第一版的 success/failure 的定义太泛了，几乎任何情况，无论是否符合 CAP 理论，我们都可以说请求成功和失败，因为超时也算失败，错误也算失败，异常也算失败，结果不正确也算失败；即使是成功的响应，也不一定是正确的。例如，本来应该返回 100，但实际上返回了 90，这就是成功的响应，但并没有得到正确的结果。相比之下，第二版的解释明确了不能超时，不能出错，结果是合理的，注意没有说"正确"的结果。例如，应该返回 100 但实际上返回了 90，肯定是不正确的结果，但可以是一个合理的结果。

6.1.3　分区容忍性（Partition Tolerance）

第一版解释：

System continues to work despite message loss or partial failure。

简单翻译为：尽管出现消息丢失或分区错误，但系统能够继续运行。

第二版解释：

The system will continue to function when network partitions occur。

简单翻译为：当出现网络分区后，系统能够继续"履行职责"。

第一版解释和第二版解释主要差异点表现在以下几个方面。

- 第一版用的是 work，第二版用的是 function。

  work 强调"运行"，只要系统不宕机，我们都可以说系统在 work：返回错误也是 work，拒绝服务也是 work；而 function 强调"发挥作用""履行职责"，这点和可用性是一脉相承的。也就是说，只有返回 reasonable response 才是 function。相比之下，第二版解释更加明确。

- 第一版描述分区用的是 message loss or partial failure，第二版直接用 network partitions。

  相比之下，第一版是直接说原因，即 message loss 造成了分区，但 message loss 的定义有点狭隘，因为通常我们说的 message loss（丢包），只是网络故障中的一种；第二版直接说现象，即发生了分区现象，不管是什么原因，可能是丢包，也可能是连接中断，还可能是拥塞，只要导致了网络分区，就通通算在里面。

6.2　CAP 应用

虽然 CAP 理论定义是三个要素中只能取两个，但放到分布式环境下来思考，我们会发现必须选择 P（分区容忍）要素，因为网络本身无法做到 100%可靠，有可能出故障，所以分区是一个必然的现象。如果我们选择了 CA 而放弃了 P，那么当发生分区现象时，为了保证 C，系统需要禁止写入，当有写入请求时，系统返回 error（例如，当前系统不允许写入），这又和 A 冲突了，因为 A 要求返回 no error 和 no timeout。因此，分布式系统理论上不可能选择 CA 架构，只能选择 CP 或 AP 架构。

6.2.1　CP——Consistency/Partition Tolerance

如下图所示，为了保证一致性，当发生分区现象后，N1 节点上的数据已经更新到 y，但由于 N1 和 N2 之间的复制通道中断，数据 y 无法同步到 N2，N2 节点上的数据还是 x。这时客户端 C 访问 N2 时，N2 需要返回 Error，提示客户端 C "系统现在发生了错误"，这种处理方式违背了可用性 Availability 的要求，因此 CAP 三者只能满足 CP。

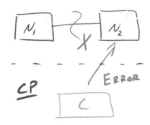

6.2.2　AP——Availability/Partition Tolerance

如下图所示，为了保证可用性，当发生分区现象后，N1 节点上的数据已经更新到 y，但由于 N1 和 N2 之间的复制通道中断，数据 y 无法同步到 N2，N2 节点上的数据还是 x。这时客户端 C 访问 N2 时，N2 将当前自己拥有的数据 x 返回给客户端 C 了，而实际上当前最新的数据已经是 y 了，这就不满足一致性 Consistency 的要求了，因此 CAP 三者只能满足 AP。

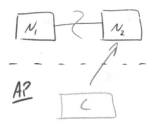

6.3 CAP 细节

理论的优点在于清晰简洁，易于理解，但缺点就是高度抽象化，省略了很多细节，导致在将理论应用到实践时，由于各种复杂情况，可能出现误解和偏差，CAP 理论也不例外。如果我们需要在实践中应用 CAP 理论，如果没有意识到这些关键的细节点，就可能发现方案很难落地。

- **CAP 关注的粒度是数据，而不是整个系统**

CAP 理论的定义和解释中，用的都是 system、node 这类系统级的概念，这就给很多人造成了很大的误导，认为我们在进行架构设计时，整个系统要么选择 CP，要么选择 AP。但在实际设计过程中，每个系统不可能只处理一种数据，而是包含多种类型的数据，有的数据必须选择 CP，有的数据必须选择 AP。而如果我们做设计时，从整个系统的角度去选择 CP 还是 AP，就会发现顾此失彼，无论怎么做都是有问题的。

以一个最简单的用户管理系统为例，用户管理系统包含用户账号数据（用户 ID、密码）、用户信息数据（昵称、兴趣、爱好、性别、自我介绍等）。通常情况下，用户账号数据会选择 CP，而用户信息数据会选择 AP，如果限定整个系统为 CP，则不符合用户信息数据的应用场景；如果限定整个系统为 AP，则又不符合用户账号数据的应用场景。

所以在 CAP 理论落地实践时，我们需要将系统内的数据按照不同的应用场景和要求进行分类，每类数据选择不同的策略（CP 还是 AP），而不是直接限定整个系统所有数据都是同一策略。

- **CAP 是忽略网络延迟的**

这是一个非常隐含的假设，布鲁尔在定义一致性时，并没有将延迟考虑进去。也就是说，当事务提交时，数据能够瞬间复制到所有节点。但实际情况下，从节点 A 复制数据到节点 B，总是需要花费一定时间的。如果是相同机房，耗费时间可能是几毫秒；如果是跨不同地点的机房，例如，北京机房同步到广州机房，耗费的时间就可能是几十毫秒。这就意味着，CAP 理论中的 C 在实践中是不可能完美实现的，在数据复制的过程中，节点 A 和节点 B 的数据并不一致。

不要小看了这几毫秒或几十毫秒的不一致，对于某些严苛的业务场景，例如和金钱相关的用户余额、和抢购相关的商品库存，技术上是无法做到分布式场景下完美的一致性的。而业务上必须要求一致性，因此单个用户的余额、单个商品的库存，理论上要求选择 CP 而实际上 CP 都做不到，只能选择 CA。也就是说，只能单点写入，其他节点做备份，无法做到分布式情况下多点写入。

需要注意的是，这并不意味着这类系统无法应用分布式架构，只是说"单个用户余额、单个商品库存"无法做分布式,但系统整体还是可以应用分布式架构的。例如,常见的将用户分区的分布式架构如下图所示。

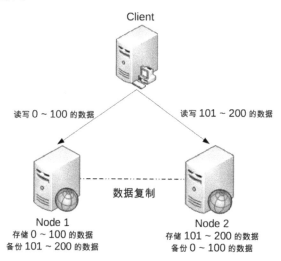

我们可以将用户 id 为 0 ~ 100 的数据存储在 Node 1,将用户 id 为 101 ~ 200 的数据存储在 Node 2,Client 根据用户 id 来决定访问哪个 Node。对于单个用户来说,读写操作都只能在某个节点上进行;对所有用户来说,有一部分用户的读写操作在 Node 1 上,有一部分用户的读写操作在 Node 2 上。

这样的设计有一个很明显的问题就是某个节点故障时,这个节点上的用户就无法进行读写操作了,但站在整体上来看,这种设计可以降低节点故障时受影响的用户的数量和范围,毕竟只影响 20%的用户肯定要比影响所有用户要好。这也是为什么挖掘机挖断光缆后,支付宝只有一部分用户会出现业务异常,而不是所有用户业务异常的原因。

- **正常运行情况下,不存在 CP 和 AP 的选择,可以同时满足 CA**

CAP 理论告诉我们分布式系统只能选择 CP 或 AP,但其实这里的前提是系统发生了"分区"现象。如果系统没有发生分区现象,也就是说 P 不存在的时候(节点间的网络连接一切正常),我们没有必要放弃 C 或 A,应该 C 和 A 都可以保证,这就要求架构设计的时候既要考虑分区发生时选择 CP 还是 AP,也要考虑分区没有发生时如何保证 CA。

同样以用户管理系统为例,即使是实现 CA,不同的数据实现方式也可能不一样:用户账号数据可以采用"消息队列"的方式来实现 CA,因为消息队列可以比较好地控制实时性,但实现起来就复杂一些;而用户信息数据可以采用"数据库同步"的方式来实现 CA,因为数据库的方式虽然在某些场景下可能延迟较高,但使用起来简单。

- 放弃并不等于什么都不做，需要为分区恢复后做准备。

CAP 理论告诉我们三者只能取两个，需要"牺牲（sacrificed）"另外一个，这里的"牺牲"是有一定误导作用的，因为"牺牲"让很多人理解为什么都不做。实际上，CAP 理论的"牺牲"只是说在分区过程中我们无法保证 C 或 A，但并不意味着我们什么都不做。因为在系统整个运行周期中，大部分时间都是正常的，发生分区现象的时间并不长。例如，99.99%可用性（俗称4 个 9）的系统，一年运行下来，不可用的时间只有 50 分钟，99.999%（俗称 5 个 9）可用性的系统，一年运行下来，不可用的时间只有 5 分钟。分区期间放弃 C 或 A，并不意味着永远放弃 C 和 A，我们可以在分区期间进行一些操作，从而让分区故障解决后，系统能够重新达到 CA 的状态。

最典型的就是在分区期间记录一些日志，当分区故障解决后，系统根据日志进行数据恢复，使得重新达到 CA 状态。同样以用户管理系统为例，对于用户账号数据，假设我们选择了 CP，则分区发生后，节点 1 可以继续注册新用户，节点 2 无法注册新用户（这里就是不符合 A 的原因，因为节点 2 收到注册请求后会返回 error），此时节点 1 可以将新注册但未同步到节点 2 的用户记录到日志中。当分区恢复后，节点 1 读取日志中的记录，同步给节点 2，当同步完成后，节点 1 和节点 2 就达到了同时满足 CA 的状态。

而对于用户信息数据，假设我们选择了 AP，则分区发生后，节点 1 和节点 2 都可以修改用户信息，但两边可能修改不一样。例如，用户在节点 1 中将爱好改为"旅游，美食、跑步"，然后用户在节点 2 中将爱好改为"美食、游戏"，节点 1 和节点 2 都记录了未同步的爱好数据，当分区恢复后，系统按照某个规则来合并数据。例如，按照"最后修改优先规则"将用户爱好修改为"美食、游戏"，按照"字数最多优先规则"则将用户爱好修改为"旅游，美食、跑步"，也可以完全将数据冲突报告出来，由人工来选择具体应该采用哪一条。

6.4 ACID、BASE

当谈到数据一致性时，CAP、ACID、BASE 难免都会被拿出来进行讨论的，原因在于这三者都是和数据一致性相关的理论，如果不仔细理解三者之间的差别，则可能会陷入一头雾水的状态，不知道应该用哪个才好。

6.4.1 ACID

ACID 是数据库管理系统为了保证事务的正确性而提出来的一个理论，ACID 包含四个约束，基本解释如下。

- Atomicity（原子性）

一个事务中的所有操作，要么全部完成，要么全部不完成，不会结束在中间某个环节。事务在执行过程中发生错误，会被回滚到事务开始前的状态，就像这个事务从来没有执行过一样。

- Consistency（一致性）

在事务开始之前和事务结束以后，数据库的完整性没有被破坏。

- Isolation（隔离性）

数据库允许多个并发事务同时对数据进行读写和修改的能力。隔离性可以防止多个事务并发执行时由于交叉执行而导致数据的不一致。事务隔离分为不同级别，包括读未提交（Read uncommitted）、读提交（read committed）、可重复读（repeatable read）和串行化（Serializable）。

- Durability（持久性）

事务处理结束后，对数据的修改就是永久的，即便系统故障也不会丢失。

可以看到，ACID 中的 A（Atomicity）和 CAP 中的 A（Availability）意义完全不同，而 ACID 中的 C 和 CAP 中的 C 名称虽然都是一致性，但含义也完全不一样。ACID 中的 C 是指数据库的数据完整性，CAP 中的 C 是指分布式节点中的数据一致性。再结合 ACID 的应用场景是数据库事务，CAP 关注的是分布式系统数据读写这个差异点来看，其实 CAP 和 ACID 的对比就类似关公战秦琼，虽然关公和秦琼都是武将，但其实没有太多可比性。

6.4.2　BASE

BASE 是 Basically Available（基本可用）、Soft State（软状态）和 Eventually Consistency（最终一致性）三个短语的缩写，其核心思想是即使无法做到强一致性（CAP 的一致性就是强一致性），但应用可以采用适合的方式达到最终一致性（Eventual Consistency）。

BASE 是指基本可用（Basically Available）、软状态（Soft State）、最终一致性（Eventual Consistency）。

- 基本可用（Basically Available）

分布式系统在出现故障时，允许损失部分可用性，即保证核心可用。

这里的关键词是"部分"和"核心"，具体选择哪些作为可以损失的业务，哪些是必须保证的业务，是一项有挑战的工作。例如，对于一个用户管理系统来说，"登录"是核心功能，而"注册"可以算作非核心功能。因为未注册的用户本来就还没有使用系统的业务，注册不了最多就是流失一部分用户，而且这部分用户数量较少。如果用户已经注册但无法登录，那就意味用户无法使用系统。例如，充了钱的游戏不能玩了，云存储不能用了……这些会对用户造成较大损失，而且登录用户数量远远大于注册用户，影响范围更大。

- 软状态（Soft State）

允许系统存在中间状态，而该中间状态不会影响系统整体可用性。这里的中间状态就是CAP理论中的数据不一致。

- 最终一致性（Eventual Consistency）

系统中的所有数据副本经过一定时间后，最终能够达到一致的状态。

这里的关键词是"一定时间"和"最终"，"一定时间"和数据的特性是强关联的，不同的数据能够容忍的不一致时间是不同的。例如，用户账号数据最好能在 1 分钟内就达到一致状态。因为用户在 A 节点注册或登录后，1 分钟内不太可能立刻切换到另外一个节点，但 10 分钟后可能就重新登录到另外一个节点了。而用户发布的最新微博，可以容忍 30 分钟内达到一致状态。因为对于用户来说，看不到某个明星发布的最新微博，用户是无感知的，会认为明星没有发布微博。"最终"的含义就是不管多长时间，最终还是要达到一致性的状态。

BASE 理论本质上是对 CAP 的延伸和补充，更具体地说，是对 CAP 中 AP 方案的一个补充。前面在剖析 CAP 理论时，提到了其实和 BASE 相关的两点：

（1）CAP 理论是忽略延时的，而实际应用中延时是无法避免的。

这一点就意味着完美的 CP 场景是不存在的，即使是几毫秒的数据复制延迟，在这几毫秒时间间隔内，系统是不符合 CP 要求的。因此 CAP 中的 CP 方案，实际上也是实现了最终一致性，只是"一定时间"是指几毫秒而已。

（2）AP 方案中牺牲一致性只是指分区期间，而不是永远放弃一致性。

这一点其实就是 BASE 理论延伸的地方，分区期间牺牲一致性，但分区故障恢复后，系统应该达到最终一致性。

综合上面的分析，ACID 是数据库事务完整性的理论，CAP 是分布式系统设计理论，BASE 是 CAP 理论中 AP 方案的延伸。

6.5　本章小结

- CAP 理论三个核心要素：一致性、可用性和分区容忍性。
- CAP 理论指分布式系统中涉及读写操作时，一致性、可用性、分区容忍性三个要素只能保证两个，另外一个必须被牺牲。

- 分布式系统理论上不可能选择 CA 架构，只能选择 CP 或 AP 架构。
- CAP 关注的粒度是数据，而不是整个系统。
- CAP 是忽略网络延迟的。
- 正常运行情况下，不存在 CP 和 AP 的选择，可以同时满足 CA。
- CAP 中放弃某个要素并不等于什么都不做，需要为分区恢复后做准备。
- ACID 的应用场景是数据库事务，CAP 关注的是分布式系统数据读写。
- BASE 是 CAP 理论中 AP 方案的延伸。

第 7 章
FMEA

7.1 FMEA 介绍

FMEA（Failure mode and effects analysis，故障模式与影响分析）又称为失效模式与后果分析、失效模式与效应分析、故障模式与后果分析等，本节采用"故障模式与影响分析"，因为这个中文翻译更加符合可用性的语境。FMEA 是一种在各行各业都有广泛应用的可用性分析方法，通过对系统范围内潜在的故障模式加以分析，并按照严重程度进行分类，以确定失效对于系统的最终影响。

FMEA 最早是在美国军方开始应用的，20 世纪 40 年代后期，美国空军正式采用了 FMEA。后来，航天技术/火箭制造领域将 FMEA 用于在小样本情况下避免代价高昂的火箭技术发生差错。其中的一个例子就是阿波罗太空计划。20 世纪 60 年代，在开发出将宇航员送上月球并安全返回地球的手段的同时，FMEA 得到了初步的推动和发展。20 世纪 70 年代后期，福特汽车公司在平托事件之后，出于安全和法规方面的考虑，在汽车行业采用了 FMEA。同时，他们还利用 FMEA 来改进生产和设计工作。

尽管最初是在军事领域建立的方法，但 FMEA 方法现在已广泛应用于各种各样的行业，包括半导体加工、饮食服务、塑料制造、软件及医疗保健行业。FMEA 能够在如此多差异很大的领域都得到应用，根本原因在于 FMEA 是一套分析和思考的方法，而不是某个领域的技能或工具。

回到软件架构设计领域，FMEA 并不是指导我们如何做架构设计，而是当我们设计出一个架构后，再使用 FMEA 对这个架构进行分析，看看架构是否还存在某些可用性的隐患。

7.2　FMEA 方法

在架构设计领域，FMEA 的具体分析方法如下：

（1）给出初始的架构设计图。

（2）假设架构中某个部件发生故障。

（3）分析此故障对系统功能造成的影响。

（4）根据分析结果，判断架构是否需要进行优化。

FMEA 分析的方法其实很简单，就是一个 FMEA 分析表，常见的 FMEA 分析表格包含如下部分。

（1）功能点。

当前的 FMEA 分析涉及哪个功能点，注意这里的"功能点"指的是从用户的角度来看的，而不是从系统各个模块功能点划分来看的。例如，对于一个用户管理系统，使用 FMEA 分析时"登录""注册"才是功能点，而用户管理系统中的数据库存储功能、Redis 缓存功能不能作为 FMEA 分析的功能点。

（2）故障模式。

故障模式指的是系统会出现什么样的故障，包括故障点和故障形式。需要特别注意的是，这里的故障模式并不需要给出真正的故障原因，我们只需要假设出现某种故障现象即可。例如，MySQL 响应时间达到 3s。造成 MySQL 响应时间达到 3s 可能的原因很多：磁盘坏道、慢查询、服务器到 MySQL 的连接网络故障、MySQL bug 等，我们并不需要在故障模式中一一列出来，而是在后面的"故障原因"一节中列出来。因为在实际应用过程中，不管哪种原因，只要现象是一样的，对业务的影响就是一样的。

此外，故障模式的描述要尽量精确，多使用量化描述，避免使用泛化的描述。例如，推荐使用"MySQL 响应时间达到 3s"，而不是"MySQL 响应慢"。因为慢这个概念，不同的人理解不一致，不同的场景下定义也不一致。对于在线业务来说，MySQL 响应时间超过 3s 就是慢了，但对于离线业务来说，可能 MySQL 响应时间超过 30s 才算慢；即使都是在线业务，登录业务场景下，MySQL 响应时间超过 1s 可能就算慢；而搜索业务场景下，MySQL 响应时间超过 5s 可能才算慢。

（3）故障影响。

当发生故障模式中描述的故障时，功能点具体会受到什么影响。常见的影响有：功能点偶尔不可用、功能点完全不可用、部分用户功能点不可用、功能点响应缓慢、功能点出错，等。

故障影响也需要尽量准确描述。例如，推荐使用 "20%的用户无法登录"，而不是 "大部分用户无法登录"。要注意这里的数字不需要完全精确，比如 21.25%这样的数据其实是没有必要的，我们只需要预估影响是 20%还是 40%。

（4）严重程度。

严重程度指站在业务的角度，故障的影响程度，一般分为 "致命/高/中/低/无" 五个档次。严重程度按照这个公式进行评估：严重程度 = 功能点重要程度×故障影响范围×功能点受损程度。同样以用户管理系统为例：登录功能比修改用户资料要重要得多，80%的用户比 20%的用户范围更大，完全无法登录比登录缓慢要更严重。因此我们可以得出如下故障模式的严重程度。

- 致命：超过 70%用户无法登录；

- 高：超过 30%的用户无法登录；

- 中：所有用户登录时间超过 5s；

- 低：10%的用户登录时间超过 5s；

- 中：所有用户都无法修改资料；

- 低：20%的用户无法修改头像。

对于某个故障的影响到底属于哪个档次，有时会出现一些争议。例如，"所有用户都无法修改资料"，有的人认为是高，有的人可能认为是中，这个没有绝对标准，一般建议相关人员讨论确定即可。也不建议花费太多时间争论，争执不下时架构师裁定即可。

（5）故障原因。

"故障模式" 中只描述了故障的现象，并没有单独列出故障原因。主要原因在于不管什么故障原因，故障现象相同，对功能点的影响就相同。那为何这里还要单独将故障原因列出来呢？主要原因有如下几个。

- 不同的故障原因发生概率不相同

  例如，导致 MySQL 查询响应慢的原因可能是 MySQL bug，也可能是没有索引，很明显 "MySQL bug" 的概率要远远低于 "没有索引"；而不同的概率又会影响我们具体如何应对这个故障。

- 不同的故障原因检测手段不一样

  例如，磁盘坏道导致 MySQL 响应慢，那我们需要增加机器的磁盘坏道检查，这个检查很可能不是当前系统本身去做，而是另外运维的专门的系统；如果是慢查询导致 MySQL 慢，那我们只需要配置 MySQL 的慢查询日志即可。

- 不同的故障原因的处理措施不一样

  例如，MySQL bug，我们的应对措施只能是升级 MySQL 版本；如果没有索引，那么我们的应对措施就是增加索引。

（6）故障概率。

这里的概率就是指某个具体故障原因发生的概率。例如，磁盘坏道的概率，MySQL bug 的概率，没有索引的概率。一般分为"高/中/低"三档即可，具体评估的时候需要有以下几点需要重点关注。

- 硬件

  硬件会随着使用时间推移，故障概率越来越高。例如，新的硬盘坏道概率很低，但使用了 3 年的硬盘，坏道概率就会高很多。

- 开源系统

  成熟的开源系统 bug 率低，刚发布的开源系统 bug 率相比会高一些；自己已经有使用经验的开源系统 bug 率会低，刚开始尝试使用的开源系统 bug 率会高。

- 自研系统

  和开源系统类似，成熟的自研系统故障概率会低，而新开发的系统故障概率会高。

高中低是相对的，只是为了确定优先级以决定后续的资源投入，没有必要绝对量化，因为绝对量化是需要成本的，而且很多时候都没法量化。例如，XX 开源系统是 3 个月故障一次，还是 6 个月才故障一次，是无法评估的。

（7）风险程度。

风险程度就是综合严重程度和故障概率来一起判断某个故障的最终等级，风险程度 = 严重程度×故障概率。因此可能出现某个故障影响非常严重，但其概率很低，最终来看风险程度就低。"某个机房业务瘫痪"对业务影响是致命的，但如果故障原因是"地震"，那概率就很低。例如，广州的地震概率就很低，5 级以上地震的 20 世纪才 1 次（1940 年）；如果故障的原因是"机房空调烧坏"，则概率就比地震高很多了，可能是 2 年一次；如果故障的原因是"系统所在机架掉电"，这个概率比机房空调又要高了，可能是 1 年 1 次。同样的故障影响，不同的故障原因有不同的概率，最终得到的风险级别就是不同的。

（8）已有措施。

针对具体的故障原因，系统现在是否提供了某些措施来应对，包括检测告警、容错、自恢复等。

- 检测告警

  最简单的措施就是检测故障，然后告警，系统自己不针对故障进行处理，需要人工干预。

- 容错

  检测到故障后，系统能够通过备份手段应对。例如，MySQL 主备机，当业务服务器检测到主机无法连接后，自动连接备机读取数据。

- 自恢复

  检测到故障后，系统能够自己恢复。例如，Hadoop 检测到某台机器故障后，能够将存储在这台机器的副本重新分配到其他机器。当然，这里的恢复主要还是指"业务"上的恢复，一般不太可能将真正的故障恢复。例如，Hadoop 不可能将磁盘坏道的磁盘修复成没有坏道的磁盘，Hadoop 更不可能自己换硬盘。

（9）规避措施。

规避措施指为了降低故障发生概率而做的一些事情，可以是技术手段，也可以是管理手段。例如：

- 为了避免新引入的 MongoDB 丢失数据，在 MySQL 中冗余一份；
- 为了避免单条线路被挖掘机挖断，同时开通电信联通移动三条线路；
- 为了降低磁盘坏道的概率，强制统一更换服务时间超过 2 年的磁盘；
- 为了降低某些疑难 bug 的出现，每周一凌晨 4 点重启机器。

（10）解决措施。

解决措施指为了能够解决问题而做的一些事情，一般都是技术手段。例如：

- 为了解决密码暴力破解，增加密码重试次数限制；
- 为了解决拖库导致数据泄露，将数据库中的敏感数据加密保存；
- 为了解决非法访问，增加白名单控制。

一般来说，如果某个故障既可以采取规避措施，又可以采取解决措施，那么我们会优先选择解决措施，毕竟能解决问题当然是最好的。但很多时候有些问题是系统无法解决的，例如，磁盘坏道、开源系统 bug，这类故障只能采取规避措施。系统能够自己解决的故障，大部分是和系统本身功能相关的。

（11）后续规划。

综合前面的分析，就可以看出哪些故障我们目前还缺乏对应的措施，哪些已有措施还不够，针对这些不足的地方，再结合风险程度进行排序，给出后续的改进规划。这些规划既可以是技术手段，也可以是管理手段；可以是规避措施，也可以是解决措施。同时需要考虑资源的投入情况，优先将风险程度高的系统隐患解决。

例如：

- 地震导致机房业务中断，这个故障模式就无法解决，只能通过备份中心规避，尽量减少影响；而机柜断电导致机房业务中断，可以通过将业务机器分散在不同机柜来规避。
- 敏感数据泄露：这个故障模式可以通过数据库加密的技术手段来解决。
- MongoDB 断电丢数据：这个故障模式可以通过将数据冗余一份在 MySQL 中，在故障情况下重建数据来规避影响。

7.3　FMEA 实战

下面我们以一个简单的样例来模拟进行一次 FMEA 分析。假设我们设计一个最简单的用户管理系统，包含登录和注册两个功能，其初始架构如下图所示。

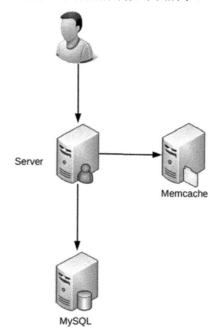

初始架构很简单：MySQL 负责存储，Memcache（以下简称 MC）负责缓存，Server 负责业务处理。我们来看看这个架构通过 FMEA 分析后，能够有什么样的发现，下表是分析的样例（注意，这个样例并不完整，读者可以自行尝试将这个案例补充完整）。

功能点	故障模式	故障影响	严重程度	故障原因	故障概率	风险程度	已有措施	规避措施	解决措施	后续规划
登录	MySQL 无法访问	当 MC 中无缓存时，用户无法登录，预计有 60% 的用户	高	MySQL 服务器断电	中	中	无	无	无	增加备份 MySQL
登录	MySQL 无法访问	同上	高	Server 到 MySQL 的网络连接中断	中	中	无	无	无	MySQL 双网卡连接
登录	MySQL 响应时间超过 5s	60% 的用户登录时间超过 5s	高	慢查询导致 MySQL 运行缓慢	高	高	慢查询检测	重启 MySQL	无	不需要
登录	MC 无法访问	所有用户都到 MySQL 查询信息，MySQL 压力会增大，响应会变慢	低，虽然慢一些，但用户还是能够登录	MC 服务器断电	中	低	无	无	无	MC 集群
注册	MySQL 无法访问	用户无法注册	低，因为新注册的用户每天大约只有100个	MySQL 服务器断电	中	低	无	无	无	无，因为即使增加备份机器，也无法作为主机写入
注册	MC 无法访问	无影响，用户注册流程不操作 MC	无	MC 服务器断电	中	低	无	无	无	不需要

经过上表的 FMEA 分析，将"后续规划"列的内容汇总一下，我们最终得到了如下几条需要改进的措施：

（1）MySQL 增加备机。

（2）MC 从单机扩展为集群。

（3）MySQL 双网卡连接。

改进后的架构如下图所示。

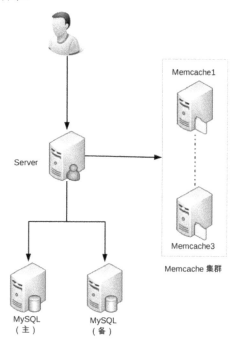

7.4　本章小结

- FMEA 是一种在各行各业都有广泛应用的可用性分析方法,通过对系统范围内潜在的故障模式加以分析,并按照严重程度进行分类,以确定失效对于系统的最终影响。

- FMEA 分析方法很简单,就是一个 FMEA 分析表。

- FMEA 分析中的"功能点"是从用户的角度来看的,而不是从系统各个模块功能点划分来看的。

- FMEA 分析中的"故障模式"的描述要尽量精确,多使用量化描述,避免使用泛化的描述。

- FMEA 分析中的"严重程序"指站在业务的角度,故障的影响程度一般分为"致命/高/中/低/无"五个档次。

- FMEA 分析中不同的"故障原因"发生概率、检测手段和处理措施可能不同。

- FMEA 分析中的"风险程度"就是综合严重程度和故障概率来一起判断某个故障的最终等级。

- FMEA 分析中不一定所有的问题都要解决,采取规避措施也可以。

第 8 章
存储高可用

存储高可用方案的本质都是通过将数据复制到多个存储设备，通过数据冗余的方式来实现高可用，其复杂性主要体现在如何应对复制延迟和中断导致的数据不一致问题。因此，对任何一个高可用存储方案，我们需要从以下几个方面去进行思考和分析：

（1）数据如何复制。

（2）各个节点的职责是什么。

（3）如何应对复制延迟。

（4）如何应对复制中断。

常见的高可用存储架构有主备、主从、主主、集群、分区，每一种又可以根据业务的需求进行一些特殊的定制化功能，由此衍生出更多的变种。由于不同业务的定制功能难以通用化，本文不展开讲述，以下都是针对业界通用的方案进行分析。

8.1 主备复制

主备复制是最常见也是最简单的一种存储高可用方案，几乎所有的存储系统都提供了主备复制的功能。例如，MySQL、Redis、MongoDB 等。

8.1.1 基本实现

标准的主备方案结构图如下。

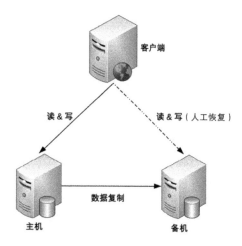

主备方案详细设计如下：

（1）主机存储数据，通过复制通道将数据复制到备机。

（2）正常情况下，客户端无论读写操作，都发送给主机，备机不对外提供任何读写服务。

（3）主机故障情况下（例如，主机宕机），客户端不会自动将请求发给备机，此时整个系统处于不可用状态，不能读写数据，但数据并没有全部丢失，因为备机上有数据。

（4）如果主机能够恢复（不管是人工恢复还是自动恢复），客户端继续访问主机，主机继续将数据复制给备机。

（5）如果主机不能恢复（例如，机器硬盘损坏，短时间内无法恢复），则需要人工操作，将备机升为主机，然后让客户端访问新的主机（即原来的备机）；同时，为了继续保持主备架构，需要人工增加新的机器作为备机。

（6）主机不能恢复的情况下，成功写入了主机但还没有复制到备机的数据会丢失，需要人工进行排查和恢复，也许有的数据就永远丢失了，业务上需要考虑如何应对此类风险。

（7）如果主备间数据复制延迟，由于备机并不对外提供读写操作，因此对业务没有影响，但如果延迟较多，恰好此时主机又宕机了，则可能丢失较多数据，因此对于复制延迟也不能掉以轻心。一般的做法是做复制延迟的监控措施，当延迟的数据量较大时及时报警，由人工干预处理。

通过上面的描述我们可以看到，主备架构中的"备机"主要还是起到一个备份作用，并不承担实际的业务读写操作。

8.1.2　优缺点分析

主备复制架构的优点就是简单，表现如下：

- 对于客户端来说，不需要感知备机的存在，即使灾难恢复后，原来的备机被人工修改为主机后，对于客户端来说，只是认为主机的地址换了而已，无须知道是原来的备机升级为主机了。

- 对于主机和备机来说，双方只需要进行数据复制即可，无须进行状态判断和主备倒换这类复杂的操作。

主备复制架构的缺点主要有以下几点：

- 备机仅仅只为备份，并没有提供读写操作，硬件成本上有浪费。

- 故障后需要人工干预，无法自动恢复。

综合主备复制架构的优缺点，内部的后台管理系统使用主备复制架构的情况会比较多。例如，学生管理系统、员工管理系统、假期管理系统，等等。因为这类系统的数据变更频率很低，即使在某些场景下丢失，也可以通过人工的方式补全。

8.2 主从复制

主从复制和主备复制只有一字之差，"备"的意思是备份，"从"意思是"随从、仆从"。我们可以理解为仆从是要帮主人干活的，这里的干活就是承担"读"的操作。也就是说，主机负责读写操作，从机只负责读操作，不负责写操作。

8.2.1 基本实现

标准的主从复制架构如下图所示。

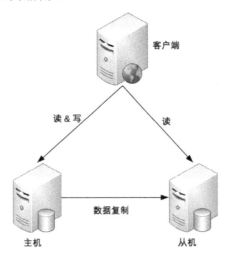

主从复制方案详细解释如下：

（1）主机存储数据，通过复制通道将数据复制到从机。

（2）正常情况下，客户端写操作发送给主机，读操作可发送给主机也可以发送给从机，具体如何选择，可以根据业务的特点选择。可以随机读，可以轮询读，可以只读主机，等等。

（3）主机故障情况下（例如，主机宕机），客户端无法进行写操作，但可以将读操作发送给从机，从机继续响应读操作，此时和写操作相关的业务不可用（例如，论坛发帖），但和读操作相关的操作不受影响（例如，论坛看帖）。

（4）如果主机能够恢复（不管是人工恢复还是自动恢复），客户端继续将写操作请求发送给主机，主机继续将数据复制给备机。

（5）如果主机不能恢复（例如，机器硬盘损坏，短时间内无法恢复），则需要人工操作，将备机升为主机，然后让客户端访问新的主机（即原来的备机）；同时，为了继续保持主备架构，需要人工增加新的机器作为备机。

（6）主机不能恢复的情况下，成功写入了主机但还没有复制到备机的数据会丢失，需要人工进行排查和恢复，也许有的数据就永远丢失了，业务上需要考虑如何应对此类风险。

（7）如果主从间数据复制延迟，则会出现主从读取的数据不一致的问题。例如，用户刚发了一个新帖，此时数据还没有从主机复制到从机，用户刷新了页面，这个读操作请求发送到了从机，从机上并没有用户最新发表的帖子，这时用户就看不到刚才发的帖子了，会以为帖子丢了；如果再刷新一次，可能又展现出来了，因为第二次刷新的读请求发给了主机。

（8）如果主从间延迟较多，恰好此时主机又宕机了，则可能丢失较多数据，因此对于复制延迟也不能掉以轻心。一般的做法是做复制延迟的监控措施，当延迟的数据量较大时及时报警，由人工干预处理。

8.2.2　优缺点分析

主从复制与主备复制相比，有以下不同的优缺点：

- 主从复制在主机故障时，读操作相关的业务不受影响；
- 主从复制架构的从机提供读操作，发挥了硬件的性能；
- 主从复制要比主备复制复杂更多，主要体现在客户端需要感知主从关系，并将不同的操作发给不同的机器进行处理。

除了上面列出的不同点，主从复制同样具备和主备复制一样的缺点：故障时需要人工干预。人工处理的效率是很低的，可能打电话找到能够操作的人就耗费了 10 分钟，甚至如果是深更半夜，出了故障都没人知道。人工在执行恢复操作的过程中也容易出错，因为这类操作并不常见，可能 1 年就 2、3 次。

综合主从复制的优缺点，一般情况下，写少读多的业务使用主从复制的存储架构比较多。例如，论坛、BBS、新闻网站这类业务，此类业务的读操作数量是写操作数量的 10 倍甚至 100 倍以上。

8.3 主备倒换与主从倒换

8.3.1 设计关键

主备复制和主从复制方案存在两个共性的问题：

（1）主机故障后，无法进行写操作。

（2）如果主机无法恢复，需要人工指定新的主机角色。

主备倒换和主从倒换方案就是为了解决上述两个问题而产生的。简单来说，这两个方案就是在原有方案的基础上增加"倒换"功能，即系统自动决定主机角色，并完成角色切换。由于主备倒换和主从倒换在倒换的设计上没有差别，我们接下来以主备倒换为例，看看主备倒换架构如何实现。

要实现一个完善的倒换方案，必须考虑如下几个关键的设计点：

（1）主备间状态判断。

主要包括两方面：状态传递的渠道和状态检测的内容。

- 状态传递的渠道。是相互间互相连接，还是第三方仲裁？
- 状态检测的内容。例如，机器是否掉电，进程是否存在，响应是否缓慢，等等。

（2）倒换决策。

主要包括几方面：倒换时机、倒换策略、自动程度。

- 倒换时机

什么情况下备机应该升级为主机？是机器掉电后备机才升级，还是主机上的进程不存在就升级，还是主机响应时间超过 2s 就升级，还是 3 分钟内主机连续重启 3 次就升级，等等。

- 倒换策略

原来的主机故障恢复后，要再次倒换，确保原来的主机继续做主机，还是原来的主机故障恢复后自动成为新的备机？

- 自动程度

倒换是完全自动的，还是半自动的？例如，系统判断当前需要倒换，但需要人工做最终的确认操作（例如，单击一下"倒换"按钮）。

（3）数据冲突解决。

当原有故障的主机恢复后，新旧主机之间可能存在数据冲突。例如，用户在旧主机上新增了一条 ID 为 100 的数据，这个数据还没有复制到旧的备机，此时发生了倒换，旧的备机升级为新的主机，用户又在新的主机上新增了一条 ID 为 100 的数据，当旧的故障主机恢复后，这两条 ID 都为 100 的数据，应该怎么处理？

以上设计点并没有放之四海而皆准的答案，不同的业务要求不一样，所以倒换方案比复制方案不只是多了一个倒换功能那么简单，而是复杂度上升了一个量级。形象点来说，如果复制方案的代码是 1000 行，那么倒换方案的代码可能就是 10000 行，多出来的那 9000 行就是用于实现上述三个设计点的。

8.3.2 常见架构

根据状态传递渠道的不同，常见的主备倒换架构有三种形式：互连式、中介式和模拟式。

- **互连式**

顾名思义，互连式就是指主备机直接建立状态传递的渠道，架构如下图所示（与主备复制架构对比）。

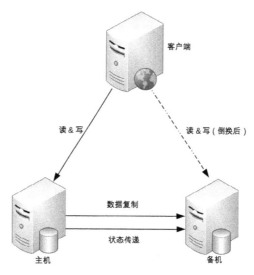

我们可以看到，在主备复制的架构基础上，主机和备机多了一个"状态传递"的通道，这个通道就是用来传递状态信息的。这个通道的具体实现可以有很多方式：

（1）可以是网络连接（例如，各开一个端口），也可以是非网络连接（用串口线连接）。

（2）可以是主机发送状态给备机，也可以是备机到主机来获取状态信息。

（3）可以和数据复制通道共用，也可以独立一条通道。

（4）状态传递通道可以是一条，也可以是多条，还可以是不同类型的通道混合（例如，网络+串口）。

为了充分利用主备自动倒换方案能够自动决定主机这个优势，客户端这里也会有一些相应的改变，常见的方式有如下两种：

- 为了倒换后不影响客户端的访问，主机和备机之间共享一个对客户端来说唯一的地址。例如，虚拟 IP，主机需要绑定这个虚拟的 IP。
- 客户端同时记录主备机的地址，哪个能访问就访问哪个；备机虽然能收到客户端的操作请求，但是会直接拒绝，拒绝的原因就是"备机不对外提供服务"。

互连式主备倒换主要的缺点在于：如果状态传递的通道本身有故障（例如，网线被人不小心踢掉了），那么备机也会认为主机故障了从而将自己升级为主机，而此时主机并没有故障，最终就可能出现两个主机。虽然可以通过增加多个通道来增强状态传递的可靠性，但这样做只是降低了通道故障概率而已，不能从根本上解决这个缺点。而且通道越多，后续的状态决策会更加复杂。因为对备机来说，可能从不同的通道收到了不同甚至矛盾的状态信息。

- **中介式**

中介式指的是在主备两者之外引入第三方中介，主备机之间不直接连接，而都去连接中介，并且通过中介来传递状态信息，其架构图如下。

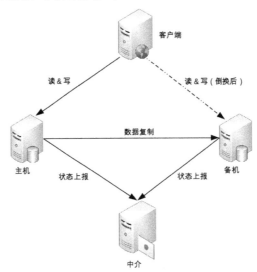

对比一下互连式倒换架构，我们可以看到，主机和备机不再通过互联通道传递状态信息，而是都将状态上报给中介这一角色。单纯从架构上看，中介式似乎比互连式更加复杂了。首先要引入中介，然后要各自上报状态，然而事实上，中介式架构在状态传递和决策上却更加简单了，这是为何呢？

（1）连接管理更简单。

主备机无须再建立和管理多种类型的状态传递连接通道，只要连接到中介即可，实际上是降低了主备机的连接管理复杂度。

例如，互连式要求主机开一个监听端口，备机来获取状态信息；或者要求备机开一个监听端口，主机推送状态信息到备机；如果还采用了串口连接，则需要增加串口连接管理和数据读取。采用中介式后，主备机都只需要把状态信息发送给中介，或者从中介获取对方的状态信息。无论发送，还是获取，主备机都是作为中介的客户端去操作，复杂度会降低很多。

（2）状态决策更简单。

主备机的状态决策简单了，无须考虑多种类型的连接通道获取的状态信息如何决策的问题，只需要按照如下简单的算法即可完成状态决策。

- 无论主机，还是备机，初始状态都是备机，并且只要与中介断开连接，就将自己降级为备机，因此可能出现双备机的情况。

- 主机与中介断连后，中介能够立刻告知备机，备机将自己升级为主机。

- 如果是网络中断导致主机与中介断连，主机自己会降级为备机，网络恢复后，旧的主机以新的备机身份向中介上报自己的状态。

- 如果是掉电重启或进程重启，旧的主机初始状态为备机，与中介恢复连接后，发现已经有主机了，保持自己备机状态不变。

- 主备机与中介连接都正常的情况下，按照实际的状态决定是否进行倒换。例如，主机响应时间超过 3s 就进行倒换，主机降级为备机，备机升级为主机即可。

虽然中介式架构在状态传递和状态决策上更加简单，但并不意味着这种优点是没有代价的，其关键代价就在于如何实现中介本身的高可用。如果中介自己宕机了，整个系统就进入了双备的状态，写操作相关的业务就不可用了。这就陷入了一个递归的陷阱：为了实现高可用，我们引入中介，但中介本身又要求高可用，于是又要设计中介的高可用方案……如此递归下去就无穷无尽了。

MongoDB 的 Replica Set 采取的就是这种方式，其基本架构如下图所示。

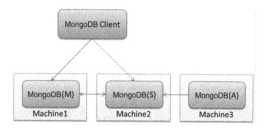

MongoDB(M)表示主节点，MongoDB(S)表示备节点，MongoDB(A)表示仲裁节点。主备节点存储数据，仲裁节点不存储数据。客户端同时连接主节点与备节点，不连接仲裁节点。

默认设置下，主节点提供所有增删查改服务，备节点不提供任何服务，但是可以通过设置使备节点提供查询服务，这样就可以减少主节点的压力。当客户端进行数据查询时，请求自动转到备节点上。这个设置叫作 Read Preference Modes，同时 Java 客户端提供了简单的配置方式，不必直接对数据库进行操作。

仲裁节点是一种特殊的节点，它本身并不存储数据，主要的作用是决定哪一个备节点在主节点挂掉之后提升为主节点，所以客户端不需要连接此节点。这里虽然只有一个备节点，但是仍然需要一个仲裁节点来提升备节点级别。

幸运的是，开源方案已经有很成熟的解决方案，那就是大名鼎鼎的 ZooKeeper，这是 Apache Hadoop 的一个子项目，主要用来解决分布式应用中经常遇到的一些数据管理问题。例如，统一命名服务、状态同步服务、集群管理、分布式应用配置项的管理，等等。ZooKeeper 本身是一个高可用的系统，在高可用架构中有很多用途，主备倒换中的中介就可以用 ZooKeeper 来做状态同步。

- 模拟式

模拟式指主备机之间并不传递任何状态数据，而是备机模拟成一个客户端，向主机发起模拟的读写操作，根据读写操作的响应情况来判断主机的状态。其基本架构如下图所示。

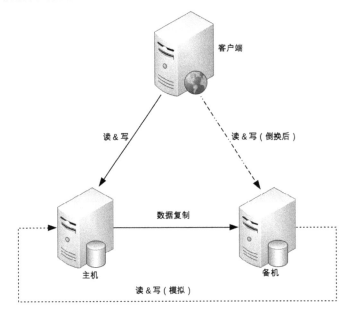

对比一下互连式倒换架构，我们可以看到，主备机之间只有数据复制通道，而没有状态传

递通道，备机通过模拟的读写操作来探测主机的状态，然后根据读写操作的响应情况来进行状态决策。

模拟式倒换与互连式倒换相比，具有如下优缺点：

- 实现更加简单，因为省去了状态传递通道的建立和管理工作。
- 模拟式读写操作获取的状态信息只有响应信息（例如，HTTP 404，超时、响应时间超过 3s 等），没有互连式那样多样（除了响应信息，还可以包含 CPU 负载、I/O 负载、吞吐量、响应时间等），基于有限的状态来做状态决策，可能出现偏差。

8.4　主主复制

主主复制指的是两台机器都是主机，互相将数据复制给对方，客户端可以任意挑选其中一台机器进行读写操作，其基本架构如下图所示。

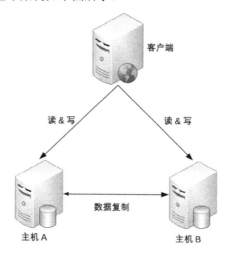

主主复制架构的详细解释如下：

（1）两台主机都存储数据，通过复制通道将数据复制到另外一台主机。

（2）正常情况下，客户端可以将读写操作发送给任意一台主机。

（3）一台主机故障情况下，例如主机 A 宕机，客户端只需要将读写操作发送给主机 B 即可，反之亦然。

（4）如果故障的主机 A 能够恢复（不管是人工恢复还是自动恢复），则客户端继续访问两台主机，两台主机间继续互相复制对方数据。

（5）如果故障的主机 A 不能恢复（例如，机器硬盘损坏，短时间内无法恢复），则需要人工操作，增加一台新的机器作为主机。

（6）原有故障主机 A 不能恢复的情况下，成功写入了原有故障主机但还没有复制到正常主机 B 的数据会丢失，需要人工进行排查和恢复，也许有的数据就永远丢失了，业务上需要考虑如何应对此类风险。

（7）如果两台主机间复制延迟，则可能出现客户端刚写入了数据到主机 A，然后到主机 B 去读取，此时读取不到刚刚写入的数据。

相比主备倒换架构，主主复制架构具有如下特点：

- 两台都是主机，不存在倒换的概念；
- 客户端无须区分不同角色的主机，随便将读写操作发送给哪台主机都可以。

从上面的描述来看，主主复制架构从总体上来看要简单很多，无须状态信息传递，也无须状态决策和状态切换。然而事实上主主复制架构也并不简单，而是有其独特的复杂性，具体表现在：如果采取主主复制架构，必须保证数据能够双向复制，而很多数据是不能双向复制的。例如：

- 用户注册后生成的用户 ID，如果按照数字增长，那就不能双向复制，否则就会出现 X 用户在主机 A 注册，分配的用户 ID 是 100，同时 Y 用户在主机 B 注册，分配的用户 ID 也是 100，这就出现了冲突。
- 库存不能双向复制。例如，一件商品库存 100 件，主机 A 上减了 1 件变成 99，主机 B 上减了 2 件变成 98，然后主机 A 将库存 99 复制到主机 B，主机 B 原有的库存 98 被覆盖，变成了 99，而实际上此时真正的库存是 97。类似的还有余额数据。

因此，主主复制架构对数据的设计有严格的要求，一般适合于那些临时性、可丢失、可覆盖的数据场景。例如，用户登录产生的 session 数据（可以重新登录生成），用户行为的日志数据（可以丢失），论坛的草稿数据（可以丢失）等。

8.5　数据集群

主备、主从、主主架构本质上都有一个隐含的假设：主机能够存储所有数据，但主机本身的存储和处理能力肯定是有极限的。以 PC 为例，Intel 386 时代服务器存储能力只有几百 MB，Intel 奔腾时代服务器存储能力可以有几十 GB，Intel 酷睿多核时代的服务器可以有几个 TB。单纯从硬件发展的角度来看，似乎发展速度还是挺快的，但如果和业务发展速度对比，那就差得远了。2013 年时 Facebook 一天上传的图片就已经达到 3 亿 5000 万张。自从 Facebook 成立以来，已经有 2500 亿张上传照片，这些照片的容量已经达到了 250PB 字节（250×1024TB）。如此大量的数据，单台服务器肯定是无法存储和处理的，我们必须使用多台服务器来存储如此大量的数据，这就是数据集群架构。

简单来说，集群就是多台机器组合在一起形成一个统一的系统，这里的多台数量上至少是3 台，相比而言，主备、主从都是 2 台机器。根据集群中机器承担的不同角色来划分，集群可以分为两类：数据集中集群、数据分散集群。

8.5.1　数据集中集群

数据集中集群与主备、主从这类架构相似，我们也可以称数据集中集群为 1 主多备或 1 主多从。无论 1 主 1 从、1 主 1 备，还是 1 主多备、1 主多从，数据都只能往主机中写，而读操作可以参考主备、主从架构进行灵活多变。下图是读写全部到主机的一种架构。

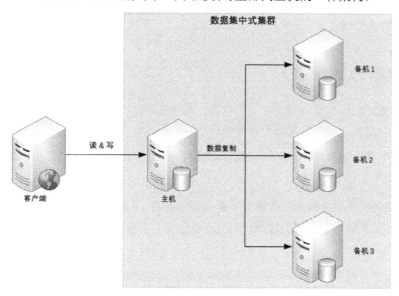

虽然架构上是类似的，但由于集群里面的服务器数量更多，导致了复杂度整体上更高一些，具体体现在：

- 主机如何将数据复制给备机

   主备和主从架构中，只有一条复制通道，而数据集中集群架构中，存在多条复制通道。多条复制通道首先会增大主机复制的压力，某些场景下我们需要考虑如何降低主机复制压力，或者降低主机复制给正常读写带来的压力。

   其次，多条复制通道可能会导致多个备机之间数据不一致，某些场景下我们需要对备机之间的数据一致性进行检查和修正，例如，ZooKeeper 在重新选举 Leader 后会进入恢复阶段。

- 备机如何检测主机状态

  主备和主从架构中，只有一台备机需要进行主机状态判断。数据集中集群架构中，多台备机都需要对主机状态进行判断，而不同的备机判断的结果可能是不同的，如何处理不同备机对主机状态的不同判断，是一个复杂的问题。

- 主机故障后，如何决定新的主机

  主从架构中，如果主机故障，将备机升级为主机即可；而数据集中的集群架构中，有多台备机都可以升级为主机，但实际上只能允许一台备机升级为主机，那么究竟选择哪一台备机作为新的主机，备机之间如何协调，这也是一个复杂的问题。

目前开源的数据集中式集群以 Zookeeper 为典型，ZooKeeper 通过 ZAB 协议来解决上述提到的几个问题，但 ZAB 协议比较复杂（类似 Paxos 算法），如果我们需要自己去实现 ZAB 协议，那么复杂度同样会非常高。

8.5.2　数据分散集群

数据分散集群指多个服务器组成一个集群，每台服务器都会负责存储一部分数据；同时，为了提升硬件利用率，每台服务器又会备份一部分数据。

数据分散集群的复杂点在于如何将数据分配到不同的服务器上，算法需要考虑如下设计点：

- 均衡性

  算法需要保证服务器上的数据分区基本是均衡的，不能存在某台服务器上的分区数量是另外一台服务器的几倍的情况。

- 容错性

  当出现部分服务器故障时，算法需要将原来分配给故障服务器的数据分区分配给其他服务器。

- 可伸缩性

  当集群容量不够，扩充新的服务器后，算法能够自动将部分数据分区迁移到新服务器，并保证扩容后所有服务器的均衡性。

数据分散集群和数据集中集群的不同点：在于数据分散集群中的每台服务器都可以处理读写请求，因此不存在数据集中集群中负责写的主机那样的角色。但在数据分区集群中，必须有一个角色来负责执行数据分配算法，这个角色可以是独立的一台服务器，也可以是集群自己选举出的一台服务器。如果是集群服务器选举出来一台机器承担数据分区分配的职责，则这台服务器一般也会叫作主机，但我们需要知道这里的"主机"和数据集中集群中的"主机"，其职责是有差异的。

Hadoop 的实现就是独立的服务器负责数据分区的分配,这台服务器叫作 Namenode。Hadoop 的数据分区管理架构如下图所示。

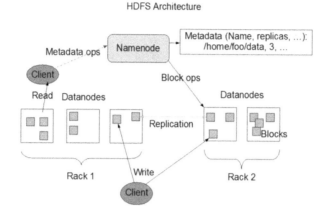

如下是 Hadoop 官方的解释,能够说明集中式数据分区管理的基本方式。Hadoop 本身的架构再写一本书都可以,这里不展开详细讨论,有兴趣的读者可以参考相关资料。

HDFS 采用 master/slave 架构。一个 HDFS 集群由一个 Namenode 和一定数目的 Datanodes 组成。

Namenode 是一个中心服务器,负责管理文件系统的名字空间(namespace),以及客户端对文件的访问。

集群中的 Datanode 一般是一个节点一个,负责管理它所在节点上的存储。HDFS 暴露了文件系统的名字空间,用户能够以文件的形式在上面存储数据。从内部看,一个文件其实被分成一个或多个数据块,这些块存储在一组 Datanode 上。

Namenode 执行文件系统的名字空间操作,比如打开、关闭、重命名文件或目录。它也负责确定数据块到具体 Datanode 节点的映射。Datanode 负责处理文件系统客户端的读写请求。在 Namenode 的统一调度下进行数据块的创建、删除和复制操作。

与 Hadoop 不同的是,Elasticsearch 集群通过选举一台服务器来做数据分区的分配,叫作 master node,其数据分区管理架构如下图所示。

其中 master 节点的职责如下:

The master node is responsible for lightweight cluster-wide actions such as creating or deleting an index, tracking which nodes are part of the cluster, and deciding which shards to allocate to which nodes. It is important for cluster health to have a stable master node.

数据集中集群架构中，客户端只能将数据写到主机；数据分散集群架构中，客户端可以向任意服务器中读写数据。正是因为这个关键的差异，决定了两种集群的应用场景不同。一般来说，数据集中式集群适合数据量不大，集群机器数量不多的场景。例如，ZooKeeper 集群，一般推荐 5 台机器左右，数据量是单台服务器就能够支撑；而数据分散式集群，由于其良好的可伸缩性，适合业务数据量巨大，集群机器数量庞大的业务场景。例如，Hadoop 集群、HBase 集群，大规模的集群可以达到上百台甚至上千台服务器。

8.5.3　分布式事务算法

某些业务场景需要事务来保证数据一致性，如果采用了数据集群的方案，那么这些数据可能分布在不同的集群节点上。由于节点间只能通过消息进行通信，因此分布式事务实现起来只能依赖消息通知。但消息本身并不是可靠的，消息可能丢失，这就给分布式事务的实现带来了复杂性。

分布式事务算法中比较有名的是"二阶段提交"（Two-phase commit protocol，以下简称 2PC）和"三阶段提交"（Three-phase commit protocol，以下简称 3PC），我们分别简单介绍一下。

- 2PC

顾名思义，二阶段提交算法主要由两个阶段组成，分别是 Commit 请求阶段和 Commit 提交阶段。二阶段提交算法的成立基于以下假设：

（1）在分布式系统中，存在一个节点作为协调者（Coordinator），其他节点作为参与者（Cohorts），且节点之间可以进行网络通信。

（2）所有节点都采用预写式日志，且日志被写入后即保持在可靠的存储设备上，即使节点损坏，也不会导致日志数据的消失。

（3）所有节点不会永久性损坏，即使损坏，仍然可以恢复。

参考维基百科，算法基本说明如下。

- 第一阶段（提交请求阶段）

（1）协调者向所有参与者发送 QUERY TO COMMIT 消息，询问是否可以执行提交事务，并开始等待各参与者的响应；

（2）参与者执行询问发起为止的所有事务操作，并将 Undo 信息和 Redo 信息写入日志，返回 Yes 消息给协调者；如果参与者执行失败，则返回 No 消息给协调者。

示意图如下。

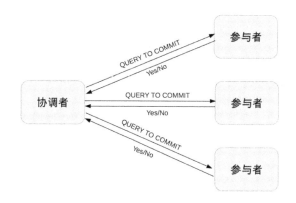

有时候，第一阶段也被称作投票阶段，即各参与者投票是否要继续接下来的提交操作。

• 第二阶段（提交执行阶段）

【成功】

当协调者从所有参与者获得的相应消息都为"Yes"时：

（1）协调者向所有参与者发出"COMMIT"的请求；

（2）参与者完成 COMMIT 操作，并释放在整个事务期间占用的资源；

（3）参与者向协调者发送"ACK"消息；

（4）协调者收到所有参与者反馈的"ACK"消息后，完成事务；

【失败】

当任一参与者在第一阶段返回的响应消息为"No"，或者协调者在第一阶段的询问超时之前无法获取所有参与者的响应消息时：

（1）协调者向所有参与者发出"ROLLBACK"的请求。

（2）参与者利用之前写入的 Undo 信息执行回滚，并释放在整个事务期间占用的资源。

（3）参与者向协调者发送"ACK"消息。

（4）协调者收到所有参与者反馈的"ACK"消息后，取消事务。

示意图如下。

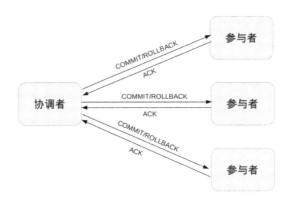

有时候，第二阶段也被称作完成阶段，因为无论结果怎样，协调者都必须在此阶段结束当前事务。

2PC 是强一致性算法，优点是实现简单，但缺点也很明显。

- 同步阻塞：在整个算法的执行过程中，协调者与参与者互相等待对方的响应消息，等待过程中节点处于阻塞状态，不能做其他事情，如果某个节点响应消息比较慢，则整个系统全部被拖慢，导致 2PC 的性能存在明显问题，难以支撑高并发的应用场景。

- 状态不一致：在第二阶段的执行过程中，如果协调者在发出 commit 请求消息后，某个参与者并没有收到这条消息，其他参与者收到了这条消息，那么收到消息的参与者会提交事务，未收到消息的参与者超时后会回滚事务，导致事务状态不一致。虽然协调者在这种情况下可以再发送 ROLLBACK 消息给各参与者，但这条 ROLLBACK 消息一样存在丢失问题，所以极端情况下无论怎么处理都可能出现状态不一致的情况。

- 单点故障：协调者是整个算法的单点，如果协调者故障，则参与者会一直阻塞下去。比如在第二阶段中，如果协调者因为故障不能正常发送事务提交或回滚通知，那么参与者们将一直处于阻塞状态，整个数据库集群将无法提供服务。

- 3PC

三阶段提交算法从名字上来看就和二阶段提交算法是师出同门的，事实上也确实如此，三阶段提交算法是针对二阶段提交算法在的"单点故障"而提出的解决方案。通过在二阶段提交算法中的第一阶段和第二阶段之间插入一个新的阶段"准备阶段"，当协调者故障后，参与者可以通过超时提交来避免一直阻塞。

具体算法描述如下（以下内容主要参考维基百科）。

第一阶段（提交判断阶段）：

（1）协调者向参与者发送 canCommit 消息，询问参与者是否可以提交事务。

（2）参与者收到 canCommit 消息后，判别自己是否可以提交该事务，如果可以执行就返回 yes，不可以则返回 no。

（3）如果协调者收到任何一个 no 或参与者超时，则事务终止，同时会通知参与者终止事务，如果在超时时间内收到所有 yes，则进入第二阶段。

第二阶段（准备提交阶段）：

（1）协调者发送 preCommit 消息给所有参与者，告诉参与者准备提交。

（2）参与者收到 preCommit 消息后，执行事务操作，将 undo 和 redo 信息记录到事务日志中，然后返回 ACK 消息。

第三阶段（提交执行阶段）：

（1）协调者在接收到所有 ACK 消息后会发送 doCommit，告诉参与者正式提交；否则会给参与者发出终止消息，事务回滚。

（2）参与者收到 doCommit 消息后提交事务，然后返回 haveCommitted 消息。

（3）如果参与者收到一个 preCommit 消息并返回了 ACK，但等待 doCommit 消息超时（例如协调者崩溃或超时），参与者则会在超时后继续提交事务。

算法流程图如下。

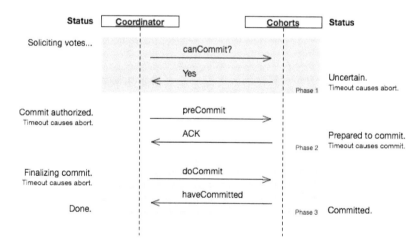

三阶段提交算法虽然避免了二阶段提交算法的协调者单点故障导致系统阻塞的问题，但同样存在数据不一致问题。

8.5.4　分布式一致性算法

分布式事务算法的主要目的是为了保证分散在多个节点上的数据统一提交或回滚，以满足

ACID 的要求；而分布式一致性算法的主要目的是为了保证同一份数据在多个节点上的一致性，以满足 CAP 中的 CP 要求。

复制状态机是实现分布式一致性的常用技术，其主要角色有三个。

（1）副本：多个分布式服务器组成一个集群，每个服务器都包含完整状态机的一个副本。

（2）状态机：状态机接受输入，然后执行操作，将状态改变为下一个状态。

（3）算法：使用算法来协调各个副本的处理逻辑，使得副本的状态机保持一致。

复制状态机的核心就是分布式一致性算法，分布式一致性算法都很复杂，如果要讲述全部细节，那么每个算法都可以写一本书，限于篇幅，本文不会详细展开介绍每个算法，而是概要介绍算法的关键点，帮助读者更好地理解这些算法。

- Paxos

最有名的分布式一致性算法当属 Paxos。Paxos 是被理论上证明为正确的算法（另外一个被数学家理论上证明了的定理是 CAP 理论），但 Paxos 存在两个很明显的问题。

- 特别复杂，难以理解：Raft 的论文中提到"we were not able to understand the complete protocol until after reading several explanations and designing our own alternative protocol, a process that took almost a year"，要知道 Raft 的作者都是大牛，这些人都花费了将近 1 年时间，读了很多文章，并且自己设计替代算法后才算真正理解了 Paxos 算法，可见算法有多难理解。

- 缺失很多细节，难以实现：算法的很多细节没有讲到如何处理，例如，如何检测故障"leader 选举算法，这些细节在工程实践中又是不可避免要去实现的。

因此，在工程实践中实现 Paxos 算法的一般步骤如下。

（1）以 Paxos 算法为基础，开始尝试实现。

（2）发现有的地方很难实现，或者没有明确规定如何实现，于是想了一个方案去实施。

（3）最终看起来完成了 Paxos 算法，但算法的正确性已经无法完全保证，可能在某些场景下算法达不到一致性的目的。

即使是 Google 的 Chubby，最后也只能实现一个 Paxos-like 的算法，Chubby 的开发者评价说：There are significant gaps between the description of the Paxos algorithm and the needs of a real-world system. . . . the final system will be based on an unproven protocol。

虽然如此，但 Paxos 算法在分布式一致性算法的地位是不可撼动的，Google Chubby 的作者 Mike Burrows 说过：There is only one consensus protocol, and that's Paxos"-all other approaches are just broken versions of Paxos（世界上只有一种一致性算法，那就是 Paxos，所有其他一致性算法都是 Paxos 算法的不完整版）。

基本算法描述请参考维基百科，理解 Paxos 算法有以下几个关键点：

（1）Paxos 算法是多数一致性（Quorum），不是全体一致性。例如，一个包含 2n+1 个节点的集群，n+1 个节点一致就可以认为达到了分布式一致性的目的。这样可以保证只要集群中的故障节点数量小于等于 n，集群依然能够正常提供服务。

（2）Client 发起的请求可以是任何操作，而不仅限于写操作，读操作也可以。也就是说，即使是读一个数据，也要按照算法完整地执行一遍，这和通常理解上的数据一致性不同，通常认为数据一致性是和写操作相关的。

（3）Paxos 算法中的角色（Proposer、Acceptor、Learner、Leader）是逻辑上的划分，不是集群上的物理节点要这样划分，事实上实现的时候比较灵活，可以一个物理节点兼顾所有的角色，也可以只担任其中一部分角色。

- Raft

和 Paxos 算法几乎是一个纯理论上的算法不同，Raft 算法就是为了工程实践而设计的，"可理解性"成为 Raft 设计的首要目标。按照 Burrows 的说法，Raft 肯定也是 Paxos 的不完整版，事实上 Raft 从理论上来讲确实不是一个完备的分布式一致性算法。为了可理解性，Raft 简化了一些处理，以保证绝大部分情况下都是能保证一致性的（Raft 的论文提到：Although in most cases we tried to eliminate nondeterminism, there are some situations where nondeterminism actually improves understandability）。

Raft 算法通过将分布式一致性问题拆分为 3 个子问题来简化算法：Leader 选举、日志复制、安全保证；Raft 强化了 Leader 的作用，通过 Leader 来保证分布式一致性。Raft 算法也详细说明了具体实现时的各种方案细节，例如，日志压缩、Client 交互等，基本上对照算法论文就能够实现，而且代码量也不大，Raft 论文中提到只用了 2000 行 C++代码就实现了算法：The Raft implementation in LogCabin contains roughly 2,000 lines of C++ code, not including tests, comments, or blank lines。

- ZAB

ZAB 的全称是 ZooKeeper Atomic Broadcast Protocol，是 ZooKeeper 系统中采用的分布式一致性算法。抛开各种实现细节，ZAB 的实现和 Raft 其实是类似的，例如，强化 Leader 的作用，通过 Leader 来保证分布式一致性。当然，按照 Burrows 的说法，ZAB 肯定也是 Paxos 的一个不完整版。

ZAB、Paxos 和 Raft 有一个较大的差异就是复制的方式，Paxos 和 Raft 采用的是 state machine replication（又称 active replication），ZAB 采用的是 primary backup（又称 passive replication），两种实现方式差异如下。

- state machine replication：各个节点间复制的是具体的操作，然后每个节点自己执行操作。

- primary backup：Leader 节点执行操作，将执行结果复制给其他节点。

假如我们实现一个 K-V 存储系统，当前系统中 X=3，收到 Client 发送的"SET X=X+1"请求，如果是 state machine replication，则每个节点都会收到"SET X=X+1"这条操作，达成共识后各自执行；如果是 primary backup，则会由 Leader 节点先执行"X=X+1"操作得到 X=4，达成共识后，其他节点将 X 的值设为 4。

8.6 数据分区

前面我们讨论的存储高可用架构都是基于硬件故障的场景去考虑和设计的，主要考虑当部分硬件可能损坏的情况下系统应该如何处理，但对于一些影响非常大的灾难或事故来说，有可能所有的硬件全部故障。例如，新奥尔良水灾、美加大停电、洛杉矶大地震等这些极端灾害或事故，可能会导致一个城市甚至一个地区的所有基础设施瘫痪，这种情况下基于硬件故障而设计的高可用架构不再适用，我们需要基于地理级别的故障来设计高可用架构，这就是数据分区架构产生的背景。

数据分区指将数据按照一定的规则进行分区，不同分区分布在不同的地理位置上，每个分区存储一部分数据，通过这种方式来规避地理级别的故障所造成的巨大影响。采用了数据分区的架构后，即使某个地区发生严重的自然灾害或事故，受影响的也只是一部分数据，而不是全部数据都不可用；当故障恢复后，其他地区备份的数据也可以帮助故障地区快速恢复业务。

设计一个良好的数据分区架构，需要从多方面去考虑。

8.6.1 数据量

数据量的大小直接决定了分区的规则复杂度。例如，使用 MySQL 来存储数据，假设一台 MySQL 存储能力是 500GB，那么 2TB 的数据就至少需要 4 台 MySQL 服务器；而如果数据是 200TB，并不是增加到 800 台的 MySQL 服务器那么简单。如果按照 4 台服务器那样去平行管理 800 台服务器，复杂度会发生本质的变化，具体表现为：

- 800 台服务器里面可能每周都有一两台服务器故障，从 800 台里面定位出 2 台服务器故障，很多情况下并不是一件容易的事情，运维复杂度高。
- 增加新的服务器，分区相关的配置甚至规则需要修改，而每次修改理论上都有可能影响已有的 800 台服务器的运行，不小心改错配置的情况在实践中太常见了。
- 如此大量的数据，地理位置上全部集中于某个城市，风险很大，遇到了新奥尔良水灾、美加大停电这种故障时，数据可能全部丢失，因此分区规则需要考虑地理容灾。

因此，数据量越大，分区规则会越复杂，考虑的情况也越多。

8.6.2　分区规则

地理位置有近有远，因此可以得到不同的分区规则，包括洲际分区、国家分区、城市分区。具体采取哪种或哪几种规则，需要综合考虑业务范围、成本等因素。

通常情况下，洲际分区主要用于面向不同大洲提供服务，由于跨洲通信的网络延迟已经大到不适合提供在线服务了，因此洲际间的数据中心可以不互通或仅作为备份；国家分区主要用于面向不同国家的用户提供服务，不同国家有不同的语言、法律、业务等，国家间的分区一般也仅作为备份；城市分区由于都在同一个国家或地区内，网络延迟较低，业务相似，分区同时对外提供服务，可以满足业务多活之类的需求。

8.6.3　复制规则

数据分区指将数据分散在多个地区，在某些异常或灾难情况下，虽然部分数据受影响，但整体数据并没有全部被影响，本身就相当于一个高可用方案了。但仅仅做到这点还不够，因为每个分区本身的数据量虽然只是整体数据的一部分，但还是很大，这部分数据如果损坏或丢失，损失同样难以接受。因此即使是分区架构，同样需要考虑复制方案。

常见的分区复制规则有三种：集中式、互备式和独立式。

- **集中式**

集中式备份指存在一个总的备份中心，所有的分区都将数据备份到备份中心，其基本架构如下图所示。

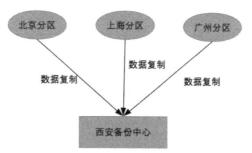

集中式备份架构具备如下优缺点：

（1）设计简单，各分区之间并无直接联系，可以做到互不影响。

（2）扩展容易，如果要增加第四个分区（例如，武汉分区），只需要将武汉分区的数据复制到西安备份中心即可，其他分区不受影响。

（3）成本较高，需要建设一个独立的备份中心。

- 互备式

互备式备份指每个分区备份另外一个分区的数据，其基本架构如下图所示。

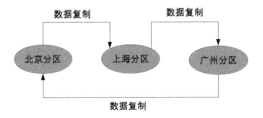

互备式备份架构具有如下优缺点：

（1）设计比较复杂，各个分区除了要承担业务数据存储，还需要承担备份功能，相互之间互相关联和影响。

（2）扩展麻烦，如果增加一个武汉分区，则需要修改广州分区的复制指向武汉分区，然后将武汉分区的复制指向北京分区。而原有北京分区已经备份了的广州分区的数据怎么处理也是个难题，不管是做数据迁移，还是广州分区历史数据保留在北京分区，新数据备份到武汉分区，无论哪种方式都很麻烦。

（3）成本低，直接利用已有的设备。

- 独立式

独立式备份指每个分区自己有独立的备份中心，其基本架构如下图所示。

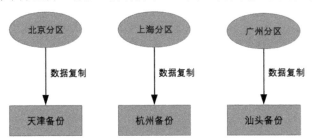

有一个细节需要特别注意，各个分区的备份并不和原来的分区在一个地方。例如，北京分区的备份放到了天津，上海的备份放到了杭州，广州的备份放到了汕头，这样做的主要目的是规避同城或相同地理位置同时发生灾难性故障的极端情况。如果北京分区机房在朝阳区，而备份机房放在通州区，整个北京停电的话，两个机房都无法工作。

独立式备份架构具有如下优缺点：

（1）设计简单，各分区互不影响。

（2）扩展容易，新增加的分区只需要搭建自己的备份中心即可。

（3）成本高，每个分区需要独立的备份中心，这个成本比集中式备份都要高很多，因为备份中心的场地成本是主要成本。

8.7　本章小结

- 主备架构中的"备机"主要还是起一个备份作用，并不承担实际的业务读写操作。
- 主从架构中的主机负责读写操作，从机只负责读操作，不负责写操作。
- 主备倒换和主从倒换架构的复杂点主要体现在：状态判断、倒换决策和数据冲突修复三方面。
- 主主复制架构必须保证数据能够双向复制，而很多数据是不能双向复制的。
- 根据集群中机器承担的不同角色来划分，集群可以分为两类：数据集中集群、数据分散集群。
- 数据集中集群可以看作一主多备或一主多从，但复杂度比主备或主从要高出很多。
- 数据分散集群中每台服务器都会负责存储一部分数据和同时也会备份一部分数据。
- 数据分区主要应对地理级别的故障。
- 数据分区的复制规则分为集中式、互备式和独立式。

第 9 章
计算高可用

　　计算高可用的主要设计目标是当出现部分硬件损坏时，计算任务能够继续正常运行。因此计算高可用的本质是通过冗余来规避部分故障的风险，单台服务器是无论如何都达不到这个目标的。所以计算高可用的设计思想很简单：通过增加更多服务器来达到计算高可用。

　　计算高可用架构的设计复杂度主要体现在任务管理方面，即当任务在某台服务器上执行失败后，如何将任务重新分配到新的服务器进行执行。因此，计算高可用架构设计的关键点有如下两点。

- 哪些服务器可以执行任务

　　第一种方式和计算高性能中的集群类似，每个服务器都可以执行任务。例如，常见的访问网站的某个页面。

　　第二种方式和存储高可用中的集群类似，只有特定服务器（通常叫"主机"）可以执行任务。当执行任务的服务器故障后，系统需要挑选新的服务器来执行任务。例如，ZooKeeper 的 Leader 才能处理写操作请求。

- 任务如何重新执行

　　第一种策略是对于已经分配的任务即使执行失败也不做任何处理，系统只需要保证新的任务能够分配到其他非故障服务器上执行即可。

　　第二种策略是设计一个任务管理器来管理需要执行的计算任务，服务器执行完任务后，需要向任务管理器反馈任务执行结果，任务管理器根据任务执行结果来决定是否需要将任务重新分配到另外的服务器上执行。

需要注意的是："任务分配器"是一个逻辑的概念，并不一定要求系统存在一个独立的任务分配器模块。例如：

- Nginx 将页面请求发送给 Web 服务器，而 CSS/JS 等静态文件直接读取本地缓存。这里的 Nginx 角色是反向代理系统，但是承担了任务分配器的职责，而不需要 Nginx 做反向代理，后面再来一个任务分配器。

- 对于一些后台批量运算的任务，可以设计一个独立的任务分配系统来管理这些批处理任务的执行和分配。

- ZooKeeper 中的 Follower 节点，当接收到写请求时会将请求转发给 Leader 节点处理，当接收到读请求时就自己处理，这里的 Follower 就相当于一个逻辑上的任务分配器。

接下来我们详细阐述常见的计算高可用架构。

9.1 主备

主备架构是计算高可用最简单的架构，和存储高可用的主备复制架构类似，但是要更简单一些，因为计算高可用的主备架构无须数据复制，其基本的架构示意图如下。

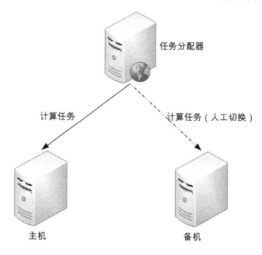

主备方案详细设计如下：

（1）主机执行所有计算任务。例如，读写数据、执行操作等。

（2）当主机故障（例如，主机宕机）时，任务分配器不会自动将计算任务发送给备机，此时系统处于不可用状态。

（3）如果主机能够恢复（不管是人工恢复还是自动恢复），任务分配器继续将任务发送给主机。

（4）如果主机不能够恢复（例如，机器硬盘损坏，短时间内无法恢复），则需要人工操作，将备机升为主机，然后让任务分配器将任务发送给新的主机（即原来的备机）；同时，为了继续保持主备架构，需要人工增加新的机器作为备机。

根据备机状态的不同，主备架构又可以细分为冷备架构和温备架构。

- 冷备

  备机上的程序包和配置文件都准备好，但备机上的业务系统没有启动（注意：备机的服务器是启动的），主机故障后，需要人工手工将备机的业务系统启动，并将任务分配器的任务请求切换为发送给备机。

- 温备

  备机上的业务系统已经启动，只是不对外提供服务，主机故障后，人工只需要将任务分配器的任务请求切换为发送到备机即可。

  冷备可以节省一定的能源，但温备能够大大减少手工操作时间，因此一般情况下推荐用温备的方式。

主备架构的优点就是简单，主备机之间不需要进行交互，状态判断和倒换操作由人工执行，系统实现很简单。而缺点正好也体现在"人工操作"这点上，因为人工操作的时间不可控，可能系统已经发生问题了，但维护人员还没发现，等了 1 个小时才发现。发现后人工倒换的操作效率也比较低，可能需要半个小时才完成倒换操作，而且手工操作过程中容易出错。例如，修改配置文件改错了、启动了错误的程序等。

和存储高可用中的主备复制架构类似，计算高可用的主备架构也比较适合与内部管理系统、后台管理系统这类使用人数不多，使用频率不高的业务，不太适合在线的业务。

9.2　主从

和存储高可用中的主从复制架构类似，计算高可用的主从架构中的从机也是要执行任务的。任务分配器需要将任务进行分类，确定哪些任务可以发送给主机执行，哪些任务可以发送给备机执行，其基本的架构示意图如下。

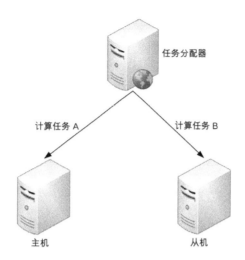

主从方案详细设计如下：

（1）正常情况下，主机执行部分计算任务（如上图中的"计算任务 A"），备机执行部分计算任务（如上图中的"计算任务 B"）。

（2）当主机故障（例如，主机宕机）时，任务分配器不会自动将原本发送给主机的任务发送给从机，而是继续发送给主机，不管这些任务执行是否成功。

（3）如果主机能够恢复（不管是人工恢复还是自动恢复），任务分配器继续按照原有的设计策略分配任务，即计算任务 A 发送给主机，计算任务 B 发送给从机。

（4）如果主机不能够恢复（例如，机器硬盘损坏，短时间内无法恢复），则需要人工操作，将原来的从机升级为主机(一般只是修改配置即可)，增加新的机器作为从机，新的从机准备就绪后，任务分配器继续按照原有的设计策略分配任务。

主从架构与主备架构相比，优缺点如下。

（1）优点：主从架构的从机也执行任务，发挥了从机的硬件性能。

（2）缺点：主从架构需要将任务分类，任务分配器会复杂一些。

9.3 对称集群

主备架构和主从架构通过冗余一台服务器来提升可用性，且需要人工来切换主备或主从。这样的架构虽然简单，但存在一个主要的问题：人工操作效率低、容易出错、不能及时处理故障。因此在可用性要求更加严格的场景中，我们需要系统能够自动完成切换操作，这就是高可用集群方案。

高可用计算的集群根据集群中服务器节点角色的不同，可以分为两类：一类是对称集群，即集群中每个服务器的角色都是一样的，都可以执行所有任务；一类是非对称集群，集群中的服务器分为多个不同的角色，不同的角色执行不同的任务，例如，最常见的 Master-Slave 角色。本节详细介绍对称集群，下一节详细介绍非对称集群。

对称集群更通俗的叫法是负载均衡集群，因此接下来我们使用"负载均衡集群"这个通俗的说法，架构示意图如下。

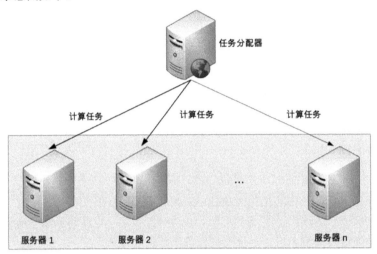

负载均衡集群详细设计如下：

（1）正常情况下，任务分配器采取某种策略（随机、轮询等）将计算任务分配给集群中的不同服务器。

（2）当集群中的某台服务器故障后，任务分配器不再将任务分配给它，而是将任务分配给其他服务器执行。

（3）当故障的服务器恢复后，任务分配器重新将任务分配给它执行。

负载均衡集群的设计关键点在于两点：任务分配器需要检测服务器状态，任务分配器需要选取分配策略。

任务分配策略比较简单，轮询和随机基本就够了；状态检测稍微复杂一些，既要检测服务器的状态，例如，服务器是否宕机、网络是否正常等；同时还要检测任务的执行状态，例如，任务是否卡死，是否执行时间过长等。常用的做法是任务分配器和服务器之间通过心跳来传递信息，包括服务器信息和任务信息，然后根据实际情况来确定状态判断条件。

例如，一个在线页面访问的负载均衡集群，正常情况下页面平均会在 500ms 内返回，那么状态判断条件可以设计为：1 分钟内响应时间超过 1s（包括超时）的页面数量占了 80%时，就认为服务器有故障。

例如，一个后台统计任务系统，正常情况下任务会在 5 分钟内执行完成，那么状态判断条件可以设计为：单个任务执行时间超过 10 分钟还没有结束，就认为服务器有故障。

通过上述两个案例可以看出，不同业务场景的状态判断条件差异很大，实际设计时要根据业务需求来进行设计和调优。

如果负载均衡集群只有两台机器，看起来和存储高可用中的主主复制方案类似。但在计算高可用负载均衡集群中，我们并不把这种方案独立出来，因为 2 台服务器的负载均衡集群和 3 台或 100 台服务器的集群并没有设计上的差异。

9.4　非对称集群

非对称集群中不同服务器的角色是不同的，不同角色的服务器承担不同的职责。以 Master-Slave 为例，部分任务是 Master 服务器才能执行，部分任务是 Slave 服务器才能执行。非对称集群的基本架构示意图如下。

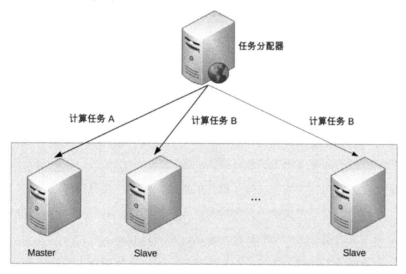

非对称集群架构详细设计如下：

（1）集群会通过某种方式来区分不同服务器的角色。例如，通过 Paxos 算法选举，或者简单地取当前存活服务器中节点 ID 最小的服务器作为 Master 服务器。

（2）任务分配器将不同任务发送给不同服务器。例如，上图中的计算任务 A 发送给 Master 服务器，计算任务 B 发送给 Slave 服务器。

（3）当指定类型的服务器故障时，需要重新分配角色。例如，Master 服务器故障后，需要将剩余的 Slave 服务器中的一个重新指定为 Master 服务器；如果是 Slave 服务器故障，则并不需要重新分配角色，只需要将故障服务器从集群剔除即可。

非对称集群相比负载均衡集群，设计复杂度主要体现在两个方面：

（1）任务分配策略更加复杂：需要将任务划分为不同类型并分配给不同角色的集群节点。

（2）角色分配策略实现比较复杂。例如，可能需要使用 Paxos 这类复杂的算法来实现 Leader 的选举。

我们以 ZooKeeper 为例：

（1）任务分配器：ZooKeeper 中不存在独立的任务分配器节点，每个 Server 都是任务分配器，Follower 收到请求后会进行判断，如果是写请求就转发给 Leader，如果是读请求就自己处理。

（2）角色指定：ZooKeeper 通过 ZAB 协议来选举 Leader，当 Leader 故障后，所有的 Follower 节点会暂停读写操作，开始进行选举，直到新的 Leader 选举出来后才继续对 Client 提供服务。

如果非对称集群只有两台机器，看起来和存储高可用中的主从倒换方案类似。但在计算高可用非对称集群中，我们并不把这种方案独立出来，因为 2 台服务器的非对称集群和 3 台或 100 台服务器的集群并没有设计上的本质差异。

9.5　本章小结

- 主备架构是计算高可用最简单的架构，可以细分为冷备架构和温备架构，常用温备架构。
- 计算高可用的主备架构也比较适合与内部管理系统、后台管理系统这类使用人数不多、使用频率不高的业务，不太适合在线的业务。
- 主从架构与主备架构相比，发挥了硬件的性能，但设计要复杂一些。
- 高可用计算的集群根据集群中服务器节点角色的不同，可以分为对称集群和非对称集群。
- 对称集群中每个服务器的角色都是一样的，都可以执行所有任务。
- 非对称集群中的服务器分为多个不同的角色，不同角色执行不同的任务。
- 非对称集群相比负载均衡集群，设计复杂度主要体现在任务分配策略和角色分配策略会更加复杂。

第 10 章
业务高可用

10.1 异地多活

　　无论高可用计算架构，还是高可用存储架构，其本质的设计目的都是为了解决部分服务器故障的场景下，如何保证系统能够继续提供服务。但在一些极端场景下，有可能出现所有服务器都出现故障。例如，典型的机房断电、机房火灾、城市地震、新奥尔良水灾……这些极端情况会导致某个系统所有服务器都故障，或者业务整体瘫痪，而且即使有其他地区的备份，把备份业务系统全部恢复到能够正常提供业务，花费的时间也比较长，可能是半小时，有可能是 12 小时。因为备份系统平时不对外提供服务，可能会存在很多隐藏的问题没有发现。如果业务期望达到即使在此类灾难性故障的情况下，业务也不受影响，或者在几分钟内就能够很快恢复，那么就需要设计异地多活架构。

　　顾名思义，异地多活架构的关键点就是异地、多活，其中异地就是指地理位置上不同的地方，类似于"不要把鸡蛋都放在同一篮子里"；多活就是指不同地理位置上的系统都能够提供业务服务，这里的"活"是活动、活跃的意思。判断一个系统是否符合异地多活，需要满足如下两个标准：

- 正常情况下，用户无论访问哪一个地点的业务系统，都能够得到正确的业务服务。
- 某地系统异常情况下，用户访问到其他地方正常的业务系统，也能够得到正确的业务服务。

与"活"对应的是字是"备"，备是备份，正常情况下对外是不提供服务的，如果需要提供服务，则需要大量的人工干预和操作，花费大量的时间才能让"备"变成"活"。

单纯从异地多活的描述来看，异地多活很强大，能够保证在灾难的情况下业务都不受影响。那是不是意味着不管什么业务，我们都要去实现异地多活架构呢？其实不然，因为实现异地多活架构不是没有代价的，而是有很高的代价，具体表现为：

- 系统复杂度会发生质的变化，需要设计复杂的异地多活架构。
- 成本会上升，毕竟要多在一个或多个机房搭建独立的一套业务系统。

因此，异地多活虽然功能很强大，但也不是每个业务不管三七二十一都要上异地多活。例如，常见的新闻网站、企业内部的 IT 系统、游戏、博客站点等，如果无法承受异地多活带来的复杂度和成本，是可以不做异地多活的，只需要做异地备份即可。因为这类业务系统即使中断，对用户的影响并不会很大。例如，A 新闻网站看不了，用户换个新闻网站即可；而共享单车、滴滴出行、支付宝、微信这类业务，就需要做异地多活了。这类业务系统中断后，对用户的影响很大。例如，支付宝用不了，就没法买东西了；滴滴用不了，用户就打不到车了。

当然，如果业务规模很大，能够做异地多活的情况下尽量实现异地多活。首先，这样能够在异常的场景下给用户提供更好的体验；其次，业务规模很大肯定会伴随衍生的收入，例如，广告收入，异地多活能够减少异常场景带来的收入损失。同样以新闻网站为例，虽然从业务的角度来看，新闻类网站对用户影响不大，反正用户也可以从其他地方看到基本相同的新闻，甚至用户几个小时不看新闻也没什么问题。但是从网站本身来看，几个小时不可访问肯定会影响用户对网站本身的口碑，其次几个小时不可访问，网站上的广告收入损失也会很大。

10.1.1 异地多活架构

根据地理位置上的距离来划分，异地多活架构可以分为同城异区、跨城异地、跨国异地。接下来我们详细解释一下每一种架构的细节与优缺点。

- **同城异区**

同城异区指的是将业务部署在同一个城市不同区的多个机房。例如，在北京部署两个机房，一个机房在海淀区，一个在通州区，然后将两个机房用专用的高速网络连接在一起。

如果我们考虑一些极端场景（例如，美加大停电、新奥尔良水灾这种情况），同城异区似乎没什么作用，那为何我们还要设计同城异区这种架构呢？答案就在于"同城"。

同城的两个机房，距离上一般大约就是几十千米，通过搭建高速的网络，同城异区的两个机房能够实现和同一个机房内几乎一样的网络传输速度。这就意味着虽然是两个不同地理位置上的机房，但逻辑上我们可以将它们看作同一个机房，这样的设计大大降低了复杂度，减少了异地多活的设计和实现复杂度及成本。

那如果采用了同城异区架构，一旦发生新奥尔良水灾这种灾难怎么办呢？很遗憾，答案是无能为力。但我们需要考虑的是，这种极端灾难发生概率是比较低的，可能几年或十几年才发生一次。其次，除了这类灾难，机房火灾、机房停电、机房空调故障这类问题发生的概率更高，而且破坏力一样很大。而这些故障场景，同城异区架构都可以很好地解决。因此，结合复杂度、成本、故障发生概率来综合考虑，同城异区是应对机房级别故障的最优架构。

- **跨城异地**

跨城异地指的是业务部署在不同城市的多个机房，而且距离最好要远一些。例如，将业务部署在北京和广州两个机房，而不是将业务部署在广州和深圳的两个机房。

为何跨城异地要强调距离要远呢？前面我们在介绍同城异区的架构时提到同城异区不能解决新奥尔良水灾这种问题，而两个城市离得太近又无法应对美加大停电这种问题，跨城异地其实就是为了解决这两类问题的，因此需要在距离上比较远，才能有效应对这类极端灾难事件。

跨城异地虽然能够有效应对极端灾难事件，但"距离较远"这点并不只是一个距离数字上的变化，而是量变引起了质变，导致了跨城异地的架构复杂度大大上升。距离增加带来的最主要原因是两个机房的网络传输速度会降低，这不是以人的意志为转移的，而是物理定律决定的，即光速真空传播是每秒 30 万千米，在光纤中传输的速度大约是每秒 20 万千米，再加上传输中的各种网络设备的处理，实际还远远达不到光速的速度。

除了距离上的限制，中间传输各种不可控的因素也非常多。例如，挖掘机把光纤挖断，中美海底电缆被拖船扯断，骨干网故障等，这些线路很多是第三方维护，我们根本无能为力也无法预知。例如，广州机房到北京机房，正常情况下 RTT 大约是 50ms 左右，遇到网络波动之类的情况，RTT 可能飙升到 500ms 甚至 1s，更不用说经常发生的线路丢包问题，那延迟可能就是几秒几十秒了。

以上描述的问题，虽然同城异区理论上也会遇到，但由于同城异区距离较短，中间经过的线路和设备较少，问题发生的概率会低很多。而且同城异区距离短，即使是搭建多条互联通道，成本也不会太高，而跨城异区距离太远，搭建或使用多通道的成本也会高不少。

跨城异地距离较远带来的网络传输延迟问题，给业务多活架构设计带来了复杂性，如果要做到真正意义上的多活，业务系统需要考虑部署在不同地点的两个机房。在数据短时间不一致的情况下，还能够正常提供业务。这就引入了一个看似矛盾的地方：数据不一致业务肯定不会正常，但跨城异地肯定会导致数据不一致。

如何解决这个问题呢？重点还是在"数据"上，即根据数据的特性来做不同的架构。如果是强一致性要求的数据，例如，银行存款余额，支付宝余额等，这类数据实际上是无法做到跨城异地多活的。我们来看一个假设的例子，假如我们做一个互联网金融的业务，用户余额支持跨城异地多活，我们的系统分别部署在广州和北京，那么如果挖掘机挖断光缆后，会出现如下场景：

（1）用户 A 余额有 10000 元钱，北京和广州机房都是这个数据。

（2）用户 A 向用户 B 转了 5000 元钱，这个操作是在广州机房完成的，完成后用户 A 在广州机房的余额是 5000 元。

（3）由于广州和北京机房网络被挖掘机挖断，广州机房无法将余额变动通知北京机房，此时北京机房用户 A 的余额还是 10000 元。

（4）用户 A 到北京机房又发起转账，此时他看到自己的余额还有 10000 元，于是向用户 C 转账 10000 元，转账完成后用户 A 的余额变为 0。

（5）用户 A 到广州机房一看，余额怎么还有 5000 元？于是赶紧又发起转账，转账 5000 元给用户 D；此时广州机房用户 A 的余额也变为 0 了。

最终，本来余额 10000 元的用户 A，却转了 20000 元出去给其他用户。

对于以上这种假设场景，虽然普通用户很难这样自如地操作，但如果真的这么做，被黑客发现后，后果不堪设想。正因为如此，支付宝等金融相关的系统，对余额这类数据，不能做跨城异地的多活架构，而只能采用同城异区这种架构。

而对数据一致性要求不那么高，或者数据不怎么改变，或者即使数据丢失影响也不大的业务，跨城异地多活就能够派上用场了。例如，用户登录（数据不一致时用户重新登录即可）、新闻类网站（一天内的新闻数据变化较少）、微博类网站（丢失用户发布的微博或评论，影响不大），这些业务采用跨城异地多活，能够很好地应对极端灾难的场景。

- **跨国异地**

跨国异地指的是业务部署在不同国家的多个机房。相比跨城异地，跨国异地的距离更加远了，因此数据同步的延时会更长，正常情况下可能就有几秒钟了。这种程度的延迟已经无法满足异地多活标准的第一条："正常情况下，用户无论访问哪一个地点的业务系统，都能够得到正确的业务服务"。例如，假设有一个微博类网站，分别在中国的上海和美国的纽约都建了机房，用户 A 在上海机房发表了一篇微博，此时如果他的一个关注者 B 用户访问到美国的机房，很可能无法看到用户 A 刚刚发表的微博。虽然跨城异地也会有此类同步延时问题，但正常情况下几十毫秒的延时对用户来说基本无感知；而延时达到几秒钟就感觉比较明显了。

因此，跨国异地的"多活"，和跨城异地的"多活"，实际的含义并不完全一致。跨国异地多活的主要应用场景一般有如下几种情况：

- 为不同地区用户提供服务

例如，亚马逊中国是为中国用户服务的，而亚马逊美国是为美国用户服务的，亚马逊中国的用户如果访问美国亚马逊，是无法用亚马逊中国的账号登录美国亚马逊的。

- 只读类业务做多活

  例如，谷歌的搜索业务，由于用户搜索资料时，这些资料都已经存在于谷歌的搜索引擎上面，无论访问英国谷歌，还是访问美国谷歌，搜索结果基本相同，并且对用户来说，也不需要搜索到最新的实时资料，跨国异地的几秒钟网络延迟，对搜索结果是没有什么影响的。

10.1.2 异地多活设计技巧

前面我们介绍了三种不同类型的异地多活架构，每个架构的关键点提炼一下：

- 同城异区

  关键在于搭建高速网络将两个机房连接起来，达到近似一个本地机房的效果。架构设计上可以将两个机房当作本地机房来设计，无须额外考虑。

- 跨城异地

  关键在于数据不一致的情况下，业务不受影响或影响很小，这从逻辑的角度上来说其实是矛盾的，架构设计的主要目的就是为了解决这个矛盾。

- 跨国异地

  主要是面向不同地区用户提供业务，或者提供只读业务，对架构设计要求不高。

基于上述分析，跨城异地多活是架构设计复杂度最高的一种架构，接下来介绍跨城异地多活架构设计的一些技巧和步骤。

- **技巧一：保证核心业务的异地多活**

"异地多活"是为了保证业务的高可用，但很多架构师在考虑这个"业务"时，会不自觉地陷入一个思维误区：我要保证所有业务的"异地多活"！

假设我们需要做一个"用户子系统"，这个子系统负责"注册""登录""用户信息"三个业务。为了支持海量用户，我们设计了一个"用户分区"的架构，即正常情况下用户属于某个主分区，每个分区都有其他数据的备份，用户用邮箱或手机号注册，路由层拿到邮箱或手机号后，通过 Hash 计算属于哪个中心，然后请求对应的业务中心。基本的架构如下图所示。

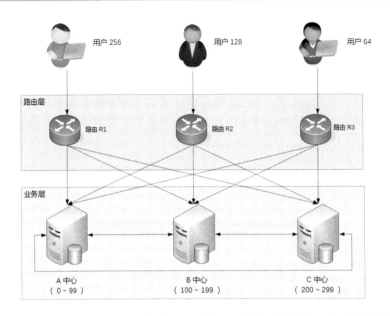

这样一个系统，如果 3 个业务要同时实现异地多活，我们会发现如下一些难以解决的问题：

【注册】

A 中心注册了用户，数据还未同步到 B 中心，此时 A 中心宕机，为了支持注册业务多活，我们可以挑选 B 中心让用户去重新注册。看起来很容易就支持多活了，但仔细思考一下会发现这样做会有问题：一个手机号只能注册一个账号，A 中心的数据没有同步过来，B 中心无法判断这个手机号是否重复，如果 B 中心让用户注册，后来 A 中心恢复了，发现数据有冲突，怎么解决？实际上是无法解决的，因为注册账号不能说挑选最后一个生效；而如果 B 中心不支持本来属于 A 中心的业务进行注册，注册业务的双活又成了空谈。

如果我们修改业务规则，允许一个手机号注册多个账号不就可以了吗？

这样做是不可行的，类似一个手机号只能注册一个账号这种规则，是核心业务规则，修改核心业务规则的代价非常大，几乎所有的业务都要重新设计，为了架构设计去改变业务规则（而且是这么核心的业务规则）是得不偿失的。

【用户信息】

用户信息的修改和注册有类似的问题，即 A、B 两个中心在异常的情况下都修改了用户信息，如何处理冲突？

由于用户信息并没有账号那么关键，一种简单的处理方式是按照时间合并，即最后修改的生效。业务逻辑上没问题，但实际操作也有一个很关键的"坑"：怎么保证多个中心所有机器时间绝对一致？在异地多中心的网络下，这个是无法保证的，即使有时间同步也无法完全保证，只要两个中心的时间误差超过 1s，数据就可能出现混乱，即先修改的反而生效。

还有一种方式是生成全局唯一递增 ID，这个方案的成本很高，因为这个全局唯一递增 ID 的系统本身又要考虑异地多活，同样涉及数据一致性和冲突的问题。

综合上面的简单分析，我们可以发现，如果"注册""登录""用户信息"全部都要支持异地多活，实际上是挺难的，有的问题甚至是无解的。那这种情况下我们应该如何考虑"异地多活"的架构设计呢？答案其实很简单：**优先实现核心业务的异地多活架构！**

对于这个模拟案例来说，"登录"才是最核心的业务，"注册"和"用户信息"虽然也是主要业务，但并不一定要实现异地多活，主要原因在于业务影响不同。对于一个日活 1000 万的业务来说，每天注册用户可能是几万，修改用户信息的可能还不到 1 万，但登录用户是 1000 万，很明显我们应该保证登录的异地多活。

对于新用户来说，注册不了的影响并不明显，因为他还没有真正开始使用业务。用户信息修改也类似，用户暂时修改不了用户信息，对于其业务不会有很大影响。而如果有几百万用户登录不了，就相当于几百万用户无法使用业务，对业务的影响就非常大了：公司的客服热线很快就被打爆了，微博、微信上到处都在传业务宕机，论坛里面到处是抱怨的用户，那就是互联网大事件了！

而登录实现"异地多活"恰恰是最简单的，因为每个中心都有所有用户的账号和密码信息，用户在哪个中心都可以登录。用户在 A 中心登录，A 中心宕机后，用户到 B 中心重新登录即可。

如果某个用户在 A 中心修改了密码，此时数据还没有同步到 B 中心，用户到 B 中心登录是无法登录的，这个怎么处理？这个问题其实就涉及另外一个设计技巧了，我们稍后再谈。

- **技巧二：核心数据最终一致性**

异地多活本质上是通过异地的数据冗余，来保证在极端异常的情况下业务也能够正常提供给用户，因此数据同步是异地多活架构的设计核心。但大部分架构师在考虑数据同步方案时，会不知不觉地陷入完美主义误区：我要所有数据都实时同步！

数据冗余就要将数据从 A 地同步到 B 地，从业务的角度来看是越快越好，最好和本地机房一样的速度最好。但让人头疼的问题正在这里：**异地多活理论上就不可能很快，因为这是物理定律决定的。**

因此异地多活架构面临一个无法彻底解决的矛盾：业务上要求数据快速同步，物理上正好做不到数据快速同步，因此所有数据都实时同步，实际上是一个无法达到的目标。

既然是无法彻底解决的矛盾，那就只能想办法尽量减少影响。有几种方法可以参考：

- **尽量减少异地多活机房的距离，搭建高速网络**

这和我们前面讲到的同城异区架构类似，但搭建跨城异地的高速网络成本远远超过同城异区的高速网络，成本巨大，一般只有巨头公司才能承担。

- 尽量减少数据同步，只同步核心业务相关的数据

简单来说就是不重要的数据不要同步，同步后没用的数据不同步，只同步核心业务相关的数据。

以前面的"用户子系统"为例，用户登录所产生的 token 或 session 信息，数据量很大，但其实并不需要同步到其他业务中心，因为这些数据丢失后重新登录就可以再次获取了。

有的读者可能会想：这些数据丢失后要求用户重新登录，影响用户体验！

确实如此，毕竟需要用户重新输入账户和密码信息，或者至少要弹出登录界面让用户点击一次，但相比为了同步所有数据带来的代价，这个影响完全可以接受。其实这个问题也涉及了一个异地多活设计的典型技巧，后面我们会详细讲到。

- 保证最终一致性，不保证实时一致性

最终一致性就是在介绍 CAP 理论时提到的 BASE 理论，即业务不依赖数据同步的实时性，只要数据最终能一致即可。例如，A 机房注册了一个用户，业务上不要求能够在 50ms 内就同步到所有机房，正常情况下要求 5 分钟同步到所有机房即可，异常情况下甚至可以允许 1 小时或 1 天后能够一致。

最终一致性在具体实现时，还需要根据不同的数据特征，进行差异化的处理，以满足业务需要。例如，对"账号"信息来说，如果在 A 机房新注册的用户 5 分钟内正好跑到 B 机房了，此时 B 机房还没有这个用户的信息，为了保证业务的正确，B 机房就需要根据路由规则到 A 机房请求数据。

而对"用户信息"来说，5 分钟后同步也没有问题，也不需要采取其他措施来弥补，但还是会影响用户体验，即用户看到了旧的用户信息，这个问题怎么解决呢？这个问题实际上也涉及了一个异地多活设计的典型技巧，后面我们会详细讲到。

- 技巧三：采用多种手段同步数据

数据同步是异地多活架构设计的核心，幸运的是基本上存储系统本身都会有同步的功能。例如，MySQL 的主备复制、Redis 的 Cluster 功能、Elasticsearch 的集群功能。这些系统本身的同步功能已经比较强大，能够直接拿来就用，但这也无形中将我们引入了一个思维误区：只使用存储系统的同步功能！

既然说存储系统本身就有同步功能，而且同步功能还很强大，为何说只使用存储系统是一个思维误区呢？因为虽然绝大部分场景下，存储系统本身的同步功能基本上也够用了，但在某些比较极端的情况下，存储系统本身的同步功能可能难以满足业务需求。

以 MySQL 为例，MySQL 5.1 版本的复制是单线程的复制，在网络抖动或大量数据同步时，经常发生延迟较长的问题，短则延迟十几秒，长则可能达到十几分钟。而且即使我们通过监控

的手段知道了 MySQL 同步时延较长，也难以采取什么措施，只能干等。

Redis 又是另外一个问题，Redis 3.0 之前没有 Cluster 功能，只有主从复制功能，而为了设计上的简单，Redis 2.8 之前的版本，主从复制有一个比较大的隐患：从机宕机或和主机断开连接都需要重新连接主机，重新连接主机都会触发全量的主从复制。这时主机会生成内存快照，主机依然可以对外提供服务，但是作为读的从机，就无法提供对外服务了，如果数据量大，恢复的时间会相当长。

综合上述的案例可以看出，存储系统本身自带的同步功能，在某些场景下是无法满足我们业务需要的。尤其是异地多机房这种部署，各种各样的异常情况都可能出现，当我们只考虑存储系统本身的同步功能时，就会发现无法做到真正的异地多活。

解决的方案就是拓展思路，避免只使用存储系统的同步功能，可以将多种手段配合存储系统的同步来使用，甚至可以不采用存储系统的同步方案，改用自己的同步方案。

例如，还是以前面的"用户子系统"为例，我们可以采用如下几种方式同步数据。

- 消息队列方式

  对于账号数据，由于账号只会创建，不会修改和删除（假设我们不提供删除功能），我们可以将账号数据通过消息队列同步到其他业务中心。

- 二次读取方式

  某些情况下可能出现消息队列同步也延迟了，用户在 A 中心注册，然后访问 B 中心的业务，此时 B 中心本地拿不到用户的账号数据。为了解决这个问题，B 中心在读取本地数据失败时，可以根据路由规则，再去 A 中心访问一次（这就是所谓的二次读取，第一次读取本地，本地失败后第二次读取对端），这样就能够解决异常情况下同步延迟的问题。

- 存储系统同步方式

  对于密码数据，由于用户改密码频率较低，而且用户不可能在 1s 内连续改多次密码，所以通过数据库的同步机制将数据复制到其他业务中心即可，用户信息数据和密码类似。

- 回源读取方式

  对于登录的 session 数据，由于数据量很大，我们可以不同步数据；但当用户在 A 中心登录后，然后又在 B 中心登录，B 中心拿到用户上传的 session id 后，根据路由判断 session 属于 A 中心，直接去 A 中心请求 session 数据即可，反之亦然，A 中心也可以到 B 中心去获取 session 数据。

- 重新生成数据方式

  对于第 4 种场景，如果异常情况下，A 中心宕机了，B 中心请求 session 数据失败，此时就只能登录失败，让用户重新在 B 中心登录，生成新的 session 数据。

注意： 以上方案仅仅是示意，实际的设计方案要比这个复杂一些，还有很多细节要考虑。

综合上述的各种措施，最后"用户子系统"同步方式整体如下图所示。

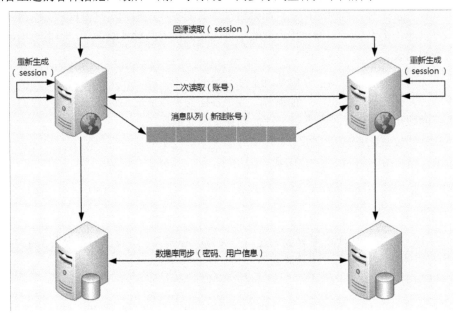

- **技巧四：只保证绝大部分用户的异地多活**

前面我们在给出每个思维误区对应的解决方案时，其实都遗留了一些小尾巴：某些场景下我们无法保证100%的业务可用性，总是会有一定的损失。例如，密码不同步导致无法登录，用户信息不同步导致用户看到旧的用户信息等，这个问题怎么解决呢？

其实这个问题涉及异地多活设计架构设计中一个典型的思维误区：我要保证业务100%可用！但极端情况下就是会丢一部分数据，就是会有一部分数据不能同步，有没有什么巧妙的办法能做到呢？

很遗憾，答案是没有！异地多活也无法保证100%的业务可用，这是由物理规律决定的，光速和网络的传播速度、硬盘的读写速度、极端异常情况的不可控等，都是无法100%解决的。所以针对这个思维误区，我的答案是"忍"！也就是说我们要忍受这一小部分用户或业务上的损失，否则本来想为了保证最后的0.01%的用户的可用性，做一个完美方案，结果却发现99.99%的用户都保证不了了。

对于某些实时强一致性的业务，实际上受影响的用户会更多，甚至可能达到1/3的用户。以银行转账这个业务为例，假设小明在北京XX银行开了账号，如果小明要转账，一定要北京的银行业务中心才可用，否则就不允许小明自己转账。如果不这样的话，假设在北京和上海两个业务中心实现了实时转账的异地多活，某些异常情况下就可能出现小明只有 1 万元存款，他在北京转给了张三 1 万元，然后又到上海转给了李四 1 万元，两次转账都成功了。这种漏洞如果被人利用，后果不堪设想。

针对银行转账这个业务，虽然无法做到实时转账的异地多活，但可以通过特殊的业务手段来实现异地多活，例如，除了"实时转账"，还提供"转账申请"业务，即小明在上海业务中心提交转账请求，但上海的业务中心并不立即转账，而是记录这个转账请求，然后后台异步发起真正的转账操作，如果此时北京业务中心不可用，转账请求就可以继续等待重试；假设等待 2 个小时后北京业务中心恢复了，此时上海业务中心去请求转账，发现余额不够，这个转账请求就失败了。小明再登录上来就会看到转账申请失败，原因是"余额不足"。

不过需要注意的是"转账申请"的这种方式虽然有助于实现异地多活，但其实还是牺牲了用户体验的，对于小明来说，本来一次操作的事情，需要分为两次：一次提交转账申请，另外一次是要确认是否转账成功。

虽然我们无法做到100%可用性，但并不意味着我们什么都不能做，为了让用户心里更好受一些，我们可以采取一些措施进行安抚或补偿，例如：

- 挂公告

  说明现在有问题和基本的问题原因，如果不明确原因或不方便说出原因，那么可以发布"技术哥哥正在紧急处理"这类比较轻松和有趣的公告。

- 事后对用户进行补偿

  例如，送一些业务上可用的代金券、小礼包等，减少用户的抱怨。

- 补充体验

  对于为了做异地多活而带来的体验损失，可以想一些方法减少或规避。以"转账申请"为例，为了让用户不用确认转账申请是否成功，我们可以在转账成功或失败后直接给用户发个短信，告诉他转账结果，这样用户就不用时不时地登录系统来确认转账是否成功了。

- 核心思想

  异地多活设计的理念可以总结为一句话：**采用多种手段，保证绝大部分用户的核心业务异地多活！**

10.1.3　异地多活设计步骤

- **第一步：业务分级**

  按照一定的标准将业务进行分级，挑选出核心的业务，只为核心业务设计异地多活，降低方案整体复杂度和实现成本。

常见的分级标准有如下几种。

- 访问量大的业务

  以用户管理系统为例，业务包括登录、注册、用户信息管理，其中登录的访问量肯定是最大的。

- 核心业务

  以 QQ 为例，QQ 的主场景是聊天，QQ 空间虽然也是重要业务，但和聊天相比，重要性就会低一些，如果要从聊天和 QQ 空间两个业务里面挑选一个做异地多活，那明显聊天要更重要（当然，腾讯此类公司，应该是两个都实现了异地多活的）。

- 产生大量收入的业务

  同样以 QQ 为例，聊天可能很难为腾讯带来收益，因为聊天没法插入广告，而 QQ 空间反而可能带来更多收益，因为 QQ 空间可以插入很多广告，因此如果从收入的角度来看，QQ 空间做异地多活的优先级反而高于 QQ 聊天了。

以我们的用户管理系统为例，"登录"业务符合"访问量大的业务"和"核心业务"这两条标准，因此我们将登录业务作为核心业务。

- **第二步：数据分类**

挑选出核心业务后，需要对核心业务相关的数据进行进一步分析，目的在于识别所有的数据及数据特征，这些数据特征会影响后面的方案设计。

常见的数据特征分析维度如下。

- 数据量

  这里的数据量包括总的数据量和新增、修改、删除的量。对异地多活架构来说，新增、修改、删除的数据就是可能要同步的数据，数据量越大，同步延迟的概率越高，同步方案需要考虑相应的解决方案。

- 唯一性

  唯一性指数据是否要求多个异地机房产生的同类数据必须保证唯一。例如，用户 ID，如果两个机房的两个不同用户注册后生成了一样的用户 ID，这样业务上就出错了。

  数据的唯一性影响业务的多活设计，如果数据不需要唯一，那就说明两个地方都产生同类数据是可能的；如果数据要求必须唯一，要么只能一个中心点产生数据，要么需要设计一个数据唯一生成的算法。

- 实时性

  实时性指如果在 A 机房修改了数据，要求多长时间必须同步到 B 机房，实时性要求越高,对同步的要求越高,方案越复杂。

- 可丢失性

    可丢失性指数据是否可以丢失。例如,写入 A 机房的数据还没有同步到 B 机房,此时 A 机房机器宕机会导致数据丢失,那这部分丢失的数据是否对业务会产生重大影响。

    例如,登录过程中产生的 session 数据就是可丢失的,因为用户只要重新登录就可以生成新的 session;而用户 ID 数据是不可丢失的,丢失后用户就会失去所有和用户 ID 相关的数据,例如,用户的好友、用户的钱等。

- 可恢复性

    可恢复性指数据丢失后,是否可以通过某种手段进行恢复,如果数据可以恢复,至少说明对业务的影响不会那么大,这样可以相应地降低异地多活架构设计的复杂度。

    例如,用户的微博丢失后,用户重新发一篇一模一样的微博,这个就是可恢复的;或者用户密码丢失,用户可以通过找回密码来重新设置一个新密码,这也算是可以恢复的;而用户账号如果丢失,用户无法登录系统,系统也无法通过其他途径来恢复这个账号,这就是不可恢复的数据。

我们同样以用户管理系统的登录业务为例,简单分析如下表所示。

数 据	数 据 量	唯 一 性	实 时 性	可丢失性	可恢复性
用户 ID	每天新增 1 万注册用户	全局唯一	5s 内同步	不可丢失	不可恢复
用户密码	每天 1 千用户修改密码	用户唯一	5s 内同步	可丢失	可重置密码恢复
登录 session	每天 1000 万	全局唯一	无须同步	可丢失	可重复生成

- **第三步:数据同步**

确定数据的特点后,我们可以根据不同的数据设计不同的同步方案。常见的数据同步方案如下。

- 存储系统同步

    这是最常用也是最简单的同步方式。例如,使用 MySQL 的数据主从数据同步、主主数据同步。

    这类数据同步的优点是使用简单,因为几乎主流的存储系统都会有自己的同步方案;缺点是这类同步方案都是通用的,无法针对业务数据特点做定制化的控制。例如,无论需要同步的数据量有多大,MySQL 都只有一个同步通道。因为要保证事务性,一旦数据量比较大,或者网络有延迟,则同步延迟就会比较严重。

- 消息队列同步

    采用独立消息队列进行数据同步,常见的消息队列有 Kafka、ActiveMQ、RocketMQ 等。

消息队列同步适合无事务性或无时序性要求的数据。例如，用户账号，两个用户先后注册了账号 A 和 B，如果同步时先把 B 同步到异地机房，再同步 A 到异地机房，业务上是没有问题的。而如果是用户密码，用户先改了密码为 m，然后改了密码为 n，同步时必须先保证同步 m 到异地机房，再同步 n 到异地机房，如果反过来，同步后用户的密码就不对了。因此，对于新注册的用户账号，我们可以采用消息队列同步了；而对于用户密码，就不能采用消息队列同步了。

- 重复生成

数据不同步到异地机房，每个机房都可以生成数据，这个方案适合于可以重复生成的数据。例如，登录产生的 cookie、session 数据及缓存数据等。

我们同样以用户管理系统的登录业务为例，针对不同的数据特点设计不同的同步方案，如下表所示。

数 据	数 据 量	唯 一 性	实 时 性	可 丢 失 性	可 恢 复 性	同 步 方 案
用户 ID	每天新增 1 万注册用户	全局唯一	5s 内同步	不可丢失	不可恢复	消息队列同步
用户密码	每天 1 千用户修改密码	用户唯一	5s 内同步	可丢失	可重置密码恢复	MySQL 同步
登录 session	每天1000 万	全局唯一	无须同步	可丢失	可重复生成	重复生成

- **第四步：异常处理**

无论数据同步方案如何设计，一旦出现极端异常的情况，总是会有部分数据出现异常的。例如，同步延迟、数据丢失、数据不一致等。异常处理就是假设在出现这些问题时，系统将采取什么措施来应对。异常处理主要有以下几个目的：

- 问题发生时，避免少量数据异常导致整体业务不可用。
- 问题恢复后，将异常的数据进行修正。
- 对用户进行安抚，弥补用户损失。

常见的异常处理措施有如下几类。

（1）多通道同步。

多通道同步的含义是采取多种方式来进行数据同步，其中某条通道故障的情况下，系统可以通过其他方式来进行同步，这种方式可以应对同步通道处故障的情况。

我们以用户管理系统中的用户账号数据为例，我们的设计方案一开始挑选了消息队列的方式进行同步，考虑异常情况下，消息队列同步通道可能中断，也可能延迟很严重；为了保证新注册账号能够快速同步到异地机房，我们再增加一种 MySQL 同步这种方式作为备份。这样针对用户账号数据同步，系统就有两种同步方式：MySQL 主从同步和消息队列同步。除非两个通道同时故障，否则用户账号数据在其中一个通道异常的情况下，能够通过另外一个通道继续同步到异地机房，如下图所示。

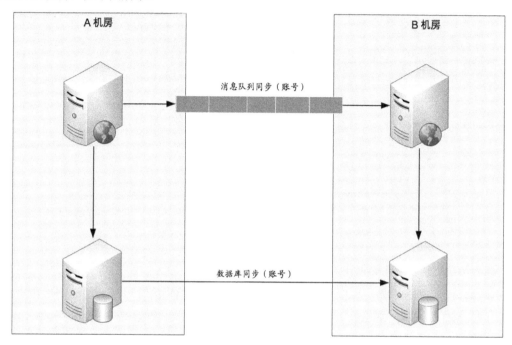

多通道同步设计的方案关键点有如下几个：

- 一般情况下，采取两通道即可，采取更多通道理论上能够降低风险，但付出的成本也会增加很多。

- 数据库同步通道和消息队列同步通道不能采用相同的网络连接，否则一旦网络故障，两个通道都同时故障；可以一个走公网连接，一个走内网连接。

- 需要数据是可以重复覆盖的，即无论哪个通道先到哪个通道后到，最终结果是一样的。例如，新建账号数据就符合这个标准，而密码数据则不符合这个标准。

（2）同步和访问结合。

这里的访问指异地机房通过系统的接口来进行数据访问。例如业务部署在异地两个机房 A 和 B，B 机房的业务系统通过接口来访问 A 机房的系统获取账号信息，如下图所示。

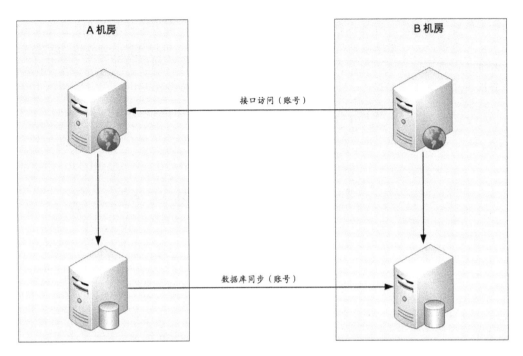

同步和访问结合方案的设计关键点如下：

- 接口访问通道和数据库同步通道不能采用相同的网络连接，不能让数据库同步和接口访问都走同一条网络通道，可以采用接口访问走公网连接，数据库同步走内网连接这种方式。
- 数据有路由规则，可以根据数据来推断应该访问哪个机房的接口来读取数据。例如，有3个机房 A、B、C，B 机房拿到一个不属于 B 机房的数据后，需要根据路由规则判断是访问 A 机房接口，还是访问 C 机房接口。
- 由于有同步通道，优先读取本地数据，本地数据无法读取到再通过接口去访问，这样可以大大降低跨机房的异地接口访问数量，适合于实时性要求非常高的数据。

（3）日志记录。

日志记录主要用于故障恢复后对数据进行恢复，通过在每个关键操作前后都记录相关日志，然后将日志保存在一个独立的地方，当故障恢复后，拿出日志跟数据进行对比，对数据进行修复。

为了应对不同级别的故障，日志保存的要求也不一样，常见的日志保存方式有如下几种：

- 服务器上保存日志，数据库中保存数据，这种方式可以应对单台数据库服务器故障或宕机的情况。

- 本地独立系统保存日志，这种方式可以应对某业务服务器和数据库同时宕机的情况。例如，服务器和数据库部署在同一个机架，或者同一个电源线路上，就会出现服务器和数据库同时宕机的情况。

- 日志异地保存，这种方式可以应对机房宕机的情况。

以上不同方式，应对的故障越严重，方案本身的复杂度和成本就会越高，实际选择时需要综合考虑成本和收益情况。

（4）用户补偿。

无论采用什么样的异常处理措施，都只能最大限度地降低受到影响的范围和程度，无法完全做到没有任何影响。例如，双同步通道有可能同时出现故障，日志记录方案本身日志也可能丢失。因此，无论多么完美的方案，故障的场景下总是可能有一小部分用户业务上出问题，系统无法弥补这部分用户的损失。但我们可以采用人工的方式对用户进行补偿，弥补用户损失，培养用户的忠诚度。简单来说，系统的方案是为了保证 99.99% 的用户在故障的场景下业务不受影响，人工的补偿是为了弥补 0.01% 的用户的损失。

常见的补偿措施有送用户代金券、礼包、礼品、红包等，有时为了赢得用户口碑，付出的成本可能还会比较大，但综合最终的收益来看还是很值得的。例如，暴雪《炉石传说》2017 年回档故障，暴雪给每个用户大约价值人民币 200 元的补偿，结果玩家都求暴雪再来一次回档，形象地说明了玩家对暴雪补偿的充分认可。

只要在 2017 年 1 月 18 日 18 点之前登录过国服《炉石传说》的玩家，均可获得与 25 卡牌包等值的补偿，具体如下：

- 1000 游戏金币

- 15 个卡牌包：经典卡牌包 x5、上古之神的低语卡牌包 x5、龙争虎斗加基森卡牌包 x5

我们将在明天正式启动上述补偿方案，卡牌包和金币将陆续发送到玩家的游戏账户中。

10.2　接口级的故障应对方案

异地多活架构主要应对系统级的故障。例如，机器宕机、机房故障、网络故障等问题。这些系统级的故障虽然影响很大，但发生概率较小。实际业务运行过程中，还有另外一种故障影响可能没有系统级那么大，但发生的概率较高，这就是接口级的故障。

接口级故障的典型表现就是系统并没有宕机，网络也没有中断，但业务却出现问题了。例如，业务响应缓慢，大量访问超时，大量访问出现异常（给用户弹出提示"无法连接数据库"），这类问题的主要原因在于系统压力太大，负载太高，导致无法快速处理业务请求，由此引发更多的后续问题。例如，最常见数据库慢查询将数据库的服务器资源耗尽，导致读写超时，业务读写数据库时要么无法连接数据库，要么超时，最终用户看到的现象就是访问很慢，一会访问抛出异常，一会访问又是正常结果。

导致接口级故障的原因一般有如下几种：

- 内部原因

  程序 bug 导致死循环，某个接口导致数据库慢查询，程序逻辑不完善导致耗尽内存，等等。

- 外部原因

  黑客攻击、促销或抢购引入了超出平时几倍甚至几十倍的用户，第三方系统大量请求，第三方系统响应缓慢，等等。

解决接口级故障的核心思想和异地多活基本类似：优先保证核心业务，优先保证绝大部分用户。接下来我们看看具体的措施。

10.2.1　降级

降级指系统将某些业务或接口的功能降低，可以是只提供部分功能，也可以是完全停掉所有功能。例如，论坛可以降级为只能看帖子，不能发帖子；也可以降级为只能看帖子和评论，不能发评论；而 App 的日志上传接口，可以完全停掉一段时间，这段时间内 App 都不能上传日志。

降级的核心思想就是丢车保帅，优先保证核心业务。例如，对于论坛来说，90%的流量是看帖子，那我们就优先保证看帖的功能；对于一个 App 来说，日志上传接口只是一个辅助的功能，故障时完全可以停掉。

常见的实现降级的方式有如下几种。

- 系统后门降级

简单来说，就是系统预留了后门用于降级操作。例如，系统提供一个降级 URL，当访问这个 URL 时，就相当于执行降级指令，具体的降级指令通过 URL 的参数传入即可。这种方案有一定的安全隐患，所以也会在 URL 中加入密码这类安全措施。

系统后门降级的方式实现成本低，但主要缺点是如果服务器数量多，需要一台一台去操作，效率比较低，这在故障处理争分夺秒的场景下是比较浪费的。

- 独立降级系统

为了解决系统后门降级方式的缺点，我们将降级操作独立到一个单独的系统中，可以实现复杂的权限管理、批量操作等功能。其基本架构如下图所示。

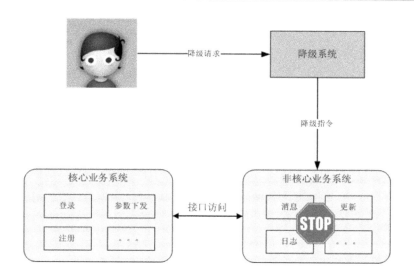

10.2.2　熔断

熔断和降级是两个比较容易混淆的概念，因为单纯从名字上看好像都有禁止某个功能的意思，但内在含义是不同的，原因在于降级的目的是应对系统自身的故障，而熔断的目的是应对依赖的外部系统故障的情况。

假设一个这样的场景：A 服务的 X 功能依赖 B 服务的某个接口，当 B 服务的接口响应很慢的时候，A 服务的 X 功能响应肯定也会被拖慢，进一步导致 A 服务的线程都被卡在 X 功能处理上，此时 A 服务的其他功能都会被卡住或响应非常慢。这时就需要熔断机制了，即 A 服务不再请求 B 服务的这个接口，A 服务内部只要发现请求 B 服务的这个接口就立即返回错误，从而避免 A 服务整个被拖慢甚至拖死。

熔断机制实现的关键是需要有一个统一的 API 调用层，由 API 调用层来进行采样或统计，如果接口调用散落在代码各处就没法进行统一处理了。

熔断机制实现的另外一个关键是阈值的设计，例如，1 分钟内 30%的请求响应时间超过 1 秒就熔断，这个策略中的"1 分钟""30%""1 秒"都对最终的熔断效果有影响。实践中一般先根据分析确定阈值，然后上线观察效果，最后进行调优。

10.2.3　限流

降级是从系统功能优先级的角度考虑如何应对故障，而限流则是从用户访问压力的角度来考虑如何应对故障。限流指只允许系统能够承受的访问量进来，超出系统访问能力的请求将被丢弃。

虽然"丢弃"这个词听起来让人不太舒服，但保证一部分请求能够正常响应，总比全部请求都不能响应要好得多。

限流一般都是系统内实现的，常见的限流方式可以分为两类：基于请求限流和基于资源限流。

- **基于请求限流**

基于请求限流指从外部访问的请求角度考虑限流，常见的方式有限制总量和限制时间量。

限制总量的方式是限制某个指标的累积上限，常见的是限制当前系统服务的用户总量。例如，某个直播间限制总用户数上限为 100 万，超过 100 万后新的用户无法进入；某个抢购活动的商品数量只有 100 个，限制参与抢购的用户上限为 1 万名，1 万名以后的用户直接拒绝。限制时间量指限制一段时间内某个指标的上限。例如，1 分钟内只允许 1 万个用户访问，每秒请求峰值最高为 10 万。

无论限制总量，还是限制时间量，共同的特点都是实现简单，但在实践中面临的主要问题是比较难以找到合适的阈值。例如，系统设定了 1 分钟 1 万个用户，但实际上 6000 个用户的时候系统就扛不住了；也可能达到 1 分钟 1 万用户后，其实系统压力还不大，但此时已经开始丢弃用户访问了。

即使找到了合适的阈值，基于请求限流还面临硬件相关的问题。例如，一台 32 核的机器和 64 核的机器的处理能力差别很大，阈值是不同的，可能有的技术人员以为简单根据硬件指标进行数学运算就可以得出来，实际上这样是不可行的。64 核的机器对比 32 核的机器，业务处理性能并不是 2 倍的关系，可能是 1.5 倍，甚至可能是 1.1 倍。

为了找到合理的阈值，通常情况下可以采用性能压测来确定阈值，但性能压测也存在覆盖场景有限的问题，可能出现某个性能压测没有覆盖的功能导致系统压力很大；另外一种方式是逐步优化，即先设定一个阈值然后上线观察运行情况，发现不合理就调整阈值。

基于上述的分析，根据阈值来限制访问量的方式更多适应于业务功能比较简单的系统，例如，负载均衡系统、网关系统、抢购系统等。

- **基于资源限流**

基于请求限流是从系统外部考虑的，而基于资源限流是从系统内部考虑的，即找到系统内部影响性能的关键资源，对其使用上限进行限制。常见的内部资源有连接数、文件句柄、线程数、请求队列等。

例如，采用 Netty 来实现服务器，每个进来的请求都先放入一个队列，业务线程再从队列读取请求进行处理，队列长度最大值为 10000，队列满了就拒绝后面的请求；也可以根据 CPU 的负载或占用率进行限流，当 CPU 的占用率超过 80%的时候就开始拒绝新的请求。

基于资源限流相比基于请求限流能够更加有效地反映当前系统的压力，但实践中设计也面临两个主要的难点：如何确定关键资源和如何确定关键资源的阈值。通常情况下，这也是一个逐步调优的过程，即设计的时候先根据推断选择某个关键资源和阈值，然后测试验证，再上线观察，如果发现不合理，那么再进行优化。

10.2.4　排队

排队实际上是限流的一个变种，限流是直接拒绝用户，排队是让用户等待很长时间，全世界最有名的排队当属 12306 网站排队了。排队虽然没有直接拒绝用户，但用户等了很长时间后进入系统，体验并不一定比限流好。

由于排队需要临时缓存大量的业务请求，单个系统内部无法缓存这么多数据，一般情况下，排队需要用独立的系统去实现。例如，使用 Kafka 这类消息队列来缓存用户请求。

如下是 1 号店的"双 11"秒杀排队系统架构。

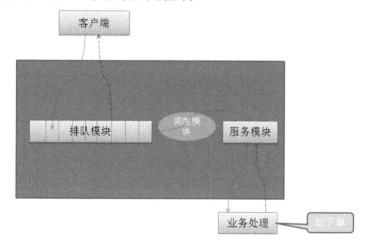

其基本实现摘录如下：

【排队模块】

负责接收用户的抢购请求，将请求以先入先出的方式保存下来。每一个参加秒杀活动的商品保存一个队列，队列的大小可以根据参与秒杀的商品数量（或加点余量）自行定义。

【调度模块】

负责排队模块到服务模块的动态调度，不断检查服务模块，一旦处理能力有空闲，就从排队队列头上把用户访问请求调入服务模块，并负责向服务模块分发请求。这里调度模块扮演一个中介的角色，但不只是传递请求而已，它还担负着调节系统处理能力的重任。我们可以根据服务模块的实际处理能力，动态调节向排队系统拉取请求的速度。

> 【服务模块】
> 负责调用真正业务来处理服务，并返回处理结果，调用排队模块的接口回写业务处理结果。

10.3 本章小结

- 异地多活架构的关键点就是异地、多活，其中异地就是指地理位置上不同的地方，多活就是指不同地理位置上的系统都能够提供业务服务。

- 异地多活虽然功能很强大，但也不是每个业务不管三七二十一都要上异地多。

- 如果业务规模很大，能够做异地多活的情况下尽量实现异地多活。

- 异地多活架构可以分为同城异区、跨城异地、跨国异地。

- 同城异区指的是将业务部署在同一个城市不同区的多个机房。

- 同城异区的两个机房能够实现和同一个机房内几乎一样的网络传输速度，这就意味着虽然是两个不同地理位置上的机房，但逻辑上我们可以将它们看作同一个机房。

- 跨城异地指的是业务部署在不同城市的多个机房，而且距离最好要远一些。

- 跨城异地距离较远带来的网络传输延迟问题，给业务多活架构设计带来了复杂性。

- 跨国异地指的是业务部署在不同国家的多个机房。

- 跨国异地主要适应两种场景：为不同地区的用户提供服务，为全球用户提供只读服务。

- 异地多活设计技巧一：保证核心业务的异地多活。

- 异地多活设计技巧二：保证核心数据最终一致性。

- 异地多活设计技巧三：采用多种手段同步数据。

- 异地多活设计技巧四：只保证绝大部分用户的异地多活。

- 接口级故障的主要应对方案：降级、熔断、限流、排队。

- 降级的核心思想就是丢车保帅，优先保证核心业务。

- 限流指只允许系统能够承受的用户量进来访问，超出系统访问能力的用户将被抛弃。

- 排队实际上是限流的一个变种，限流是直接拒绝用户，排队是让用户等待很长时间。

第 4 部分　可扩展架构模式

第 11 章
可扩展模式

11.1　可扩展概述

　　软件系统与硬件和建筑系统最大的差异在于软件是可扩展的，一个硬件生产出来后就不会再进行改变，而是会一直使用直到它损坏；一个建筑完工后也不会改变其整体结构，而是会一直存在直到外力将其摧毁。一颗 Intel CPU 生产出来后装到一台 PC 机上，不会再返回工厂进行加工以增加新的功能；金字塔矗立千年历经风吹雨打，但其现在的结构和当时建成完工时的结构并无两样。相比之下，软件系统就完全相反，如果一个软件系统开发出来后，再也没有任何更新和调整，反而说明了这套软件系统没有发展，没有生命力。真正有生命力的软件系统，都是在不断迭代和发展的，典型的如 Windows 操作系统，从 Windows 3.0 到 Windows 95 到 Windows XP，直到现在的 Windows 10，一直在跟着技术的发展而不断地发展。

　　软件系统的这种天生和内在的可扩展的特性，既是其魅力所在，又是其难点所在。魅力体现在我们可以通过修改和扩展，不断地让软件系统具备更多的功能和特性，满足新的需求或顺应技术发展的趋势。而难点体现在如何以最小的代价去扩展系统，因为很多情况下牵一发动全身，扩展时可能出现到处都要改，到处都要推倒重来的情况。这样做的风险不言而喻：改动的地方越多，投入也越大，出错的可能性也越大。因此，如何避免扩展时改动范围太大，是软件架构可扩展性设计的主要思考点。

11.2　可扩展的基本思想

幸运的是，可扩展性架构的设计方法很多，但万变不离其宗，所有的可扩展性架构设计，背后的基本思想都可以总结为一个字：拆！

拆，就是将原本大一统的系统拆分成多个规模小的部分，扩展时只修改其中一部分即可，无须整个系统到处都改，通过这种方式来减少改动范围，降低改动风险。

说起来好像挺简单，毕竟"拆"我们见得太多了。一般情况下，我们要拆一个东西时，都是简单粗暴的。例如，用推土机拆房子，用剪刀拆快递包装，用手撕开包装袋，等等，反正拆完了这些东西就扔了。但面对软件系统，拆就没那么简单了，因为我们并不是要摧毁一个软件系统，而是要通过拆让软件系统变得更加优美（具备更好的可扩展性）。形象地说，软件系统中的"拆"是建设性的，因此难度要高得多。

按照不同的思路来拆分软件系统，就会得到不同的架构。常见的拆分思路有如下三种。

- 面向流程拆分：将整个业务流程拆分为几个阶段，每个阶段作为一部分。
- 面向服务拆分：将系统提供的服务拆分，每个服务作为一部分。
- 面向功能拆分：将系统提供的功能拆分，每个功能作为一部分。

理解这三种思路的关键就在于如何理解"流程""服务""功能"三者的联系和区别。从范围上来说，流程→服务→功能，单纯从概念解释可能难以理解，实际上我们看几个案例就很清楚了。

我们以 TCP/IP 协议栈为例，来说明"流程""服务""功能"的区别和联系。TCP/IP 协议栈和模型图如下图所示。

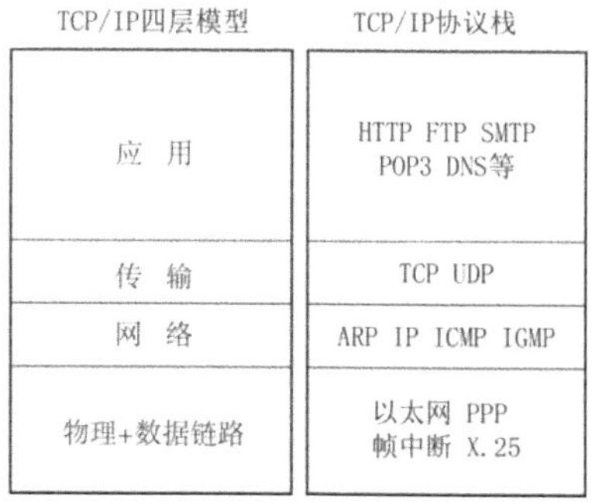

- 流程

  对应 TCP/IP 四层模型，因为 TCP/IP 网络通信流程是：应用层->传输层->网络层->物理+数据链路层，不管最上层的应用层是什么，这个流程都不会变。

- 服务

  对应应用层的 HTTP、FTP、SMTP 等服务，HTTP 提供 Web 服务，FTP 提供文件服务，

SMTP 提供邮件服务，以此类推。

- 功能

  每个服务都会提供相应的功能。例如，HTTP 服务提供 GET、POST 功能，FTP 提供上传下载功能，SMTP 提供邮件发送和收取功能。

我们再以一个简单的学生信息管理系统为例（几乎每个技术人员读书时都做过这样一个系统），拆分方式如下。

- 面向流程拆分

  展示层→业务层→数据层→存储层，各层含义如下。

  - 展示层：负责用户页面设计，不同业务有不同的页面。例如，登录页面、注册页面、信息管理页面、安全设置页面等。
  - 业务层：负责具体业务逻辑的处理。例如，登录、注册、信息管理、修改密码等业务。
  - 数据层：负责完成数据访问。例如，增删改查数据库中的数据，记录事件到日志文件等。
  - 存储层：负责数据的存储。例如，关系型数据库 MySQL、缓存系统 Memcache 等。

  最终的架构如下图所示。

- 面向服务拆分

  将系统拆分为注册、登录、信息管理、安全设置等服务，最终架构示意图如下。

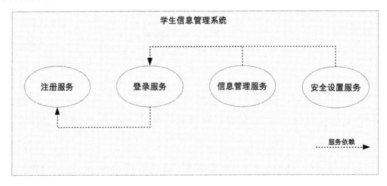

- 面向功能拆分

  每个服务都可以拆分为更多细粒度的功能，例如：

  - 注册服务提供多种方式进行注册，包括手机号注册、身份证注册、学生邮箱注册三个功能。
  - 登录服务包括手机号登录、身份证登录、邮箱登录三个功能。
  - 信息管理服务包括基本信息管理、课程信息管理、成绩信息管理等功能。
  - 安全设置服务包括修改密码、安全手机、找回密码等功能。

  最终架构图如下。

通过学生信息管理系统的案例，我们可以发现，不同的拆分方式，架构图差异很大。但好像无论哪种方式，最终都是可以实现的。既然如此，我们何必费尽心机去选择呢，随便挑选一个不就可以了？

当然不能随便挑，否则架构设计就没有意义了，架构师也就要丢掉饭碗了。原因在于：不同的拆分方式，本质上决定了系统的扩展方式。

11.3 可扩展方式

当我们谈可扩展性时，很多读者都会有一个疑惑：就算是不拆分系统，只要在设计和写代码时做好了，同样不会出现到处改的问题啊？例如，在面向服务拆分的案例中，增加"学号注册"，就算是不拆分为服务，也可以控制修改的范围，那为何我们要大费周章地去拆分系统呢？

在一个理想的社会，你的团队都是高手，每个程序员很厉害，对业务都很熟悉，新来的同事很快就知晓所有的细节……那确实不拆分也没有问题。但现实却是：团队有菜鸟程序员，到底是改 A 处实现功能还是改 B 处实现功能，完全取决于他觉得哪里容易改；有的程序员比较粗心；有的程序员某天精神状态不太好；新来的同事不知道历史上某行代码为何那么"恶心"。而轻易地将其改漂亮了一些……所有的这些问题都可能出现，这时候我们就会发现，合理的拆分，能够强制保证即使程序员出错，出错的范围也不会太广，影响也不会太大。不同拆分方式应对扩展时的优势如下。

- 面向流程拆分

  扩展时大部分情况只需要修改某一层，少部分情况可能修改关联的两层，不会出现所有层都同时要修改。例如，学生信息管理系统，如果我们将存储层从 MySQL 扩展为同时支持 MySQL 和 Oracle，那么只需要扩展存储和数据层即可，展示层和业务层无须变动。

- 面向服务拆分

  对某个服务扩展，或者要增加新的服务时，只需要扩展相关服务即可，无须修改所有的服务。同样以学生管理系统为例，如果我们需要在注册服务中增加一种"学号注册"功能，则只需要修改"注册服务"和"登录服务"即可，"信息管理服务"和"安全设置"服务无须修改。

- 面向功能拆分

  对某个功能扩展，或者要增加新的功能时，只需要扩展相关功能即可，无须修改所有的服务。同样以学生管理系统为例，如果我们增加"学号注册"功能，则只需要在系统中增加一个新的功能模块，同时修改"登录功能"模块即可，其他功能都不受影响。

不同的拆分方式，将得到不同的系统架构，典型的可扩展系统架构如下。

- 面向流程拆分：分层架构。
- 面向服务拆分：SOA、微服务。
- 面向功能拆分：微内核架构。

当然，这几个系统架构并不是非此即彼的，而是可以在系统架构设计中进行组合使用的。例如，以学生管理系统为例，我们最终可以这样设计架构：

（1）整体系统采用面向服务拆分中的"微服务"架构，拆分为"注册服务""登录服务""信息管理服务""安全服务"，每个服务是一个独立运行的子系统。

（2）其中的"注册服务"子系统本身又是采用面向流程拆分的分层架构。

（3）"登录服务"子系统采用的是面向功能拆分的"微内核"架构。

后续的章节我们将详细阐述每个可扩展架构。

11.4 本章小结

- 软件系统与硬件和建筑系统最大的差异在于软件是可扩展的。

- 真正有生命力的软件系统都是在不断迭代和发展的。
- 所有的可扩展性架构设计，背后的基本思想都可以总结为一个字：拆。
- 拆分软件系统的方式有三种：面向流程拆分、面向服务拆分和面向功能拆分。
- 不同的拆分方式将得到不同的系统架构。

第 12 章
分层架构

12.1　分层架构类型

分层架构是很常见的架构模式,它也叫 N 层架构,通常情况下,N 至少是 2 层。例如,C/S 架构、B/S 架构。常见的是 3 层架构(例如,MVC、MVP 架构)、4 层架构,5 层架构的比较少见,一般是比较复杂的系统才会达到或超过 5 层,比如操作系统内核架构。

按照分层架构进行设计时,根据不同的划分维度和对象,可以得到多种不同的分层架构。

- C/S 架构、B/S 架构

  划分的对象是整个业务系统,划分的维度是用户交互,即将和用户交互的部分独立为一层,支撑用户交互的后台作为另外一层。例如,C/S 结构如下图所示。

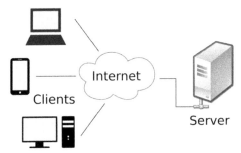

- MVC 架构、MVP 架构

  划分的对象是单个业务子系统，划分的维度是职责，将不同的职责划分到独立层，但各层的依赖关系比较灵活。例如，MVC 架构中各层之间是两两交互的，如下图所示。

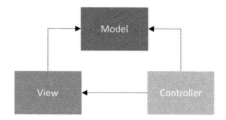

- 逻辑分层架构

  划分的对象可以是单个业务子系统，也可以是整个业务系统，划分的维度也是职责。虽然都是基于职责划分，但逻辑分层架构和 MVC 架构、MVP 架构的不同点在于，逻辑分层架构中的层是自顶向下依赖的。典型的有操作系统内核架构、TCP/IP 架构。例如，Android 操作系统架构如下图所示。

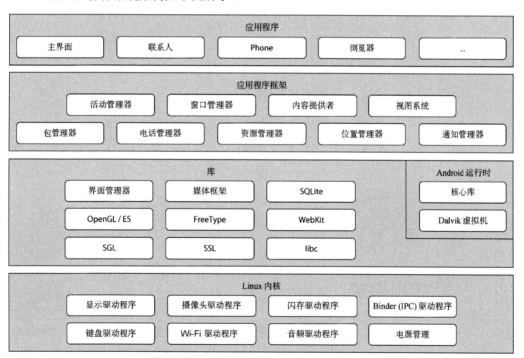

典型的 J2EE 系统架构也是逻辑分层架构，架构图如下。

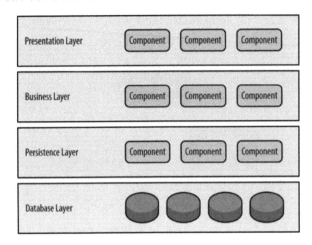

针对整个业务系统进行逻辑分层的架构图如下。

12.2 分层架构详解

无论采取何种分层维度，分层架构设计最核心的一点就是需要保证各层之间的差异足够清晰，边界足够明显，让人看到架构图后就能看懂整个架构，这也是分层不能分太多层的原因。否则如果两个层的差异不明显，就会出现程序员小明认为某个功能应该放在 A 层，而程序员老王却认为同样的功能应该放在 B 层,这样会导致分层混乱。如果这样的架构进入实际开发落地,则 A 层和 B 层就会乱成一锅粥,也就失去了分层的意义。

分层架构之所以能够较好地支撑系统扩展,本质在于:隔离关注点(separation of concerns),即每个层中的组件只会处理本层的逻辑。比如说,展示层只需要处理展示逻辑,业务层中只需要处理业务逻辑,这样我们在扩展某层时,其他层是不受影响的,通过这种方式可以支撑系统在某层上快速扩展。例如,Linux 内核如果要增加一个新的文件系统,则只需要修改文件存储层即可,其他内核层无须变动。

当然,并不是简单地分层就一定能够实现隔离关注点从而支撑快速扩展,分层时要保证层与层之间的依赖是稳定的,才能真正支撑快速扩展。例如,Linux 内核为了支撑不同的文件系统格式,抽象了 VFS 文件系统接口,架构图如下。

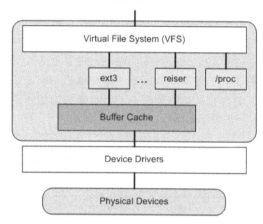

如果没有 VFS,只是简单地将 ext2、ext3、reiser 等文件系统划为"文件系统层",那么这个分层是达不到支撑可扩展的目的的。因为增加一个新的文件系统后,所有基于文件系统的功能都要适配新的文件系统接口,而有了 VFS 后,只需要 VFS 适配新的文件系统接口,其他基于文件系统的功能是依赖 VFS 的,不会受到影响。

对于操作系统这类复杂的系统,接口本身也可以成为独立的一层。例如,我们把 VFS 独立为一层是完全可以的。而对于一个简单的业务系统,接口可能就是 Java 语言上的几个 interface 定义,这种情况下如果独立为一层,看起来可能就比较重了。例如,经典的 J2EE 分层架构中,Presentation Layer 和 Business Layer 之间如果硬要拆分一个独立的接口层,则显得有点多余了。

分层结构的另外一个特点就是层层传递,也就是说一旦分层确定,整个业务流程是按照层进行依次传递的,不能在层之间进行跳跃。最简单的 C/S 结构,用户必须先使用 C 层,然后 C 层再传递到 S 层,用户是不能直接访问 S 层的。传统的 J2EE 4 层架构,收到请求后,必须按照如下图所示的方式传递请求。

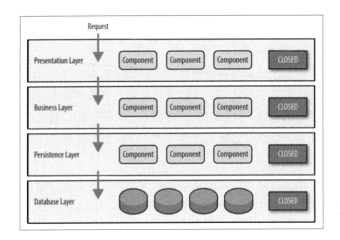

　　分层结构的这种约束，好处在于强制将分层依赖限定为两两依赖，降低了整体系统复杂度。例如，Business Layer 被 Presentation Layer 依赖，自己只依赖 Persistence Layer。但分层结构的代价就是冗余，也就是说，不管这个业务有多么简单，每层都必须要参与处理，甚至可能每层都写了一个简单的包装函数。我们以用户管理系统最简单的一个功能"查看头像"为例。查看头像功能的实现很简单，只是显示一张图片而已，但按照分层架构来实现，每层都要写一个简单的函数。简略代码如下。

```
Presentation Layer:

package layer;

/**
 * Created by Liyh on 2017/9/18.
 */
public class AvatarView {
    public void displayAvatar(int userId){
        String url = AvatarBizz.getAvatarUrl(userId);

        //此处省略渲染代码
        return;
    }
}



Business Layer:
```

```
package layer;

/**
 * Created by Liyh on 2017/9/18.
 */
public class AvatarBizz {
    public static String getAvatarUrl(int userId){
        return AvatarDao.getAvatarUrl(userId);
    }
}
```

```
Persistence Layer:

package layer;

/**
 * Created by Liyh on 2017/9/18.
 */
public class AvatarDao {
    public static String getAvatarUrl(int userId) {
        //此处省略具体实现代码，正常情况下可以从 MySQL 数据库中通过 userId 查询头像 URL 即可
        return "http://avatar.csdn.net/B/8/3/1_yah99_wolf.jpg";
    }
}
```

可以看出 Business Layer 的 AvatarBizz 类的 getAvatarUrl 方法和 Persistence Layer 的 AvatarDao 类的 getAvatarUrl 方法，名称和参数都一模一样。

既然如此，我们是否应该自由选择是否绕过分层的约束呢？例如，"查看头像"的示例中，直接让 AvatarView 类访问 AvatarDao 类，不就可以减少 AvatarBizz 的冗余实现了吗？

答案是不建议这样做，分层架构的优势就体现在通过分层强制约束两两依赖，一旦自由选择绕过分层，时间一长，架构就会变得混乱。例如，Presentation Layer 直接访问 Persistence Layer，Business Layer 直接访问 Database Layer，这样做就失去了分层架构的意义，也导致后续扩展时无法控制受影响范围，牵一发动全身，无法支持快速扩展。除此以外，虽然分层架构的实现在某些场景下看起来有些烦琐和冗余，但复杂度却很低。例如，样例中 AvatarBizz 的 getAvatarUrl 方法，实现起来很简单，不会增加太多工作量。

分层架构另外一个典型的缺点就是性能，因为每一次业务请求都需要穿越所有的架构分层，有一些事情是多余的，多少都会有一些性能的浪费。当然，这里所谓的性能缺点只是理论上的分析，实际上分层带来的性能损失，如果放到 20 世纪 80 年代，可能很明显，但到了现在，硬件和网络的性能有了质的飞越，其实分层模式理论上的这点性能损失，在实际应用中，绝大部分场景下都可以忽略不计。

12.3　本章小结

- 分层架构是很常见的架构模式，也叫 N 层架构，通常情况下，N 至少是 2 层，一般不超过 5 层。
- C/S 架构、B/S 架构划分的对象是整个业务系统，划分的维度是用户交互。
- MVC 架构、MVP 架构划分的对象是单个业务子系统，划分的维度是职责，将不同的职责划分到独立层。
- 逻辑分层架构划分的对象可以是单个业务子系统，也可以是整个业务系统，划分的维度也是职责。
- 无论采取何种分层维度，分层架构设计最核心的一点就是需要保证各层之间的差异足够清晰，边界足够明显。
- 分层架构之所以能够较好地支撑系统扩展，本质在于：隔离关注点。
- 分层结构的一个特点就是层层传递。
- 分层架构一个典型的缺点就是性能。

第 13 章
SOA 架构

13.1 SOA 历史

SOA 的全称是 Service Oriented Architecture，中文翻译为"面向服务的架构"，诞生于 20 世纪 90 年代，1996 年 Gartner 的两位分析师 Roy W. Schulte 和 Yefim V. Natis 发表了第一个 SOA 的报告。2005 年，Gartner 预言：到了 2008 年，SOA 将成为 80%的开发项目的基础。历史证明这个预言并不十分靠谱，SOA 虽然在很多企业成功推广，但没有达到占有绝对优势的地步。SOA 更多是在传统企业（例如，制造业、金融业等）落地和推广，在互联网行业并没有大规模地实践和推广。互联网行业推行 SOA 最早的应该是亚马逊，得益于杰弗·贝索斯的远见卓识，亚马逊内部的系统都以服务的方式构造，间接地促使了后来的亚马逊云计算技术的出现。

SOA 提出的背景是企业内部的 IT 系统重复建设且效率低下，主要体现在：

（1）企业各部门有独立的 IT 系统，比如人力资源系统、财务系统、销售系统，这些系统可能都涉及人员管理，各 IT 系统都需要重复开发人员管理的功能。例如，某个员工离职后，需要分别到上述三个系统中删除员工的权限。

（2）随着业务的发展，复杂度越来越高，更多的流程和业务需要多个 IT 系统合作完成。由于各个独立的 IT 系统没有标准的实现方式(例如，人力资源系统用 Java 开发，对外提供 RPC；而财务系统用 C#开发，对外提供 SOAP 协议)，每次开发新的流程和业务，都需要协调大量的 IT 系统，同时定制开发，效率很低。

（3）各个独立的 IT 系统可能采购于不同的供应商，实现技术不同，企业自己也不太可能基于这些系统进行重构。

13.2 SOA 详解

为了应对传统 IT 系统存在的问题，SOA 提出了三个关键概念。

- 服务

所有业务功能都是一项服务，服务就意味着要对外提供开放的能力，当其他系统需要使用这项功能时，无须定制化开发。

服务可大可小，可简单也可复杂。例如，人力资源管理可以是一项服务，包括人员基本信息管理、请假管理、组织结构管理等功能；而人员基本信息管理也可以作为一项独立的服务，组织结构管理也可以作为一项独立的服务。到底是划分为粗粒度的服务，还是划分为细粒度的服务，需要根据企业的实际情况进行判断。

- ESB

ESB 的全称是 Enterprise Service Bus，中文翻译为"企业服务总线"。从名字就可以看出，ESB 参考了计算机总线的概念。计算机中的总线将各个不同的设备连接在一起，ESB 将企业中各个不同的服务连接在一起。因为各个独立的服务是异构的，如果没有统一的标准，则各个异构系统对外提供的接口是各式各样的。SOA 使用 ESB 来屏蔽异构系统对外提供各种不同的接口方式，以此来达到服务间高效的互联互通。

- 松耦合

松耦合的目的是减少各个服务间的依赖和互相影响。因为采用 SOA 架构后，各个服务是相互独立运行的，甚至都不清楚某个服务到底有多少对其他服务的依赖。如果做不到松耦合，某个服务一升级，依赖它的其他服务全部故障，这样肯定是无法满足业务需求的。

但实际上真正做到松耦合并没有那么容易，要做到完全后向兼容，是一项复杂的任务。

典型的 SOA 架构样例如下图所示。

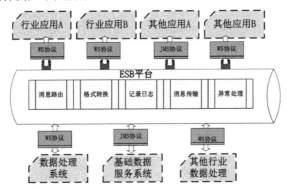

　　SOA 架构是比较高层级的架构设计理念，一般情况下我们可以说某个企业采用了 SOA 的架构来构建 IT 系统，但不会说某个独立的系统采用了 SOA 架构。例如，某企业采用 SOA 架构，将系统分为"人力资源管理服务""考勤服务""财务服务"，但人力资源管理服务本身不会再使用 SOA 进行设计，也不会再重新使用独立的一套 ESB。因为如果人力资源管理服务还需要使用 SOA 进行设计，则将人力资源管理系统拆分为更多的服务（例如，"人员信息管理服务""组织结构管理服务"等），集成到原来的 SOA 架构中，使用原有的 ESB 即可。

　　SOA 解决了传统 IT 系统重复建设和扩展效率低的问题，但其本身也引入了更多的复杂性。SOA 最广为人诟病的就是 ESB，ESB 需要实现与各种系统间的协议转换、数据转换、透明的动态路由等功能。例如，

　　下图中 ESB 将 JSON 转换为 Java（摘自《Microservices_vs_SOA_OpenShift》）。

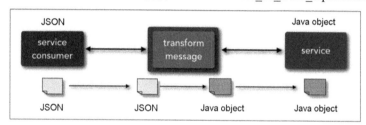

　　下图中 ESB 将 REST 协议转换为 RMI 和 AMQP 两个不同的协议。

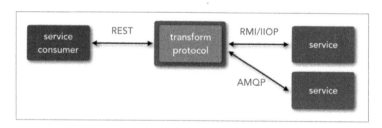

　　ESB 虽然功能强大，但现实中的协议有很多种，如 JMS、WS、HTTP、RPC 等，数据格式也有很多种，如 XML、JSON、二进制、HTML 等。ESB 要完成这么多协议和数据格式的互相转换，工作量和复杂度都很大，而且这种转换是需要耗费大量计算性能的，当 ESB 承载的消息太多时，ESB 本身会成为整个系统的性能瓶颈。

　　当然，SOA 的 ESB 设计也是无奈之举。我们回想一下 SOA 的提出背景就可以发现，企业在应用 SOA 时，各种异构的 IT 系统都已经存在很多年了，完全重写或按照统一标准进行改造的成本是非常大的，只能通过 ESB 方式去适配已经存在的各种异构系统。相反，如果我们是重新构建整个企业的 IT 系统，完全可以从一开始就制定好各种规范，那么 SOA 的 ESB 就无须存在了。

13.3　本章小结

- SOA 提出的背景是企业内部的 IT 系统重复建设且效率低下。

- SOA 更多是在传统企业（例如，制造业、金融业等）落地和推广，在互联网行业并没有大规模的实践和推广。

- SOA 三个关键概念：服务、ESB 和松耦合。

- SOA 架构中，每项业务功能都是一项服务，服务就意味着要对外提供开放的能力。

- SOA 使用 ESB 来屏蔽异构系统对外提供各种不同的接口方式，以此来达到服务间高效的互联互通。

- SOA 解决了传统 IT 系统重复建设和扩展效率低的问题，但其本身也引入了更多的复杂性，SOA 最广为人诟病的就是 ESB。

- SOA 的 ESB 设计也是无奈之举，企业在应用 SOA 时，各种异构的 IT 系统都已经存在很多年了，完全重写或按照统一标准进行改造的成本是非常大的，只能通过 ESB 方式去适配已经存在的各种异构系统。

第 14 章

微服务

14.1 微服务历史

微服务是近几年非常火热的架构设计理念，大部分人认为是 Martin Flower 提出了微服务概念，但事实上微服务概念的历史要早得多，也不是 Martin Flower 创造出来的，Martin 只是将微服务进行了系统的阐述。不过不能否认 Martin 在推动微服务火热起来的作用，微服务能火，Martin 功不可没。

参考维基百科英文版，我们简单梳理一下微服务的历史：

- 2005 年：Dr. Peter Rodgers 在 Web Services Edge 大会上提出了"Micro-Web-Services"的概念。

- 2011 年：一个软件架构工作组使用了"microservice"一词来描述一种架构模式。

- 2012 年：同样是这个架构工作组，正式确定用"microservice"来代表这种架构。

- 2012 年：ThoughtWorks 的 James Lewis 针对微服务概念在 QCon San Francisco 2012 发表了演讲。

- 2014 年：James Lewis 和 Martin Flower 合写了关于微服务的一篇学术性的文章，详细阐述了微服务。

由于微服务的理念中也包含了"服务"的概念，而 SOA 中也有"服务"的概念，我们自然而言地会提出疑问：微服务与 SOA 是什么关系，有什么区别，为何有了 SOA 还要提微服务？这几个问题是理解微服务的关键，否则如果只是跟风拿来就用，既不会用，也用不好，用了不但没有效果，反而还可能有副作用。

14.2 微服务与 SOA 的关系

对于了解过 SOA 的人来说，第一次看到微服务这个概念肯定会有所疑惑：为何有了 SOA 还要提微服务呢？等到简单看完微服务的介绍后，很多人可能就有一个疑惑：这不就是 SOA 吗？

关于 SOA 和微服务的关系和区别，大概分为几个典型的观点。

- 微服务是 SOA 的实现方式

  如下图所示，这种观点认为 SOA 是一种架构理念，而微服务是 SOA 理念的一种具体实现方法。例如，"微服务就是使用 HTTP RESTful 协议来实现 ESB 的 SOA"，"使用 SOA 来构建单个系统就是微服务""微服务就是更细粒度的 SOA"。

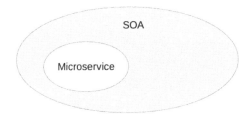

- 微服务是去掉 ESB 后的 SOA

  如下图所示，这种观点认为传统 SOA 架构最广为人诟病的就是庞大、复杂、低效的 ESB，因此将 ESB 去掉，改为轻量级的 HTTP 实现，就是微服务。

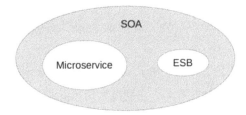

- 微服务是一种和 SOA 相似但本质上不同的架构理念

  如下图所示，这种观点认为微服务和 SOA 只是有点类似，但本质上是不同的架构设计理念。相似点在于下图中交叉的地方，就是两者都关注"服务"，都是通过服务的拆分来解决可扩展性问题。本质上不同的地方在于几个核心理念的差异：是否有 ESB、服务的粒度、架构设计的目标等。

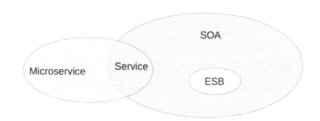

以上观点看似都有一定的道理，但都有点差别，到底哪个才是准确的呢？单纯从概念上是难以分辨的，我们对比一下 SOA 和微服务的一些具体做法，再来看看到底哪一种观点更加符合实际情况。

- 服务粒度

  整体上来说，SOA 的服务粒度要粗一些，而微服务的服务粒度要细一些。例如，对一个大型企业来说，"员工管理系统"就是一个 SOA 架构中的服务；而如果采用微服务架构，则"员工管理系统"会被拆分为更多的服务，比如"员工信息管理""员工考勤管理""员工假期管理""员工福利管理"等更多服务。

- 服务通信

  SOA 采用了 ESB 作为服务间通信的关键组件，负责服务定义、服务路由、消息转换、消息传递，总体上是重量级的实现。微服务推荐使用统一的协议和格式，例如，RESTful 协议、RPC 协议，无须 ESB 这样的重量级实现。Martin Flower 将微服务架构的服务通信理念称为"Smart endpoints and dumb pipes"，简单翻译为"聪明的终端，愚蠢的管道"。之所以用"愚蠢"二字，其实就是与 ESB 对比的，因为 ESB 太强大了，既知道每个服务的协议类型（例如，是 RMI 还是 HTTP），又知道每个服务的数据类型（例如，是 XML 还是 JSON），还知道每个数据的格式（例如，是 2017-01-01 还是 01/01/2017），而微服务的"dumb pipes"仅仅做消息传递，对消息格式和内容一无所知。

- 服务交付

  SOA 对服务的交付并没有特殊要求，因为 SOA 更多考虑的是兼容已有的系统；微服务的架构理念要求"快速交付"，相应地要求采取自动化测试、持续集成、自动化部署等敏捷开发相关的最佳实践。如果没有这些基础能力支撑，微服务规模一旦变大（例如，超过 20 个微服务），整体就难以达到快速交付的要求，这也是很多企业在实行微服务时踩过的一个明显的坑，就是系统拆分为微服务后，部署的成本呈指数上升。

- 应用场景

  SOA 更加适合于庞大、复杂、异构的企业级系统，这也是 SOA 诞生的背景。这类系统的典型特征就是很多系统已经发展多年，采用不同的企业级技术，有的是内部开发的，有的是外部购买的，无法完全推倒重来或进行大规模的优化和重构。因为成本和影响太大，只能采用兼容的方式进行处理，而承担兼容任务的就是 ESB。

微服务更加适合于快速、轻量级、基于 Web 的互联网系统，这类系统业务变化快，需要快速尝试、快速交付；同时基本都是基于 Web，虽然开发技术可能差异很大（例如，Java、C++、.NET 等），但对外接口基本都是提供 HTTP RESTful 风格的接口，无须考虑在接口层进行类似 SOA 的 ESB 那样的处理。

综合上述分析，我们将 SOA 和微服务对比如下表所示。

对 比 维 度	SOA	微　服　务
服务粒度	粗	细
服务通信	重量级，ESB	轻量级，例如，HTTP RESTful
服务交付	慢	快
应用场景	企业级	互联网

因此，我们可以看到，SOA 和微服务本质上是两种不同的架构设计理念，只是在"服务"这个点上有交集而已，因此两者的关系应该是第三种模式。

其实，Martin Flower 在他的微服务文章中，已经做了很好的提炼：

> In short, the microservice architectural style is an approach to developing a single application as a suite of small services, each running in its own process and communicating with lightweight mechanisms, often an HTTP resource API. These services are built around business capabilities and independently deployable by fully automated deployment machinery.

上述英文的三个关键词分别是：small、lightweight、automated，基本上浓缩了微服务的精华，也是微服务与 SOA 的本质区别所在。

通过前面的详细分析和比较，似乎微服务本质上就是一种比 SOA 要优秀很多的架构模式，那是否意味着我们都应该把架构重构为微服务呢？

其实不然，SOA 和微服务是两种不同理念的架构模式，并不存在孰优孰劣，而只是应用场景不同而已。我们介绍 SOA 时候提到其产生历史背景是因为企业的 IT 服务系统庞大而又复杂，改造成本很高，但业务上又要求其互通，因此才会提出 SOA 这种解决方案。如果我们将微服务的架构模式生搬硬套到企业级 IT 服务系统中，这些 IT 服务系统的改造成本可能远远超出实施 SOA 的成本。

14.3　微服务的陷阱

单纯从上面的对比来看，似乎 SOA 一无是处而微服务无所不能，这也导致了很多团队在实践时不加思考地采用微服务——既不考虑团队的规模，也不考虑业务的发展，也没有考虑基础技术的支撑，只是觉得微服务很牛就赶紧来实施，以为实施了微服务后就什么问题都解决了，而一旦真正实施后才发现掉到微服务的坑里面去了。

我们看一下微服务具体有哪些坑。

- 服务划分过细，服务间关系复杂

  服务划分过细，单个服务的复杂度确实下降了，但整个系统的复杂度却上升了，因为微服务将系统内的复杂度转移为系统间的复杂度了。

  从理论的角度来计算，n 个服务的复杂度是 $n×(n-1)/2$，整体系统的复杂度是随着微服务数量的增加呈指数级增加的。下图形象了说明了整体复杂度：

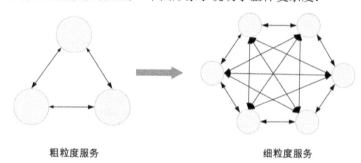

粗粒度服务　　　　　　　　　　　细粒度服务

  粗粒度划分服务时，系统被划分为 3 个服务，虽然单个服务较大，但服务间的关系很简单；细粒度划分服务时，虽然单个服务小了一些，但服务间的关系却复杂了很多。

- 服务数量太多，团队效率急剧下降

  微服务的"微"字，本身就是一个陷阱，很多团队看到"微"字后，就想到必须将服务拆分得很细，有的团队人员规模是 5~6 个人，然而却拆分出 30 多个微服务，平均每个人要维护 5 个以上的微服务。

  这样做给工作效率带来了明显的影响，一个简单的需求开发就需要涉及多个微服务，光是微服务之间的接口就有 6~7 个，无论设计、开发，还是测试、部署，都需要工程师不停地在不同的服务间切换。

  - 开发工程师要设计多个接口，打开多个工程，调试时要部署多个程序，提测时打多个包。
  - 测试工程师要部署多个环境，准备多个微服务的数据，测试多个接口。
  - 运维工程师每次上线都要操作多个微服务，并且微服务之间可能还有依赖关系。

- 调用链太长，性能下降

  由于微服务之间都是通过 HTTP 或 RPC 调用的，每次调用必须经过网络。一般线上的业务接口之间的调用，平均响应时间大约为 50ms，如果用户的一起请求需要经过 6 次微服务调用，则性能消耗就是 300ms，这在很多高性能业务场景下是难以满足需求的。为了支撑业务请求，可能需要大幅增加硬件，这就导致了硬件成本的大幅上升。

- 调用链太长，问题定位困难

系统拆分为微服务后，一次用户请求需要多个微服务协同处理，任意微服务的故障都将导致整个业务失败。然而由于微服务数量较多，且故障存在扩散现象，快速定位到底是哪个微服务故障是一件复杂的事情。样例如下图所示。

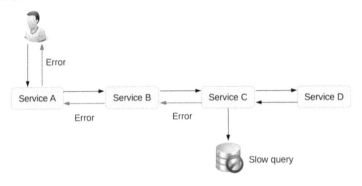

Service C 的数据库出现慢查询，导致 Service C 给 Service B 的响应错误，Service B 给 Service A 的响应错误，Service A 给用户的响应错误。我们在实际定位时是不会有图例中这么清晰的，最开始是用户报错，这时我们首先会去查 Service A。导致 Service A 故障的原因有很多，我们可能要花半个小时甚至 1 个小时才能发现是 Service B 返回错误导致的。于是我们又去查 Service B，这相当于重复 Service A 故障定位的步骤……如此循环下去，最后可能花费了几个小时才能定位到是 Service C 的数据库慢查询导致了错误。

如果多个微服务同时发生不同类型的故障，则定位故障更加复杂，如下图所示。

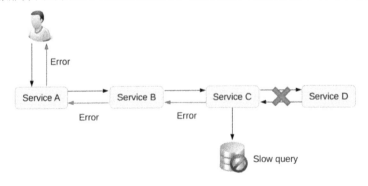

Service C 的数据库发生慢查询故障，同时 Service C 到 Service D 的网络出现故障，此时到底是哪个原因导致了 Service C 返回 Error 给 Service B，需要大量的信息和人力去排查。

- 没有自动化支撑，无法快速交付

  如果没有相应的自动化系统进行支撑，都是靠人工去操作，那么微服务不但达不到快速交付的目的，甚至还不如一个大而全的系统效率高。例如：

  - 没有自动化测试支撑，每次测试时需要测试大量接口。
  - 没有自动化部署支撑，每次部署 6~7 个服务，几十台机器，运维人员敲 shell 命令逐台部署，手都要敲麻。
  - 没有自动化监控，每次故障定位都需要人工查几十台机器几百个微服务的各种状态和各种日志文件。

- 没有服务治理，微服务数量多了后管理混乱

  信奉微服务理念的设计人员总是强调微服务的 lightweight 特性，并举出 ESB 的反例来证明微服务的优越之处。但具体实践后就会发现，随着微服务种类和数量越来越多，如果没有服务治理系统进行支撑，微服务提倡的 lightweight 就会变成问题。主要问题如下。

  - 服务路由：假设某个微服务有 60 个节点，部署在 20 台机器上，那么其他依赖的微服务如何知道这个部署情况呢？
  - 服务故障隔离：假设上述例子中的 60 个节点有 5 个节点发生故障了，依赖的微服务如何处理这种情况呢？
  - 服务注册和发现：同样是上述的例子，现在我们决定从 60 个节点扩容到 80 个节点，或者将 60 个节点缩减为 40 个节点，新增或减少的节点如何让依赖的服务知道呢？

  如果以上场景都依赖人工去管理，整个系统将陷入一片混乱，最终的解决方案必须依赖自动化的服务管理系统，这时我们就会发现，微服务所推崇的"lightweight"，最终也发展成和 ESB 几乎一样的复杂程度。

14.4　微服务最佳实践

综合上述的分析，微服务的坑可以提炼为以下几点：

- 微服务拆分过细，过分强调"small"；
- 微服务基础设施不健全，忽略了"automated"；
- 微服务并不轻量级，规模大了后，"lightweight"不再适应。

针对这些问题，我们看看微服务最佳实践应该如何去做。

14.4.1　服务粒度

针对微服务拆分过细导致的问题，建议基于团队规模进行拆分，类似贝索斯在定义团队规

模时提出的"两个披萨"理论（每个团队的人数不能多到两个披萨都不够吃的地步）。笔者给出"三个火枪手"的微服务拆分粒度原则，即一个微服务三个人负责开发。当我们在实施微服务架构时，根据团队规模来划分微服务数量，如果业务规继续发展，团队规模扩大，我们再将已有的微服务进行拆分。例如，团队最初有 6 个人，那么可以划分为 2 个微服务，随着业务的发展，业务功能越来越多，逻辑越来越复杂，团队扩展到 12 个人，那么我们可以将已有的 2 个微服务进行拆分，变成 4 个微服务。

为什么是 3 个，不是 4 个，也不是 2 个呢？

首先，从系统规模来讲，3 个人负责开发一个系统，系统的复杂度刚好达到每个人都能全面理解整个系统，又能够进行分工的粒度；如果是 2 个人开发一个系统，系统的复杂度不够，开发人员可能觉得无法体现自己的技术实力；如果是 4 个甚至更多人开发一个系统，系统复杂度又会无法让开发人员对系统的细节了解都很深。

其次，从团队管理来说，3 个人可以形成一个稳定的备份，即使 1 个人休假或调配到其他系统，剩余 2 个人还可以支撑；如果是 2 个人，抽调一个后剩余的 1 个人压力很大；如果是 1 个人，这就是单点了，团队没有备份，某些情况下是很危险的，假如这个人休假了，系统出问题了怎么办？

最后，从技术提升的角度来讲，3 个人的技术小组既能够形成有效的讨论，又能够快速达成一致意见；如果是 2 个人，可能会出现互相坚持自己的意见，或者 2 个人经验都不足导致设计缺陷；如果是 1 个人，由于没有人跟他进行技术讨论，很可能陷入思维盲区导致重大问题；如果是 4 个人或更多，可能有的参与的人员并没有认真参与，只是完成任务而已。

"三个火枪手"的原则主要应用于微服务设计和开发阶段，如果微服务经过一段时间发展后已经比较稳定，处于维护期了，无须太多的开发，那么 1 个人维护 1 个微服务甚至几个微服务都可以。

14.4.2　拆分方法

基于"三个火枪手"的理论，我们可以计算出拆分后合适的服务数量，但具体怎么拆也是有技巧的，并不是快刀砍乱麻随便拆分成指定的数量就可以了。常见的拆分方式有如下几种，接下来我们一一介绍。

（1）基于业务逻辑拆分。

这是最常见的一种拆分方式，将系统中的业务模块按照职责范围识别出来，每个单独的业务模块拆分为一个独立的服务。具体拆分的时候，首先根据"三个火枪手"的原则计算一下大概的服务数量范围，然后确定合适的"职责范围"，否则就可能出现划分过细的情况。

例如：如果团队规模是 10 个人支撑业务，划分为 4 个服务，那么"登录、注册、用户信息管理"都可以划到"用户服务"职责范围内；如果团队规模是 100 人支撑业务，服务数量可以达到 40 个，那么"用户登录"就是一个服务了；如果团队规模达到 1000 人支撑业务，那么"用户连接管理"可能就是一个独立的服务了。

（2）基于可扩展拆分。

将系统中的业务模块按照稳定性进行排序，将已经成熟和改动不大的服务拆分为稳定服务，将经常变化和迭代的服务拆分为变动服务。稳定的服务粒度可以粗一些，即使逻辑上没有强关联的服务，也可以放在同一个子系统中。例如，将"日志服务"和"升级服务"放在同一个子系统中；不稳定的服务粒度可以细一些，但也不要太细，始终记住要控制服务的总数量。

这样拆分主要是为了提升项目快速迭代的效率，避免在开发的时候，不小心影响已有的成熟功能导致线上问题。

（3）基于可靠性拆分。

将系统中的业务模块按照优先级排序，将可靠性要求高的核心服务和可靠性要求低的非核心服务拆分开来，然后重点保证核心服务的高可用。具体拆分的时候，核心服务可以是一个，也可以是多个，只要最终的服务数量满足"三个火枪手"的原则就可以。

这样拆分带来如下几个好处：

- 避免非核心服务故障影响核心服务

  例如，日志上报一般都属于非核心服务，但是在某些场景下可能有大量的日志上报，如果系统没有拆分，那么日志上报可能导致核心服务故障，拆分后即使日志上报有问题，也不会影响核心服务。

- 核心服务高可用方案可以更简单

  核心服务的功能逻辑更加简单，存储的数据可能更少，用到的组件也会更少，设计高可用方案大部分情况下要比不还分简单得多。

- 能够降低高可用成本

  将核心服务拆分出来后，核心服务占用的机器、带宽等资源比不拆分要少得多。因此，只针对核心服务做高可用方案，机器、带宽等成本比不拆分要节省较多。

（4）基于性能拆分。

基于性能拆分和基于可靠性拆分类似，将性能要求高或性能压力大的模块拆分出来，避免性能压力大的服务影响其他服务。常见的拆分方式和具体的性能瓶颈有关，可以拆分 Web 服务、数据库、缓存等。例如，电商的抢购，性能压力最大的是入口的排队功能，可以将排队功能独立为一个服务。

以上几种拆分方式不是多选 1，而是可以根据实际情况自由排列组合。例如，可以基于可靠性拆分出服务 A，基于性能拆分出服务 B，基于可扩展拆分出 C/D/F 三个服务，加上原有的服务 X，总共最后拆分出 6 个服务（A/B/C/D/F/X）。

14.4.3 基础设施

大部分人主要关注的是微服务的"small"和"lightweight"特性，但实际上真正决定微服务成败的，恰恰是那个被大部分人都忽略的"automated"。为何这样说呢？因为服务粒度即使划分不合理，实际落地后如果团队遇到麻烦，自然会想到拆服务或合服务。如果"automated"相关的基础设施不健全，那补起来可就不是一天两天的事情了，短则至少 1 年，多则 2、3 年。为何基础设施补起来需要这么长的时间呢？简单来说就是：基础设施太多了，我们来看看主要的基础设施有哪些。

微服务基础设施如下图所示。

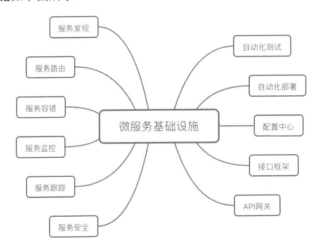

看到上面这张图，相信很多人都会倒吸一口凉气，说好的微服务的"轻量级"呢？都这么多基础设施还好意思说自己是"轻量级"，感觉比 ESB 还要复杂啊？

确实如此，微服务并不是很多人认为的那样又简单又轻量级。要做好微服务，这些基础设施都是必不可少的，否则微服务就会变成一个焦油坑，让业务和团队在里面不断挣扎而无法自拔。因此我们也可以说，微服务并没有减少复杂度，而只是将复杂度从 ESB 转移到了基础设施。我们可以看到，"服务发现""服务路由"等其实都是 ESB 的功能，只是在微服务中剥离出来成了独立的基础系统。

每项微服务基础设施都是一个平台、一个系统、一个解决方案，如果要自己实现，其过程和做业务系统类似，都需要经过需求分析、架构设计、开发、测试、部署上线等步骤，这里我们只是简单地介绍一下每个基础设施的主要作用，不详细展开。

- **自动化测试**

微服务将原本大一统的系统拆分为多个独立运行的"微"服务，微服务之间的接口数量大大增加，并且微服务提倡快速交付，版本周期短，版本更新频繁。如果每次更新都靠人工回归整个系统，则工作量大，效率低下，达不到"快速交付"的目的，因此必须通过自动化测试系统来完成绝大部分测试回归的工作。

自动化测试涵盖的范围包括代码级的单元测试、单个系统级的集成测试、系统间的接口测试，理想情况是每类测试都自动化。如果因为团队规模和人力的原因无法全面覆盖，至少要做到接口测试自动化。

- **自动化部署**

相比大一统的系统，微服务需要部署的节点增加了几倍甚至十几倍，微服务部署的频率也会大幅提升（例如，我们的业务系统 70% 的工作日都有部署操作），综合计算下来，微服务部署的次数是大一统系统部署次数的几十倍。这么大量的部署操作，如果继续采用人工手工处理，需要投入大量的人力，且容易出错，因此需要自动化部署的系统来完成部署操作。

自动化部署系统包括版本管理、资源管理（例如，机器管理、虚拟机管理）、部署操作、回退操作等功能。

- **配置中心**

微服务的节点数量非常多，通过人工登录每台机器手工修改，效率低，容易出错。特别是在部署或排障时，需要快速增删改查配置，人工操作的方式显然是不行的。除此以外，有的运行期配置需要动态修改并且所有节点即时生效，人工操作是无法做到的。综合上述的分析，微服务需要一个统一的配置中心来管理所有微服务节点的配置。

配置中心包括配置版本管理（例如，同样的微服务，有 10 个节点是给移动用户服务的，有 20 个节点给联通用户服务的，配置项都一样，配置值不一样）、增删改查配置、节点管理、配置同步、配置推送等功能。

- **接口框架**

微服务提倡轻量级的通信方式，一般采用 HTTP/REST 或 RPC 方式统一接口协议。但在实践过程中，光统一接口协议还不够，还需要统一接口传递的数据格式。例如，我们需要指定接口协议为 HTTP/REST，但这还不够，我们还需要指定 HTTP/REST 的数据格式采用 JSON，并且 JSON 的数据都遵循如下规范。

```
{
    "requestId": 10086,
    "time": "2017-01-01 00:00:00",
    "caller": "tencent",
    "api": "get_money",
    "param": {
        "userId": 13800138
    },
    "sign": "098f6bcd4621d373cade4e832627b4f6"
}
```

如果我们只是简单指定了 HTTP/REST 协议，而不指定 JSON 和 JSON 的数据规范，那么就会出现这样混乱的情况：有的微服务采用 XML，有的采用 JSON，有的采用键值对，即使同样都是 JSON，JSON 数据格式也不一样。这样每个微服务都要适配几套甚至几十套接口协议，相当于把曾经由 ESB 做的事情转交给微服务自己做了，这样做的效率显然是无法接受的。因此我们需要统一接口框架。

接口框架不是一个可运行的系统，一般以库或包的形式提供给所有微服务调用。例如，针对上面的 JSON 样例，可以由某个基础技术团队提供多种不同语言的解析包（Java 包、Python 包、C 库等）。

- **API 网关**

系统拆分为微服务后，内部的微服务之间是互联互通的，相互之间的访问都是点对点的。如果外部系统想调用系统的某个功能，也采取点对点的方式，则外部系统会非常"头大"。因为在外部系统看来，它不需要也没办法理解这么多微服务的职责分工和边界，它只会关注它需要的能力，而不会关注这个能力应该由哪个微服务提供。

除此之外，外部系统访问系统还涉及安全和权限相关的限制，如果外部系统直接访问某个微服务，则意味着每个微服务都要自己实现安全和权限的功能，这样做不但工作量大，而且都是重复工作。

综合上述分析，微服务需要一个统一的 API 网关，负责外部系统的访问操作。

API 网关是外部系统访问的接口，所有的外部系统接入系统都需要通过 API 网关，主要包括接入鉴权（是否允许接入）、权限控制（可以访问哪些功能）、传输加密、请求路由、流量控制等功能。

- **服务发现**

微服务种类和数量很多，如果这些信息全部通过手工配置的方式写入各个微服务节点，首先配置工作量很大，配置文件可能要配几百上千行，几十个节点加起来后配置项就是几万几十万行了，人工维护这么大数量的配置项是一项灾难。其次是微服务节点经常变化，可能是由于扩容导致节点增加，也可能是故障处理时隔离掉一部分节点，还可能是采用灰度升级，先将一部分节点升级到新版本，然后让新老版本同时运行；不管哪种情况，我们都希望节点的变化能够及时同步到所有其他依赖的微服务。如果采用手工配置，是不可能做到实时更改生效的。因此，我们需要一套服务发现的系统来支撑微服务的自动注册和发现。

服务发现主要有两种实现方式：自理式和代理式。

【自理式】

自理式结构如下图所示。

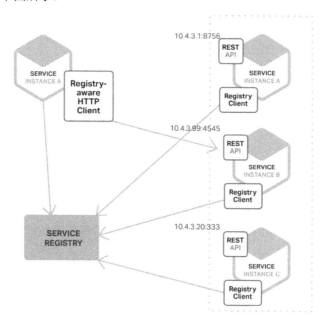

自理式结构就是指每个微服务自己完成服务发现。例如，图中 SERVICE INSTANCE A 访问 SERVICE REGISTRY 获取服务注册信息，然后直接访问 SERVICE INSTANCE B。

自理式服务发现实现比较简单，因为这部分的功能一般通过统一的程序库或程序包提供给各个微服务调用，而不会每个微服务都自己来重复实现一遍；并且由于每个微服务都承担了服务发现的功能，访问压力分散到了各个微服务节点，性能和可用性上不存在明显的压力和风险。

【代理式】

代理式结构如下图所示。

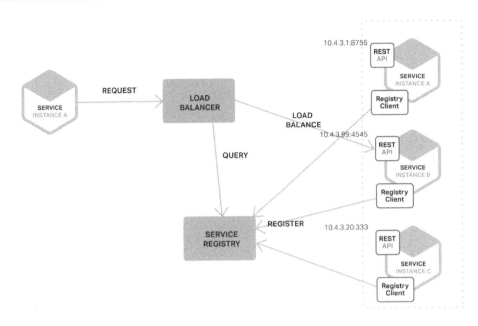

　　代理式结构就是指微服务之间有一个负载均衡系统（图中的 LOAD BALANCER 节点），由负载均衡系统来完成微服务之间的服务发现。

　　代理式的方式看起来更加清晰，微服务本身的实现也简单了很多，但实际上这个方案风险较大。第一个风险是可用性风险，一旦 LOAD BALANCER 系统故障，就会影响所有微服务之间的调用；第二个风险是性能风险，所有的微服务之间的调用流量都要经过 LOAD BALANCER 系统，性能压力会随着微服务数量和流量增加而不断增加，最后成为性能瓶颈。因此 LOAD BALANCER 系统需要设计成集群的模式，但 LOAD BALANCER 集群的实现本身又增加了复杂性。

　　不管是自理式还是代理式，服务发现的核心功能就是服务注册表，注册表记录了所有的服务节点的配置和状态，每个微服务启动后都需要将自己的信息注册到服务注册表，然后由微服务或 LOAD BALANCER 系统到服务注册表查询可用服务。

- **服务路由**

　　有了服务发现后，微服务之间能够方便地获取相关配置信息，但具体进行某次调用请求时，我们还需要从所有符合条件的可用微服务节点中挑选出一个具体的节点发起请求，这就是服务路由需要完成的功能。

　　服务路由和服务发现紧密相关，服务路由一般不会设计成一个独立运行的系统，通常情况下是和服务发现放在一起实现的。对于自理式服务发现，服务路由是微服务内部实现的；对于代理式服务发现，服务路由是由 LOAD BALANCER 系统实现的。无论放在哪里实现，服务路由核心的功能就是路由算法。常见的路由算法有：随机路由、轮询路由、最小压力路由、最小连接数路由等算法。

- **服务容错**

系统拆分为微服务后，单个微服务故障的概率变小，故障影响范围也减少，但是微服务的节点数量大大增加。从整体上来看，系统中某个微服务出故障的概率会大大增加。前面我们分析微服务陷阱时提到微服务具有故障扩散的特点，如果不及时处理故障，故障扩散开来就会导致看起来系统中很多服务节点都故障了。因此需要微服务能够自动应对这种出错场景，及时进行处理。否则如果节点一故障就需要人工处理，投入人力大，处理速度慢。而一旦处理速度慢，则故障就很快扩散，所以我们需要服务容错的能力。

常见的服务容错包括请求重试、流控和服务隔离。

【请求重试】

请求重放和请求重试类似，不同点在于：请求重试是向同一个微服务节点重新发送请求；请求重放是向不同的微服务节点重新发送请求。

通常情况下，请求重试由微服务节点或代理节点实现。

【流控】

当出现异常情况，导致某个或某类微服务的请求数量突增或爆发，由于系统容量限制，无法快速应对突发容量，导致整个微服务响应都变慢甚至完全瘫痪，此时需要将一部分流量拒绝，从而保证大部分流量的请求正常。这就是流控需要实现的功能。

通常情况下，流控由各个微服务节点自己实现，可以将流控策略包装成公共库提供给各个微服务使用，减少重复实现。

【服务隔离】

由于微服务几乎都是集群部署，因此当某个微服务节点故障时，最快最简单的处理方式就是直接将当前故障节点下线隔离，避免故障进行扩散。这就是服务隔离需要实现的功能。

通常情况下，服务隔离分为主动隔离、被动隔离和手动隔离。

- 主动隔离指微服务节点自己判断自己异常后，主动从服务发现系统中注销。
- 被动隔离指服务发现系统根据设定的规则（连接状态、响应时间、错误率等）判断微服务节点故障后，将其从服务发现系统中注销。
- 手动隔离指人工判断系统故障后，通过手工操作将其从服务发现系统中注销。

主动隔离和被动隔离响应及时，能够快速隔离故障，缺点就是实现起来比较复杂，需要根据线上的各种复杂情况制定规则；手动隔离虽然响应没有那么及时，但实现起来很简单。实际应用场景中，一般都是结合起来使用：实现基于简单策略的主动隔离和被动隔离，更复杂的情况由人工去隔离。

- **服务监控**

系统拆分为微服务后，节点数量大大增加，导致需要监控的机器、网络、进程、接口调用数等监控对象的数量大大增加；同时，一旦发生故障，我们需要快速根据各类信息来定位故障。这两个目标如果靠人力去完成是不现实的。举个简单例子：我们收到用户投诉说业务有问题，如果此时采取人工的方式去搜集信息分析信息，可能把几十个节点的日志打开一遍就需要十几分钟了。因此需要服务监控系统来完成微服务节点的监控。

服务监控的主要作用有几个：

- 实时搜集信息并进行分析，避免故障后再来分析，减少了处理时间。
- 服务监控可以在实时分析的基础上进行预警，在问题萌芽的阶段发觉并预警，降低了问题影响的范围和时间。

通常情况下，服务监控需要搜集并分析大量的数据，因此建议做成独立的系统，而不要集成到服务发现、API 网关等系统中。

- **服务跟踪**

服务监控可以做到微服务节点级的监控和信息收集，但如果我们需要跟踪某一个请求在微服务中的完整路径，服务监控是难以实现的。因为如果每个服务的完整请求链信息都实时发送给服务监控系统，数据量会大到无法处理。

服务监控和服务跟踪的区别可以简单概括为宏观和微观的区别。例如，A 服务通过 HTTP 协议请求 B 服务 10 次，B 通过 HTTP 返回 JSON 对象，服务监控会记录请求次数、响应时间平均值、响应时间最高值、错误码分布这些信息；而服务跟踪会记录其中某次请求的发起时间、响应时间、响应错误码、请求参数、返回的 JSON 对象等信息。

目前无论分布式跟踪，还是微服务的服务跟踪，绝大部分请求跟踪的实现技术都基于 Google 的 Dapper 论文《Dapper, a Large-Scale Distributed Systems Tracing Infrastructure》。服务跟踪的关键技术有如下几个。

- 标注点

标注点又叫植入点或埋点，通过在应用程序或中间件中明确定义一个全局的标注（annotation），它可以是一个特殊的 ID，通过这个 ID 连接每一条记录和发起者的请求，然后跟踪系统再根据这个 ID 将整个业务请求链串联起来。

由于全局标注点需要在所有经过的服务节点中进行处理，因此需要代码植入。在生产环境中，如果所有的应用程序都使用相同的线程模型、控制流和 RPC 系统，则可以把代码植入限制在一个很小的通用组件库中，从而达到监测系统应用对开发人员的透明。

- 跟踪树和 span（见下图）

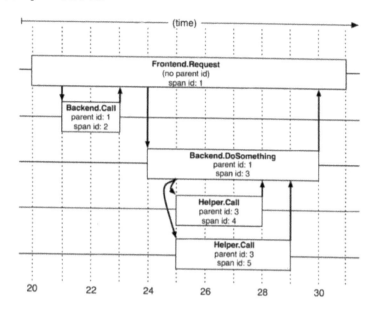

分布式跟踪通过跟踪树来表示一个完整的跟踪流程，其中某个服务从接到请求到返回响应这个时间跨度范围被称为 span，一个 span 内，服务本身又会发起多次到其他服务的调用。

跟踪树结构中，树节点是整个架构的基本单元，而每一个节点又是对 span 的引用。节点之间的连线表示的 span 和它的父 span 的直接关系。通过简单的 parentId 和 spanId 就可以有序地把所有的关系串联起来，达到记录业务流的作用。

服务跟踪一般主要用于两个目的：

- 采样跟踪

  根据一定的概率对请求进行采样跟踪，然后基于采样数据进行分析（例如，谷歌的 Dapper 系统），可以被用于发现系统问题，但它更通常用于探查性能不足，以及提高全面大规模的工作负载下的系统行为的理解。这种方式主要的优势是无须跟踪所有的请求，性能消耗和对系统的压力会小得多。

- 染色跟踪

  线上环境有时会出比较诡异的问题，即同样功能或业务，大多数用户都没有问题，很少一部分用户会出错。单纯从代码逻辑或系统日志来看是找不到问题原因的，此时需要针对单个用户的特定请求进行全链路跟踪，这就是通常所说的染色跟踪。

染色跟踪中的"染色"一词其实大有来头，来源于"DNA 染色技术"。简单来说就是将想要跟踪的 DNA 染色，然后就可以跟踪 DNA 的分布情况了。微服务中的染色跟踪原理类似，我们将想要跟踪的用户"染色"（其实就是在请求入口处打上标记），每个微服务看到有标记的请求就进行跟踪，最后汇总跟踪信息就可以看出整个业务请求的所有细节。

- **服务安全**

系统拆分为微服务后，数据分散在各个微服务节点上。从系统连接的角度来说，任意微服务都可以访问所有其他微服务节点；但从业务的角度来说，部分敏感数据或操作只能部分微服务可以访问，而不是所有的微服务都可以访问。因此需要设计服务安全机制来保证业务和数据的安全性。

例如，假设我们有一个"用户信息管理"微服务，其中包含所有用户的基本信息（姓名、性别、职位、身份证、手机号码等），"用户信息管理"对外提供"增删改查"用户信息的接口。针对"用户信息管理"微服务，我们需要设计如下安全相关的策略：

- 所有其他微服务都可以读取用户的姓名、性别、职位信息；
- 部分微服务可以读取用户的身份证和手机号码信息；
- 只有"人力资源管理"微服务可以修改和删除用户信息。

服务安全主要分为三部分。

- 接入安全

  接入安全指只有经过允许，某个微服务才能访问另外一个微服务，否则被访问的微服务会直接拒绝服务。

- 数据安全

  数据安全指某些数据相关的操作只允许授权的微服务进行访问，否则被访问的微服务会拒绝数据操作。

- 传输安全

  传输安全指某些敏感数据在传输过程中需要进行防窃取、防篡改处理，以保证数据的真实性和有效性。

通常情况下，服务安全可以集成到配置中心系统中进行实现，即配置中心配置微服务的接入安全策略和数据安全策略，微服务节点从配置中心获取这些配置信息，然后在处理具体的微服务调用请求时根据安全策略进行处理。由于这些策略是通用的，一般会把策略封装成通用的库提供给各个微服务调用。基本架构如下图所示。

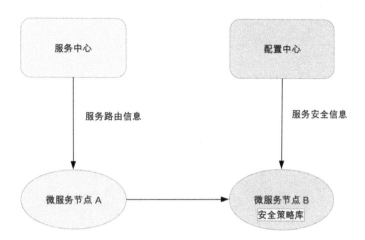

14.5 本章小结

- 微服务概念的历史要早得多，也不是 Martin Flower 创造出来的，Martin 只是将微服务进行了系统的阐述。

- 微服务是一种和 SOA 相似但本质上不同的架构理念。

- 微服务的三个关键词：small、lightweight、automated。

- 微服务和 SOA 不存在孰优孰劣，只是应用场景不同。

- 微服务并不是没有代价，而是会带来系统复杂度、运维复杂度、性能下降等问题。

- 微服务拆分的粒度遵循"三个火枪手"原则。

- 真正决定微服务成败的，恰恰是那个被大部分人都忽略的"automated"，而不是"small"和"lightweight"。

- 微服务并不是很多人认为的那样又简单又轻量级，要做好微服务，基础设施是必不可少的。

第 15 章
微内核架构

15.1 基本概念

Microkernel Architecture，中文翻译为微内核架构，也被称为插件化架构（Plug-in Architecture），是一种面向功能进行拆分的可扩展性架构，通常用于实现基于产品（英文原文为 product-based，指存在多个版本、需要下载安装才能使用，与 web-based 相对应）的应用。例如 Eclipse 这类 IDE 软件、UNIX 这类操作系统、淘宝 App 这类客户端软件等。也有一些企业将自己的业务系统设计成微内核的架构。例如，保险公司的保险核算逻辑系统，不同的保险品种可以将逻辑封装成插件。

微内核架构包含两类组件：核心系统（core system）和插件模块（plug-in modules）。核心系统负责和具体业务功能无关的通用功能，例如模块加载、模块间通信等；插件模块负责实现具体的业务逻辑，例如我们前面提到的"学生信息管理"系统中的"手机号注册"功能。

微内核的基本架构示意图如下。

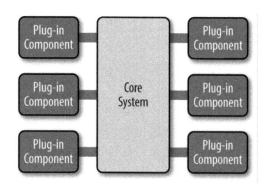

核心系统功能比较稳定，不会因为业务功能扩展而不断修改，插件模块可以根据业务功能的需要不断地扩展。微内核架构通过隔离变化到插件的方式提供了灵活性、可扩展性。

15.2 设计关键点

微内核的核心系统设计的关键技术有几部分：插件管理、插件连接和插件通信。

- 插件管理

核心系统需要知道当前有哪些插件可用，如何加载这些插件，什么时候加载插件。常见的实现方法是插件注册表机制。

核心系统提供插件注册表（可以是配置文件，也可以是代码，还可以是数据库），插件注册表含有每个插件模块的信息，包括它的名字、位置、加载时机（启动就加载，还是按需加载）等。

- 插件连接

插件连接指插件如何连接到核心系统。通常来说，核心系统必须制定插件和核心系统的连接规范，然后插件按照规范实现，核心系统按照规范加载即可。

常见的连接机制有 OSGi（Eclipse 使用）、消息模式、依赖注入（Spring 使用），甚至使用分布式的协议都是可以的，比如 RPC 或 HTTP Web 的方式。

- 插件通信

插件通信指插件间的通信。虽然设计的时候插件间是完全解耦的，但实际业务运行过程中，必然会出现某个业务流程需要多个插件协作，这就要求两个插件间进行通信。由于插件之间没有直接联系，通信必须通过核心系统，因此核心系统需要提供插件通信机制。这种情况和计算机类似，计算机的 CPU、硬盘、内存、网卡是独立设计的配件，但计算机运行过程中，CPU 和内存、内存和硬盘肯定是有通信的，计算机通过主板上的总线提供了这些组件之间的通信功能。微内核的核心系统也必须提供类似的通信机制，各个插件之间才能进行正常的通信。

15.3 OSGi 架构简析

OSGi 的全称是 Open Services Gateway initiative，本身其实是指 OSGi Alliance。这个联盟是 Sun Microsystems、IBM、爱立信等公司于 1999 年 3 月成立的开放的标准化组织，最初名为 Connected Alliance。它是一个非营利的国际组织，旨在建立一个开放的服务规范，为通过网络向设备提供服务建立开放的标准，这个标准就是 OSGi specification。现在我们谈到 OSGi，如果没有特别说明，一般都是指 OSGi 的规范。

OSGI 联盟的初始目标是构建一个在广域网和局域网或设备上展开业务的基础平台，所以 OSGI 的最早设计也是针对嵌入式应用的，诸如机顶盒、服务网关、手机、汽车等都是其应用的主要环境。然而，无心插柳柳成荫，由于 OSGi 具备动态化、热插拔、高可复用性、高效性、扩展方便等优点，它被应用到了 PC 上的应用开发。尤其是 Eclipse 这个流行软件采用 OSGi 标准后，OSGi 更是成为首选的插件化标准。现在我们谈论 OSGi，已经和嵌入式应用关联不大了，更多是将 OSGi 当作一个微内核的架构模式。

Eclipse 从 3.0 版本开始，抛弃了原来自己实现的插件化框架，改用了 OSGi 框架。需要注意的是，OSGi 是一个插件化的标准，而不是一个可运行的框架，Eclipse 采用的 OSGi 框架称为 Equinox，类似的实现还有 Apache 的 Felix、Spring 的 Spring DM。

OSGi 框架的逻辑架构图如下。

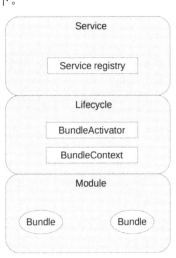

（1）模块层（Module 层）。

模块层完成插件管理功能。OSGi 中，插件被称为 Bundle，每个 Bundle 是一个 Java 的 JAR 文件，每个 Bundle 里面都包含一个元数据文件 MANIFEST.MF，这个文件包含了 Bundle 的基本信息。例如，Bundle 的名称、描述、开发商、classpath，以及需要导入的包和输出的包，等等。OSGi 核心系统会将这些信息加载到系统中用于后续使用。

一个简单的 MANIFEST.MF 样例如下：

```
// MANIFEST.MF
Bundle-ManifestVersion: 2
Bundle-Name:UserRegister
Bundle-SymbolicName: com.test.userregister
Bundle-Version: 1.0
Bundle-Activator: com.test.UserRegisterActivator

Import-Package: org.log4j;version="2.0",
.....
Export-Package: com.test.userregister;version="1.0",
```

（2）生命周期层（Lifrcycle 层）。

生命周期层完成插件连接功能，提供了执行时模块管理、模块对底层 OSGi 框架的访问。生命周期层精确地定义了 bundle 生命周期的操作（安装、更新、启动、停止、卸载），Bundle 必须按照规范实现各个操作。例如：

```
public class UserRegisterActivator implements BundleActivator {

  public void start(BundleContext context) {
     UserRegister.instance = new UserRegister ();
  }

  public void stop(BundleContext context) {
     UserRegister.instance = null;
  }
}
```

（3）服务层（Service 层）。

服务层完成插件通信的功能。OSGi 提供了一个服务注册的功能，用于各个插件将自己能提供的服务注册到 OSGi 核心的服务注册中心，如果某个服务想用其他服务，则直接在服务注册中心搜索可用服务就可以了。

例如：

```
// 注册服务
public class UserRegisterActivator implements BundleActivator {
  //在 start()中用 BundleContext.registerService()注册服务
  public void start(BundleContext context) {
      context.registerService(UserRegister.class.getName(),new UserRegisterImpl(),
  null);
  }
// 无须在 stop()中注销服务，因为 bundle 停止时会自动注销该 bundle 中已注册的服务
  public void stop(BundleContext context) {}
}


// 检索服务
public class Client implements BundleActivator {
  public void start(BundleContext context) {
      // 1. 从服务注册表中检索间接的 "服务引用"
      ServiceReference ref = context.getServiceReference
      (UserRegister.class.getName());
      // 2. 使用 "服务引用" 去访问服务对象的实例
      ((UserRegister) context.getService(ref)).register();
  }
  public void stop(BundleContext context) {}
}
```

> **注意：** 这里的服务注册不是插件管理功能中的插件注册，这里的服务注册实际上就是一个插件间通信的机制。

15.4 规则引擎架构简析

规则引擎从结构上来看也属于微内核架构的一种具体实现，其中执行引擎可以看作微内核，执行引擎解析配置好的业务流，执行其中的条件和规则，通过这种方式来支持业务的灵活多变。

规则引擎在计费、保险、促销等业务领域应用较多。例如，电商促销，常见的促销规则有：

- 满 100 送 50；

- 3 件立减 50；

- 3 件 8 折；

- 第 3 件免费；

- 跨店满 200 减 100；

- 新用户立减 50；

……

以上仅列出来常见的几种，实际上完整列下来可能有几十上百种，再加上排列组合，促销方案可能有几百上千种，这样的业务如果完全靠代码来实现，那么开发效率远远跟不上业务的变化速度。而规则引擎却能够很灵活地应对这种需求，主要原因在于：

- 可扩展

  通过引入规则引擎，业务逻辑实现与业务系统分离，可以在不改动业务系统的情况下扩展新的业务功能。

- 易理解

  规则通过自然语言描述，业务人员易于理解和操作，而不像代码那样只有程序员才能理解和开发。

- 高效率

  规则引擎系统一般提供可视化的规则定制、审批、查询及管理，方便业务人员快速配置新的业务。

规则引擎的基本架构如下图所示。

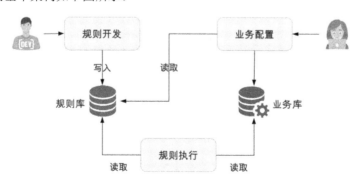

（1）开发人员将业务功能分解提炼为多个规则，将规则保存在规则库中。

（2）业务人员根据业务需要，通过将规则排列组合，配置成业务流程，保存在业务库中。

（3）规则引擎执行业务流程，实现业务功能。

对照微内核架构的设计关键点，我们来看看规则引擎是具体是如何实现的。

- 插件管理

    规则引擎中的规则就是微内核架构的插件，引擎就是微内核架构的内核。规则可以被引擎加载和执行。在规则引擎架构中，规则一般保存在规则库中，通常使用数据库来存储。

- 插件连接

    类似于程序员开发的时候需要采用 Java、C++等语言，规则引擎也规定了规则开发的语言，业务人员需要基于规则语言来编写规则文件，然后由规则引擎加载执行规则文件来完成业务功能。因此，规则引擎的插件连接实现机制其实就是规则语言。

- 插件通信

    规则引擎的规则之间进行通信的方式就是数据流和事件流，由于单个规则并不需要依赖其他规则，因此规则之间没有主动的通信，规则只需要输出数据或事件，由引擎将数据或事件传递到下一个规则。

目前最常用的规则引擎是开源的 JBoss Drools，采用 Java 语言编写，基于 Rete 算法。Drools 具有以下优点：

- 非常活跃的社区支持，以及广泛的应用；

- 快速的执行速度；

- 与 Java Rule Engine API（JSR-94）兼容；

- 提供基于 Web 的 BRMS——Guvnor，Guvnor 提供规则管理的知识库，通过它可以实现规则的版本控制，以及规则的在线修改与编译，使得开发人员和系统管理人员可以在线管理业务规则。

虽然 Drools 号称简单易用，但实际上其规则语言还是和编程语言比较类似的，在实际应用的时候普通业务人员面对这样的规则语言，学习成本和理解成本还是比较高的，比如下面这个样例：

```
1  package com.sample
2
3  import com.sample.DroolsTest.Message;
4
5  rule "Hello World"
6      when
7          m : Message( status == Message.HELLO, myMessage : message )
8      then
9          System.out.println( myMessage );
10         m.setMessage( "Goodbye cruel world" );
11         m.setStatus( Message.GOODBYE );
12         update( m );
13 end
14
15
16 rule "GoodBye"
17     when
18         Message( status == Message.GOODBYE, myMessage : message )
19     then
20         System.out.println( myMessage );
21 end
```

因此，通常情况下需要基于 Drools 进行封装，将规则配置做成可视化的操作。例如，电商反欺诈的一个示例。

15.5　本章小结

- 微内核架构也被称为插件化架构（Plug-in Architecture），是一种面向功能进行拆分的可扩展性架构。

- 微内核架构通常用于实现基于产品的应用。

- 微内核架构包含两类组件：核心系统（core system）和插件模块（plug-in modules）。

- 微内核的核心系统设计的关键技术有几部分：插件管理、插件连接和插件通信。

- Eclipse 采用 OSGi 标准后，OSGi 更是成为首选的插件化标准。

第 5 部分　架构实战

第 16 章
消息队列设计实战

前面的章节介绍了架构设计的概念、架构设计的流程、架构设计的原则和架构设计的模式，这些都是成为一个合格架构师需要掌握的基础知识。但如果要成为一个优秀的架构师，掌握这些架构设计的基础知识是前提，更关键的是需要在实践中结合业务的情况，灵活地运用这些知识。正所谓"知是行之始，行是知之成"，架构设计也需要"知行合一"。本章我们将模拟设计一个真正的系统架构，看看在具体的架构设计中，如何灵活地运用这些架构设计知识。

我们挑选了消息队列作为架构设计案例，主要的原因在于绝大部分技术人员都接触过消息队列，消息队列本身的业务比较通用，理解起来比较容易；并且消息队列有很多成熟开源系统可以对比，我们可以通过与开源系统比较，从而更加深刻地理解架构设计相关的原则、理念等。

以下相关业务描述纯属假设，如有雷同，实属巧合。由于架构设计过程中的细节和设计点很多，不可能完全用文字描述出来，因此以下案例仅仅描述一些关键的设计考虑点和决策点。

16.1 需求

我们假想了一个创业公司，名称叫作前浪微博，前浪微博的业务发展很快，系统越来越多，系统间协作的效率很低，例如：

- 用户发一条微博后，微博子系统需要通知审核子系统进行审核，然后通知统计子系统进行统计，再通知广告子系统进行广告预测，接着通知消息子系统进行消息推送……一条微博有十几个通知，目前都是系统间通过接口调用的。每通知一个新系统，微博子系统就要设计接口、进行测试，效率很低，问题定位很麻烦，经常和其他子系统的技术人员产生分歧，微博子系统的开发人员不胜其烦。

- 用户等级达到 VIP 后，等级子系统要通知福利子系统进行奖品发放，要通知客服子系统安排专属服务人员，要通知商品子系统进行商品打折处理……等级子系统的开发人员也不胜其烦。

新来的架构师在梳理这些问题时，结合自己的经验，敏锐地发现了这些问题背后的根因在于架构上各业务子系统强耦合，而消息队列系统正好可以完成子系统的解耦，于是提议要引入消息队列系统。经过一分析二讨论三开会四汇报五审批等一系列操作后，消息队列系统终于立项了。

其他背景信息：

- 中间件团队规模不大，大约 6 人左右；

- 中间件团队熟悉 Java 语言，但有一个新同事 C/C++ 很牛；

- 开发平台是 Linux，数据库是 MySQL；

- 目前整个业务系统是单机房部署，没有双机房。

16.2 设计流程

16.2.1 识别复杂度

识别复杂度对架构师来说是一项挑战，因为原始的需求中并没有哪个地方会明确地说复杂度在哪里，需要架构师在理解需求的基础上进行分析。有经验的架构师可能一看需求就知道复杂度大概在哪里，如果经验不足，那么只能采取"排查法"，从不同的角度逐一进行分析。

我们针对前浪微博的消息队列系统，采用"排查法"来分析复杂度，具体分析过程如下。

- 这个消息队列是否需要高性能

  我们假设前浪微博系统用户每天发送 1000 万条微博，那么微博子系统一天会产生 1000 万条消息，其他子系统读取的消息大约是 1 亿次。

  1000 万和 1 亿看起来很吓人，但对于架构师来说，关注的不是一天的数据，而是 1 秒的数据，即 TPS 和 QPS。我们将数据按照秒来计算，一天内平均每秒写入消息数为 115 条，每秒读取的消息数是 1150 条；再考虑系统的读写并不是完全平均的，设计的目标应该以峰值来计算。峰值一般取平均值的 3 倍，那么消息队列系统的 TPS 是 345，QPS 是 3450，这个量级的数据意味着并不要求高性能，相比之下，Kafka 的性能都是万级的。

虽然根据当前业务规模计算的性能要求并不高，但业务会增长，因此系统设计需要考虑一定的性能余量。参考第 2 章中的分析，由于现在的基数较低，因此系统的设计目标按照峰值的 4 倍来计算，因此最终的性能要求是：TPS 为 1380，QPS 为 13800。TPS 为 1380 并不高，但 QPS 为 13800 已经比较高了，因此高性能读取是复杂度之一，但这个高性能要求相比 Kafka 等系统来说也不是很高。

- 这个消息队列是否需要高可用性

  对于微博子系统来说，如果消息丢了，导致没有审核，然后触犯了国家法律法规，则是非常严重的事情；对于等级子系统来说，如果用户达到相应等级后，系统没有给他奖品和专属服务，则 VIP 用户会很不满意，导致用户流失从而损失收入，虽然也比较关键，但没有审核子系统丢消息那么严重。

  综合来看，消息队列需要高可用性，包括消息写入、消息存储、消息读取都需要保证高可用性。

- 这个消息队列是否需要高可扩展性

  消息队列的功能很明确，基本无须扩展，因此可扩展性不是这个消息队列的复杂度关键。

  为了讲述方便，这里我们只排查"高性能""高可用""扩展性" 3 个复杂度，实际应用中，不同的公司或团队，可能还有一些其他方面的复杂度分析。例如，金融系统可能需要考虑安全性，有的公司会考虑成本等。

综合分析下来，消息队列的复杂性主要体现在几个方面：高性能消息读取、高可用消息写入、高可用消息存储、高可用消息读取。

16.2.2　设计备选方案

- **备选方案 1：采用开源 Kafka**

Kafka 是成熟的开源消息队列方案，功能强大，性能非常高，而且已经比较成熟，很多大公司都在使用。

- **备选方案 2：集群 + MySQL 存储**

高性能消息读取属于"计算高性能"的范畴，参考第 5 章，单服务器高性能备选方案有很多种。由于团队的开发语言是 Java，虽然有人觉得 C/C++语言更加适合写高性能的中间件系统，但架构师综合来看，决定无须为了语言的性能优势而让整个团队切换语言，消息队列系统继续用 Java 开发。由于 Netty 是 Java 领域成熟的高性能网络库，因此架构师决定基于 Netty 开发消息队列系统。

由于系统设计的 QPS 是 13800，即使单机采用 Netty 来构建高性能系统，单台服务器支撑这么高的 QPS 还是有很大风险的，因此架构师决定采取集群方式来满足高性能消息读取，集群的负载均衡算法采用简单的轮询即可。

同理，"高可用写入"和"高性能读取"一样，可以采取集群的方式来满足。因为消息只要写入集群中一台服务器就算成功写入，因此"高可用写入"的集群分配算法和"高性能读取"也一样采用轮询，即正常情况下，客户端将消息依次写入不同的服务器；在某台服务器异常的情况下，客户端直接将消息写入下一台正常的服务器即可。

整个系统中最复杂的是"高可用存储"和"高可用读取"，"高可用存储"要求已经写入的消息在单台服务器宕机的情况下不丢失；"高可用读取"要求已经写入的消息在单台服务器宕机的情况下可以继续读取。架构师第一时间想到的就是可以利用 MySQL 的主备复制功能来达到"高可用存储"的目的，通过服务器的主备方案来达到"高可用读取"的目的。具体方案如下图所示。

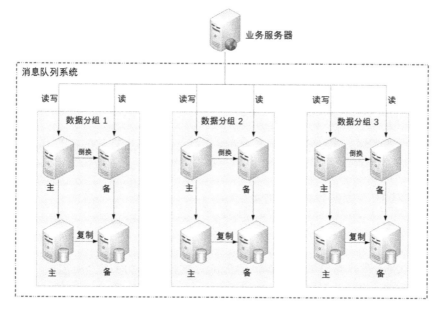

方案简单描述如下：

（1）采用数据分散集群的架构，集群中的服务器进行分组，每个分组存储一部分消息数据。

（2）每个分组包含一台主 MySQL 和一台备 MySQL，分组内主备数据复制，分组间数据不同步。

（3）在正常情况下，分组内的主服务器对外提供消息写入和消息读取服务，备服务器不对外提供服务；在主服务器宕机的情况下，备服务器对外提供消息读取的服务。

（4）客户端采取轮询的策略写入和读取消息。

- **备选方案 3：集群 + 自研存储方案**

在备选方案 2 的基础上，将 MySQL 存储替换为自研实现存储方案，因为 MySQL 的关系型数据库的特点并不是很契合消息队列的数据特点，参考 Kafka 的做法，可以自己实现一套文件存储和复制方案（此处省略具体的方案描述，实际设计时需要给出方案）。

可以看出，高性能消息读取单机系统设计这部分时并没有多个备选方案可选，备选方案 2 和备选方案 3 都采取基于 Netty 的网络库，用 Java 语言开发，原因就在于团队的 Java 背景约束了备选的范围。通常情况下，成熟的团队不会轻易改变技术栈，反而是新成立的技术团队更加倾向于采用新技术。

以上简单地给出了 3 个备选方案用来示范如何操作，实践中要比上述方案复杂一些。架构师的技术储备越丰富，经验越多，备选方案也会更多，从而才能更好地设计备选方案。例如，开源方案选择可能包括 Kafka、ActiveMQ、RabbitMQ；自研的存储方案既可以考虑用 MySQL，也可以考虑用 HBase，还可以考虑用 Redis 与 MySQL 结合，等等；自研的文件系统也可以有多个，可以参考 Kafka，也可以参考 LevelDB，还可以参考 HBase，等等，限于篇幅，这里不一一展开。

16.2.3　评估和选择备选方案

针对 3 个备选方案，架构师组织了备选方案评审会议，参加的人有研发、测试、运维，还有几个核心业务的主管。

- **备选方案 1：采用开源 Kafka 方案**

业务主管倾向于采用 Kafka 方案，因为 Kafka 已经比较成熟，各个业务团队或多或少都了解过 Kafka。

中间件团队部分研发人员也支持使用 Kafka，因为使用 Kafka 能节省大量的开发投入；但部分人员认为 Kafka 可能并不适合我们的业务场景，因为 Kafka 的设计目的是支撑大容量的日志消息传输，而我们的消息队列是为了业务数据的可靠传输。

运维代表提出了强烈的反对意见：首先，Kafka 是用 Scala 语言编写的，运维团队没有维护 Scala 语言开发的系统的经验，出问题后很难快速处理；其次，目前运维团队已经有一套成熟的运维体系，包括部署、监控、应急等，使用 Kafka，Kafka 无法融入这套体系，需要单独投入运维人力。

测试代表也倾向于引入 Kafka，因为 Kafka 比较成熟，无须太多测试投入。

- **备选方案 2：集群 + MySQL 存储**

中间件团队的研发人员认为这个方案比较简单，但部分研发人员对于这个方案的性能持怀疑态度，毕竟使用 MySQL 来存储消息数据，性能肯定不如使用文件系统；并且有的研发人员担心这样的方案是否会影响中间件团队的技术声誉，毕竟用 MySQL 来做消息队列，看起来比较"土"和另类。

运维代表赞同这个方案，因为这个方案可以融入现有的运维体系中，而且使用 MySQL 存储数据，可靠性有保证，运维团队也有丰富的 MySQL 运维经验；但运维团队认为这个方案的成本比较高，一个数据分组就需要 4 台机器（2 台服务器 + 2 台数据库）。

测试代表认为这个方案测试人力投入较大，包括功能测试、性能测试、可靠性测试等都需要大量地投入人力。

业务主管对这个方案既不肯定也不否定，因为反正都不是业务团队投入人力来开发，系统维护也是中间件团队负责，对业务团队来说，只要保证消息队列系统稳定和可靠即可。

- **备选方案 3：集群 + 自研存储系统**

中间件团队部分研发人员认为这是一个很好的方案，既能够展现中间件团队的技术实力，性能上相比 MySQL 也要高；但其他研发人员认为这个方案复杂度太高，按照目前的团队人力和技术实力，要做到稳定可靠的存储系统，需要耗时较长的迭代，这个过程中消息队列系统可能因为存储出现严重问题，例如文件损坏导致丢失大量数据。

运维代表也不太赞成这个方案，因为运维之前遇到过几次类似的存储系统故障导致数据丢失的问题，损失惨重。例如，MongoDB 丢数据、Tokyo Tyrant 丢数据无法恢复等。运维团队并不相信目前的中间件团队的技术实力足以支撑自己研发一个存储系统（这让中间件团队的人员感觉有点不爽）。

测试代表赞同运维代表的意见，并且自研存储系统的测试难度也很高，投入也很大。

业务主管对自研存储系统也持保留意见，因为从历史经验来看，新系统上线肯定有 bug，而存储系统出 bug 是最严重的，一旦出 bug 导致大量消息丢失，对系统的影响会很大。

针对 3 个备选方案的讨论初步完成后，架构师列出了如下所示的 3 个方案的 360 度环评表。

质 量 属 性	引入 Kafka	MySQL 存储	自 研 存 储
性能	高	中	高
复杂度	低，基本开箱即用	中，MySQL 存储和复制，方案只需要开发服务器集群就可以	高，自研存储方案复杂度很高
硬件成本	低	高，一个分区就 4 台机器	低，和 Kafka 一样

续表

质 量 属 性	引入 Kafka	MySQL 存储	自 研 存 储
可运维性	低，无法融入现有的运维体系，且运维团队无 Scala 经验	高，可以融入现有运维体系，MySQL 运维很成熟	高，可以融入现有运维体系，并且只需要维护服务器即可，无须维护 MySQL
可靠性	高，成熟开源方案	高，MySQL 存储很成熟	低，自研存储系统可靠性在最初阶段难以保证
人力投入	低，开箱即用	中，只需要开发服务器集群	高，需要开发服务器集群和存储系统

列出这个表格后，无法一眼看出具体哪个方案更合适，于是大家都把目光投向架构师，决策的压力现在集中在架构师身上了。

架构师经过思考后，给出了最终的选择——备选方案 2，原因如下：

- 排除备选方案 1 的主要原因是可运维性，因为再怎么成熟的系统，上线后都可能出问题，如果出问题无法快速解决，则无法满足业务的需求；并且 Kafka 的主要设计目标是高性能日志传输，而我们的消息队列设计的主要目标是业务消息的可靠传输。

- 排除备选方案 3 的主要原因是复杂度，目前团队技术实力和人员规模（总共 6 人，还有其他中间件系统需要开发和维护）无法支撑自研存储系统（参考架构设计原则 2：简单原则）。

- 备选方案 2 的优点就是复杂度不高，也可以很好地融入现有运维体系，可靠性也有保障。

针对备选方案 2 的缺点，架构师解释如下：

- 备选方案 2 的第一个缺点是性能，业务目前需要的性能并不是非常高，方案 2 能够满足，即使后面性能需求增加，方案 2 的数据分组方案也能够平行扩展进行支撑（参考架构设计原则 3：演化原则）。

- 备选方案 2 的第二个缺点是成本，一个分组就需要 4 台机器，支撑目前的业务需求可能需要 12 台机器，但实际上备机（包括服务器和数据库）主要用作备份，可以和其他系统并行部署在同一台机器上。

- 备选方案 2 的第三个缺点是技术上看起来并不很优越，但我们的设计目的不是为了证明自己（参考架构设计原则 1：合适原则），而是更快更好地满足业务需求。

最后，大家针对一些细节再次讨论后，确定了选择备选方案 2。

通过这个模拟的案例我们可以看出，备选方案的选择和很多因素相关，并不单单考虑性能高低、技术是否优越这些纯技术因素。业务的需求特点、运维团队的经验、已有的技术体系、团队人员的技术水平都会影响备选方案的选择。因此，同样是上述 3 个备选方案，有的团队会选择引入 Kafka（例如，很多创业公司的初创团队，人手不够，需要快速上线支撑业务），有的会选择自研存储系统（例如，淘宝开发了 RocketMQ，人多力量大，业务复杂是主要原因）。

16.2.4　细化方案

虽然我们挑选了备选方案 2 作为最终方案，但备选方案设计阶段的方案粒度还比较粗，无法真正指导开发人员进行后续的设计和开发，因此需要在备选方案的基础上进一步细化。

以下列出一些备选方案 2 中典型的需要细化的点供读者参考，由于篇幅限制，书中不会详细给出完整的方案设计文档，有兴趣的读者可以自己尝试去完善整个方案设计文档。

细化设计点 1：数据库表如何设计？

- 数据库设计两类表，一类是日志表，用于消息写入时快速存储到 MySQL 中；另一类是消息表，每个消息队列一张表。

- 业务系统发布消息时，首先写入日志表，日志表写入成功就代表消息写入成功；后台线程再从日志表中读取消息写入记录，将消息内容写入消息表中。

- 业务系统读取消息时，从消息表中读取。

- 日志表表名为 MQ_LOG，包含的字段：日志 ID、发布者信息、发布时间、队列名称、消息内容。

- 消息表表名就是队列名称，包含的字段：消息 ID（递增生成）、消息内容、消息发布时间、消息发布者。

- 日志表需要及时清除已经写入消息表的日志数据，消息表最多保存 30 天的消息数据。

细化设计点 2：数据如何复制？

直接采用 MySQL 主从复制即可，只复制消息存储表。

细化设计点 3：主备服务器如何倒换？

采用 ZooKeeper 来做主备决策，主备服务器都连接到 ZooKeeper 建立自己的节点，主服务器的路径规则为“/MQ/server/分区编号/master”，备机为“/MQ/server/分区编号/slave”，节点类型为 EPHEMERAL。备机监听主机的节点消息，当发现主服务器节点断连后，备服务器修改自己的状态，对外提供消息读取服务。

细化设计点 4：业务服务器如何写入消息？

- 消息队列系统设计两个角色：生产者和消费者，每个角色都有唯一的名称。

- 消息队列系统提供 SDK 供各业务系统调用，SDK 从配置中读取所有消息队列系统的服务器信息，SDK 采取轮询算法发起消息写入请求给主服务器。如果某个主服务器无响应或返回错误，SDK 将发起请求发送到下一台服务器。

细化设计点 5：业务服务器如何读取消息？

- 消息队列系统提供 SDK 供各业务系统调用，SDK 从配置中读取所有消息队列系统的服务器信息，轮流向所有服务器发起消息读取请求。
- 消息队列服务器需要记录每个消费者的消费状态，即当前消费者已经读取到了哪条消息，当收到消息读取请求时，返回下一条未被读取的消息给消费者。

细化设计点 6：业务服务器和消息队列服务器之间的通信协议如何设计？

考虑到消息队列系统后续可能会对接多种不同编程语言编写的系统，为了提升兼容性，传输协议用 TCP，数据格式为 ProtocolBuffer。

还有更多设计细节此处不再一一列举，因此这不是一个完整的设计方案，只是为了通过一些具体实例来说明细化方案具体如何做。

16.3　本章小结

- 识别复杂度对架构师来说是一项挑战，因为原始的需求中并没有哪个地方会明确地说复杂度在哪里，需要架构师在理解需求的基础上进行分析。
- 有经验的架构师可能一看需求就知道复杂度大概在哪里，如果经验不足，则只能采取"排查法"，从不同的角度逐一进行分析。
- 架构师关注的不是一天的数据，而是 1 秒的数据，即 TPS 和 QPS。
- 备选方案的选择和很多因素相关，并不单单考虑性能高低、技术是否优越这些纯技术因素，业务的需求特点、运维团队的经验、已有的技术体系、团队人员的技术水平都会影响备选方案的选择。
- 架构设计目的不是证明自己（参考架构设计原则 1：合适原则），而是更快更好地满足业务需求。

第 17 章
互联网架构演进

17.1　技术演进

17.1.1　技术演进的动力

　　互联网的出现不但改变了普通人的生活方式，同时也促进了技术圈的快速发展和开放。在开源和分享两股力量的推动下，最近 10 多年的技术发展可以说是目不暇接，你方唱罢我登场，大的方面有大数据、云计算、人工智能等，细分的领域有 NoSQL、Node.js、Docker 容器化等。各个大公司也乐于将自己的技术开源或分享出来，以此来提升自己的技术影响力，打造圈内技术口碑，从而形成强大的人才吸引力。例如，Google 的大数据论文、淘宝的全链路压测、微信的红包高并发技术等。

　　对于技术人员来说，技术的快速发展当然是一件大好事，毕竟这意味着技术百宝箱中又多了更多的可选工具，同时也可以通过学习业界先进的技术来提升自己的技术实力。但对于架构师来说，除了这些好处，却也多了"甜蜜的烦恼"：面对层出不穷的新技术，我们应该采取什么样的策略？

　　例如，架构师经常会面临如下的诱惑或挑战：

- 现在 Docker 虚拟化技术很流行，我们要不要引进，引入 Docker 后可以每年节省几十万元的硬件成本呢？

- 竞争对手用了阿里的云计算技术，听说因为上了云，业务增长了好几倍呢，我们是否也应该尽快上云啊？

- 我们的技术和业界顶尖公司（例如，淘宝、微信）差距很大，应该投入人力和时间追上去，不然招聘的时候没有技术影响力！

- 公司的技术发展现在已经比较成熟了，"码农们"都觉得在公司学不到东西，我们可以尝试引入 Golang 来给大家一个学习新技术的机会。

类似的问题还有很多，本质上都可以归纳总结为一个问题：我们应该如何推动技术的发展？

关于这个问题的答案，基本上可以分为几个典型的派别。

- 潮流派

  潮流派的典型特征就是对于新技术特别热衷，紧跟技术潮流，当有新的技术出现时，迫切地想将新的技术应用到自己的产品中。

  例如：

  o NoSQL 很火，咱们要大规模地切换为 NoSQL；

  o 大数据好牛呀，将我们的 MySQL 切换为 Hadoop 吧。

  o Node.js 使得 JavaScript 统一前后端，这样非常有助于开展我们的工作。

  ......

- 保守派

  保守派的典型特征和潮流派正好相反，对于新技术抱有很强的戒备心，稳定压倒一切，已经掌握了某种技术，就一直用这种技术打天下。就像那句俗语说的，"如果你手里有一把锤子，那么所有的问题都变成了钉子"，保守派就是拿着一把锤子解决所有的问题。

  例如：

  o MySQL 咱们用了这么久了，很熟悉了，业务也用 MySQL、数据分析也用 MySQL、报表还用 MySQL 吧。

  o Java 语言我们都很熟，业务用 Java、工具用 Java，平台也用 Java。

  ......

- 跟风派

  跟风派与潮流派不同，这里的跟风派不是指跟着技术潮流，而是指跟着竞争对手的步子走。简单来说，判断技术的发展就看竞争对手，竞争对手用了咱们就用，竞争对手没用咱们就等等看。

例如：

- 这项技术腾讯用了吗？腾讯用了我们就用。
- 阿里用了 Hadoop，他们都在用，肯定是好东西，咱们也要尽快用起来，以提高咱们的竞争力。
- Google 都用了 Docker，咱们也用吧。

……

不同派别的不同做法本质上都是价值观的不同：潮流派的价值观是新技术肯定能带来很大收益；稳定派的价值观是稳定压倒一切；跟风派的价值观是别人用了我就用。这些价值观本身都有一定的道理，但如果不考虑实际情况生搬硬套，就会出现"橘生南则为橘，橘生北则为枳"的情况。我们来看一下不同的派别可能存在的问题。

- 潮流派

首先，新技术需要时间成熟，如果刚出来就用，此时新技术还不怎么成熟，实际应用中很可能遇到各种"坑"，自己成了实验小白鼠。

其次，新技术需要学习，需要花费一定的时间去掌握，这个也是较大的成本；如果等到掌握了结果技术又不适用，则是一种较大的人力浪费。例如，Angular 1 后来被全新的 Angular 2 代替。

- 保守派

保守派的主要问题是不能享受新技术带来的收益，因为新技术很多都是为了解决以前技术存在的固有缺陷。就像汽车取代马车一样，不是量变而是质变，带来的收益不是线性变化的，而是爆发式变化的。如果无视技术的发展，形象一点说就是有了拖拉机，你还偏偏要用牛车。

例如，引入 Memcache 能够大大减轻关系数据库的访问压力，提升系统的并发支撑能力。

- 跟风派

可能很多人都会认为，跟风派与"潮流派"和"保守派"相比，是最有效的策略，既不会承担"潮流派"的风险，也不会遭受"保守派"的损失，花费的资源也少，简直就是一举多得。

看起来很美妙，但跟风派最大的问题在于在没有风可跟的时候怎么办？一种情况就是如果你是领头羊怎么办，其他人都准备跟你的风呢？另外一种情况就是竞争对手的这些信息并不那么容易获取，即使获取到了一些信息，大部分也是不全面的，一不小心可能就变成邯郸学步了。

即使有风可跟，其实也存在问题。俗话说：橘生淮南则为橘，生于淮北则为枳，叶徒相似，其实味不同。适用于竞争对手的技术，并不一定适用于自己，盲目模仿可能带来相反的效果。

既然潮流派、保守派、跟风派都存在这样或那样的问题，到底什么样的策略才是真正有效的技术发展策略呢？

这个问题之所以让人困惑，关键的原因还是在于不管是潮流派、保守派，还是跟风派，都是站在技术本身的角度来考虑问题的，正所谓"不识庐山真面，只缘身在此山中"。因此，要想看到"庐山真面目"，只有跳出技术的范畴，从一个更广更高的角度来考虑这个问题，这个角度就是企业的业务发展。

无论代表新兴技术的互联网企业，还是代表传统技术的制造业，无论通信行业，还是金融行业……企业的发展，归根到底就是业务的发展，而影响一个企业的发展主要有 3 个因素：市场、技术、管理。这三者构成业务发展的铁三角支撑，任何一个因素的不足，都可能导致企业的业务停滞不前，如下图所示。

在这个铁三角中，业务处于三角形的中心，毫不夸张地说，市场、技术、管理都是为了支撑企业业务的发展。市场和管理对业务的影响不在本文的探讨范畴之内，我们主要探讨"技术"和"业务"之间的关系和互相如何影响。

我们可以简单地将企业的业务分为两类：一类是产品类，另一类是服务类。

【产品类】：360 的杀毒软件、苹果的 iPhone、UC 的浏览器等都属于这个范畴，这些产品本质上和传统的制造业产品类似，都是具备了某种"功能"，单个用户通过购买或免费使用这些产品来完成自己相关的某些任务，用户对这些产品是独占的。

【服务类】：百度的搜索、淘宝的购物、新浪的微博、腾讯的 IM 等都属于这个范畴，大量用户使用这些服务来完成需要与其他人交互的任务，单个用户"使用"但不"独占"某个服务。事实上，服务的用户越多，服务的价值就越大。服务类的业务符合互联网的特征和本质："互联" ＋"网"。

对于产品类业务，答案看起来很明显：**技术创新推动业务发展**！例如：

（1）苹果开发智能手机，将诺基亚推下王座，自己成为全球手机行业的新王者。

（2）2G 时代，UC 浏览器独创的云端架构，很好地解决了上网慢的问题；智能机时代，UC 浏览器又自主研发全新的 U3 内核，兼顾高速、安全、智能及可扩展性，这些技术创新是 UC 浏览器成为全球最大的第三方手机浏览器最强有力的推动力。

为何对于产品类的业务，技术创新能够推动业务发展呢？答案在于用户选择一个产品的根本驱动力在于产品的功能是否能够更好地帮助自己完成任务。用户会自然而然地选择那些功能更加强大、性能更加先进、体验更加顺畅、外观更加漂亮的产品，而功能、性能、体验、外观等都需要强大的技术支撑。例如，iPhone 手机的多点触摸操作、UC 浏览器的 U3 内核等。

对于"服务"类的业务，答案和产品类业务正好相反：**业务发展推动技术的发展！**

为什么会出现截然相反的情况呢？主要原因是用户选择服务的根本驱动力与选择产品不同。用户选择一个产品的根本驱动力是其"功能"，而用户选择一个服务的根本驱动力不是功能，而是"规模"。

例如，选择 UC 浏览器还是选择 QQ 浏览器，更多的人是根据个人喜好和体验来决定的；而选择微信还是 WhatsApp，就不是根据它们之间的功能差异来选择的，而是根据其规模来选择的，就像我更喜欢 WhatsApp 的简洁，但我的朋友和周边的人都用微信，那我也不得不用微信。

当"规模"成为业务的决定因素后，服务模式的创新就成为业务发展的核心驱动力，而产品只是为了完成服务而提供给用户使用的一个载体。以淘宝为例：淘宝提供的"网络购物"是一种新的服务，这种业务与传统的实体店购物是完全不同的，而为了完成这种业务，需要"淘宝网""支付宝""一淘""菜鸟物流"等多个产品。随便一个软件公司，如果只是要模仿开发出类似的产品，只要愿意投入，半年时间就可以将这些产品全部开发出来。但是这样做并没有意义，因为用户选择的是淘宝的整套网络购物服务，并且这个服务已经具备了一定的规模，其他公司不具备这种同等规模服务的能力。即使开发出完全一样的产品，用户也不会因为产品功能更加强大而选择新的类似产品。

以微信为例，同样可以得出类似的结论。假如我们进行技术创新，开发一个耗电量只有微信的 1/10、用户体验比微信好 10 倍的产品，你觉得现在的微信用户都会抛弃微信，而转投我们的这个产品吗？我相信绝大部分人都不会，因为微信不是一个互联网产品，而是一个互联网服务，你一个人换到其他类微信类产品是没有意义的。

因此，服务类的业务发展路径是这样的：提出一种创新的服务模式→吸引了一批用户→业务开始发展→吸引了更多用户→服务模式不断完善和创新→吸引越来越多的用户，如此循环往复。在这个发展路径中，技术并没有成为业务发展的驱动力，反过来由于用户规模的不断扩展，业务的不断创新和改进，对技术会提出越来越高的要求，因此是业务驱动了技术发展。

其实回到产品类业务，如果我们将观察的时间拉长来看，即使是产品类业务，在技术创新开创了一个新的业务后，后续的业务发展也会反向推动技术的发展。例如，第一代 iPhone 缺少对 3G 的支持，且只能通过 Web 发布应用程序，第二代 iPhone 才开始支持 3G，并且内置 GPS；UC 浏览器随着功能越来越强大，原有的技术无法满足业务发展的需求，浏览器的架构需要进行更新，先后经过 UC 浏览器 7.0 版本、UC 浏览器 8.0 版本、UC 浏览器 9.0 版本等几个技术差异很大的版本。

综合上述分析，除非是开创新的技术，能够推动或创造一种新的业务，其他情况下，都是业务的发展推动了技术的发展。

前面讲了那么一大堆理论，听起来有点道理，但实践是检验真理的唯一标准，究竟事实是否就是这样呢？我们可以回顾一下几个典型互联网企业的技术发展历程。这里挑选了两个最典型的企业：淘宝、腾讯。之所以挑选这两个，一个是因为大家耳熟能详，另外一个也是因为资料好找。

17.1.2 淘宝

> **注：** 以下内容主要摘自《淘宝技术发展》。

淘宝技术发展主要经历了"个人网站""Oracle/支付宝/旺旺""Java 时代 1.0""Java 时代 2.0""Java 时代 3.0""分布式时代"。我们看看每个阶段的主要驱动力是什么。

1. 个人网站

> 2003 年 4 月 7 日马云提出成立淘宝，2003 年 5 月 10 日淘宝就上线了，中间只有 1 个月，怎么办？淘宝的答案就是：买一个。
>
> 估计大部分人很难想象如今技术牛气冲天的阿里最初的淘宝竟然是买来的，我们看看当初决策的依据：
>
> 当时对整个项目组来说压力最大的就是时间，怎么在最短的时间内把一个从来就没有的网站从零开始建立起来？了解淘宝历史的人知道淘宝是在 2003 年 5 月 10 日上线的，这之间只有一个月。要是你在这个团队里，你怎么做？我们的答案就是：买一个来。

淘宝当时在初创时，没有过多考虑技术是否优越，没有过多考虑性能是否海量，没有考虑稳定性如何，主要的考虑因素就是：快！

因为此时业务要求快速上线，时间不等人，等你花几个月甚至十几个月搞出 1 个强大的系统出来，可能市场机会就没有了，黄花菜都凉了。

同样，在考虑如何买的时候，淘宝的决策依据主要也是"快"：

> "买一个网站显然比做一个网站要省事一些，但是他们的梦想可不是做一个小网站而已，要做大，就不是随便买个就行的，要有比较低的维护成本，要能够方便地扩展和二次开发。
>
> 那接下来就是第二个问题：买一个什么样的网站？答案是：轻量一点的，简单一点的。

买一个系统是为了"快速可用"，而买一个轻量级的系统是为了"快速开发"。因为系统上线后肯定有大量的需求需要做，这时能够快速开发就非常重要。

从这个实例我们可以看到：淘宝最开始的时候业务要求就是"快"，因此反过来要求技术同样要"快"，业务决定技术。

第一代的技术架构如下图所示。

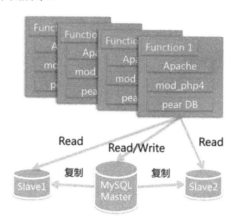

2. Oracle/支付宝/旺旺

淘宝网推出后，由于正好碰到"非典"，网购很火爆，加上采取了成功的市场运作，流量和交易量迅速上涨，业务发展很快，在 2003 年底，MySQL 已经撑不住了。

一般人或团队在这个时候，可能就开始优化系统、优化架构、分拆业务了，因为这些是大家耳熟能详也很拿手的动作。那我们来看看淘宝这个时候怎么采取的措施：

> "技术的替代方案非常简单，就是换成 Oracle。换 Oracle 的原因除了它容量大、稳定、安全、性能高，还有人才方面的原因。"

可以看出这个时候淘宝的策略主要还是"买"，买更高配置的 Oracle，这个是当时情况下最快的方法。

除了购买 Oracle，后来为了优化，又买了更强大的存储：

> "后来数据量变大了，本地存储不行了。买了 NAS（Network Attached Storage，网络附属存储），NetApp 的 NAS 存储作为了数据库的存储设备，加上 Oracle RAC（Real Application Clusters，实时应用集群）来实现负载均衡。"

为什么淘宝在这个时候继续采取"买"的方式来快速解决问题呢？我们可以从时间上看出端倪：此时离刚上线才半年不到，业务飞速发展，最快的方式支撑业务的发展还是去买。如果说第一阶段买的是"方案"，这个阶段买的就是"性能"。

换上 Oracle 和昂贵的存储后，第二代架构如下图所示。

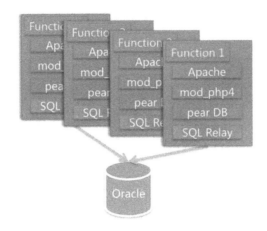

3. Java 时代 1.0——脱胎换骨

> 淘宝切换到 Java 的原因很有趣，主要因为找了一个 PHP 的开源连接池 SQL Relay 连接到 Oracle，而这个代理经常死锁，死锁了就必须重启，而数据库又必须用 Oracle，于是决定换个开发语言。最后淘宝挑选了 Java，而且当时挑选 Java，也是请 Sun 公司的人，这帮人很厉害，先是将淘宝网站从 PHP 热切换到了 Java，后来又做了支付宝。

这次切换的最主要原因是技术影响了业务的发展，频繁的死锁和重启对用户业务产生了严重的影响。从业务的角度来看这是不得不解决的技术问题。

但这次淘宝为什么没有去"买"呢？我们看最初选择 SQL Relay 的原因：

> 但对于 PHP 语言来说，它是放在 Apache 上的，每一个请求都会对数据库产生一个连接，它没有连接池这种功能（Java 语言有 Servlet 容器，可以存放连接池）。那如何是好呢？这帮人打探到 eBay 在 PHP 下面用了一个连接池的工具，是 BEA 卖给他们的。我们知道 BEA 的东西都很贵，我们买不起，于是多隆在网上寻寻觅觅，找到一个开源的连接池代理服务 SQLRelay。

不清楚当时到底有多贵，Oracle 都可以买，连接池买不起？所以我个人感觉这次切换语言，更多是为以后业务发展做铺垫，毕竟当时 PHP 语言远远没有 Java 那么火，那么好招人。淘宝选择 Java 语言的理由可以从侧面验证这点：

> Java 是当时最成熟的网站开发语言，它有比较良好的企业开发框架，被世界上主流的大规模网站普遍采用，另外有 Java 开发经验的人才也比较多，后续维护成本会比较低。

从 PHP 改为 Java 后，第三代技术架构如下图所示。

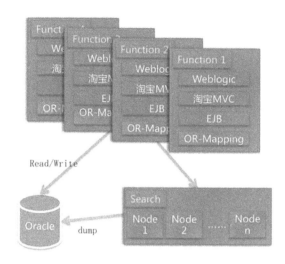

4. Java 时代 2.0——坚若磐石

Java2.0 时代，淘宝做了很多优化工作：数据分库、放弃 EJB、引入 Spring、加入缓存、加入 CDN、采用开源的 JBoss。为什么在这个时候要做这些动作？原文作者很好地概括了做这些动作的原因：

> 这些杂七杂八的修改，我们对数据分库、放弃 EJB、引入 Spring、加入缓存、加入 CDN、采用开源的 JBoss，看起来没有章法可循，其实都是围绕着提高容量、提高性能、节约成本来做的。

我们思考一下，为什么在前面的阶段，淘宝考虑的都是"快"，而现在开始考虑"容量、性能、成本"了呢？而且为什么这个时候不采取"买"的方式来解决容量、性能、成本问题呢？

简单来说，就是"买"也搞不定了，此时的业务发展情况是这样的：

> 随着数据量的继续增长，到了 2005 年，商品数有 1663 万，PV 有 8931 万，注册会员有 1390 万，这给数据和存储带来的压力依然很大，数据量大，性能就慢。

原有的方案存在固有缺陷，随着业务的发展，已经不是靠"买"就能够解决问题了，此时必须从整个架构上去进行调整和优化。比如说 Oracle 再强大，在做 like 类搜索的时候，也不可能做到纯粹的搜索系统如 Solr、Sphinx 等的性能，因为这是机制决定的。

另外，随着规模的增大，纯粹靠买的一个典型问题开始成为重要的考虑因素，那就是成本。当买一两台 Oracle 的时候，可能对成本并不怎么关心，但如果要买 100 台 Oracle，成本就是一个关键因素了。这就是"量变带来质变"的一个典型案例。

Java 架构经过各种优化，第四代技术架构如下图所示。

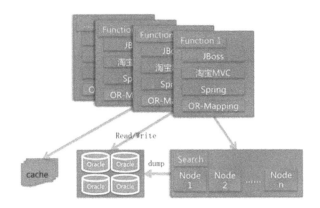

5. Java 时代 3.0 和分布式时代

> Java 时代 3.0 时代我个人认为是淘宝技术飞跃的开始，简单来说就是淘宝技术从商用转为"自研"，典型的就是去 IOE 化。
>
> 分布式时代我认为是淘宝技术的修炼成功，到了这个阶段，自研技术已经自成一派，除了支撑本身的海量业务，也开始影响整个互联网的技术发展。
>
> 具体的原因这里就不详细分析，留给读者按照前面的思路去分析。

到了这个阶段，业务规模急剧上升后，原来并不是主要复杂度的 IOE 成本开始成为主要的问题，因此通过自研系统来降低 IOE 的成本。

17.1.3　手机 QQ

> **注：** 以下内容主要摘自《QQ1.4 亿在线背后的故事》。

手机 QQ 的发展历程按照用户规模可以粗略划分为 4 个阶段：十万级、百万级、千万级、亿级，不同的用户规模，IM 后台的架构也不同，而且基本上都是用户规模先上去，然后产生各种问题，倒逼技术架构升级。

1. 十万级——IM1.X

最开始的手机 QQ 后台如下图所示，可以说是简单得不能再简单、普通得不能再普通的一个架构了。

2. 百万级——IM2.X

业务发展：2001 年，QQ 同时在线人数突破一百万。

第一代架构很简单，但很明显不可能支撑百万级的用户规模，主要的问题有：

（1）以接入服务器的内存为例，单个在线用户的存储量约为 2KB，索引和在线状态为 50 字节，好友表 400 个好友×5 字节/好友 = 2000 字节，大致来说，2GB 内存只能支持一百万在线用户。

（2）CPU/网卡包量和流量/交换机流量等瓶颈。

（3）单台服务器支撑不下所有在线用户/注册用户。

于是针对这些问题做架构改造，IM2.X 的最终架构如下图所示。

3. 千万级——IM3.X

业务发展：2005 年，QQ 同时在线人数突破一千万。

第二代架构支撑百万级用户是没问题的，但支撑千万级用户又有问题，表现如下：

（1）同步流量太大，状态同步服务器遇到单机瓶颈。

（2）所有在线用户的在线状态信息量太大，单台接入服务器存不下，如果在线数进一步增加，则甚至单台状态同步服务器也存不下。

（3）单台状态同步服务器支撑不下所有在线用户。

（4）单台接入服务器支撑不下所有在线用户的在线状态信息。

针对这些问题，架构需要继续改造升级，IM3.X 的最终架构如下图所示。

4. 亿级——IM4.X

业务发展：2010 年 3 月，QQ 同时在线人数过亿。

第三代架构此时也不适应了，主要问题有：

（1）灵活性很差："昵称"长度增加一半，需要两个月，增加"故乡"字段，需要两个月，最大好友数从 500 变成 1000，需要三个月。

（2）无法支撑这些关键功能：上万好友、隐私权限控制、PC QQ 与手机 QQ 别互踢、微信与 QQ 互通、异地容灾。

除了不适应，还有一个更严重的问题：

"IM 后台从 1.0 到 3.5 都是在原来基础上做改造升级的，但是持续打补丁已经难以支撑亿级在线，IM 后台 4.0 必须从头开始，重新设计实现！"

决定重新打造一个这么复杂的系统，不得不佩服当时决策人的勇气和魄力！

重新设计的 IM4.0 架构如下图所示，和之前的架构相比，架构本身都拆分为两个主要的架构：存储架构和通信架构。

【存储架构】

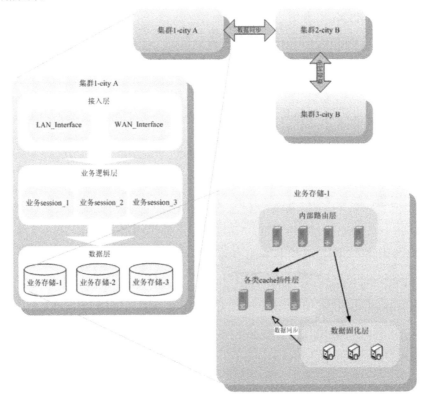

【通信架构】

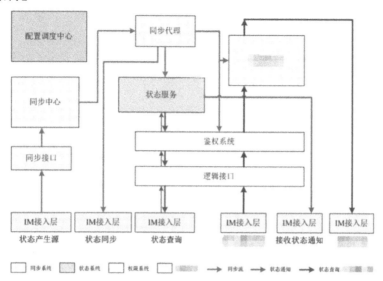

17.1.4　微信

微信客户端从 2011 年发布，到 2017 年达到月活 9 亿用户，发展非常迅猛，但微信客户端的发展也并不是一帆风顺的，整个发展历史也是典型的 Android 应用在从小到大的成长过程中的 "踩坑" 与 "填坑" 的历史。

1. 微信客户端 1.x

微信 1.0 for Android 的测试版本于 2011 年 1 月发布。这是微信 Android 客户端的第一个版本，软件架构采用早期标准的 Android 系统应用设计，如下图所示。

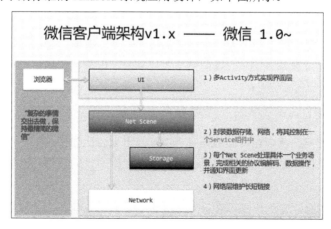

第一个版本是两个人用了一个多月的时间开发出来的，其中一个还是刚刚毕业没多久的实习生。这个时期团队一穷二白，资源有限、经验不够。主导思想是，复杂的事情尽量交出去做，保持最精简的客户端代码。得益于 Android 应用开发简单快速，从结构上看，这个时候其实还没有到需要特别设计的阶段，是最原始、简单的 Android 应用，只是采用了最基本的分层设计思想。

2. 微信客户端 2.x

从微信 2.0 开始，功能出现爆炸式增长，从语音版，到附近的人、漂流瓶，再到摇一摇等业务都快速上线。这个阶段整个开发团队几乎将全部的时间和精力都投入在开发新功能上去了，目标就是快速推出新功能，快速验证新功能。但随着时间的推移，各种意想不到的问题开始暴露出来了：机型兼容性问题、内存占用过大、安装包膨胀、内存泄漏、消息推送延迟等问题日益严重。

为了解决这些问题，微信客户端架构进行了升级，进入 2.x 时代，其主要架构如下图所示。

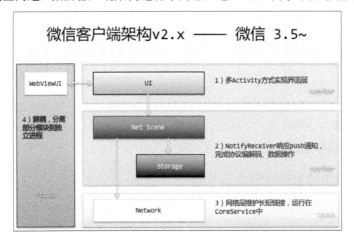

2.x 架构的主要设计思想就是"轻重进程分离"：Network 进程独立到一个单独的进程（:push）中。通过分离进程，解决了系统因为微信资源消耗，主动"干掉"微信服务的困境。分离后的 push 进程内存占用以及被系统 kill 回收的概率大幅降低，电量和平均待机内存消耗上都大幅度下降，从内存上来看下降了 70%。

3. 微信客户端 3.x

微信 2.x 架构的问题逐渐在后面的开发当中暴露出来。比如进程每一次都要重新加载，里面所有的 Cache、图片、界面全部要重新去执行一遍同样的代码，每一次加载内存都需要重新消耗时间。

除了 2.x 架构本身存在的问题，业务上也发生了更多的变化。微信在高速发展过程当中，到 5.0 的时候已经有很多功能，而其中一些功能，随着用户群体、产品设计等因素变化，用户使用的频率在改变。之前试错的一些功能，也大量存留在微信版本中，这些不常使用的功能不应该始终占用程序资源。因此，微信的架构演进进入了第三个阶段（v3.x），如下图所示。

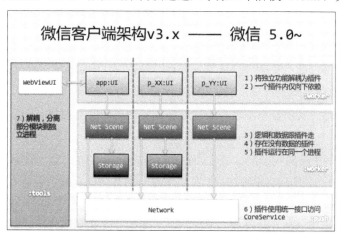

从架构上进行纵向分离，保证主要场景的体验，是这一时期的主要设计思路。将 App 分为主功能和附属功能，优先保证主 App 功能的快速和稳定，将附属的新功能分离在独立的插件工程（p_XX）中，每个插件有独立的 UI 界面逻辑和资源、存储及网络协议编解码处理逻辑，通过共用统一的基础库接口来访问网络服务。

17.2　技术演进的模式

明确了技术发展主要的驱动力是业务发展后，我们来看看业务发展究竟是如何驱动技术发展的。

业务模式千差万别，有互联网的业务（淘宝、微信等），有金融的业务（中国平安、招商银行等），有传统企业的业务（各色 ERP 对应的业务）等，但无论什么模式的业务，如果业务的发展需要技术同步发展进行支撑，无一例外是因为业务"复杂性"的上升，导致原有的技术无法支撑。

按照第 1 章中介绍的复杂性分类，复杂性要么来源于功能不断叠加，要么来源于规模扩大，从而对性能和可用性有了更高的要求。既然如此，判断到底是什么复杂性发生了变化就显得至关重要了，是任何时候都要同时考虑功能复杂性和规模复杂性吗？还是有时候考虑功能复杂性，有时候考虑规模复杂性？还是随机挑一个复杂性的问题解决就可以了？

所以，对于架构师来说，判断业务当前和接下来一段时间的主要复杂度是什么是非常关键的。判断不准确就会导致投入大量的人力和时间做了对业务没有作用的事情，判断准确就能够做到技术推动业务更加快速发展。那么架构师具体应该按照什么标准来判断呢？

答案就是基于业务发展阶段进行判断，这也是为什么架构师必须具备业务理解能力的原因。不同的行业业务发展路径、轨迹、模式不一样，架构师必须能够基于行业发展和企业自身情况做出准确判断。

假设你是一个银行 IT 系统的架构师：

- 90 年代主要的业务复杂度可能就是银行业务范围逐渐扩大，功能越来越复杂，导致内部系统数量越来越多，单个系统功能越来越复杂。

- 2004 年以后主要的复杂度就是银行业务从柜台转向网上银行，网上银行的稳定性、安全性、易用性是主要的复杂度，这些复杂度主要由银行 IT 系统自己解决。

- 2009 年以后主要的复杂度又变化为移动支付复杂度，尤其是"双 11"这种海量支付请求的情况下，高性能、稳定性、安全性是主要的复杂度，而这些复杂度需要银行和移动支付服务商（支付宝、微信）等一起解决。

而如果我们是淘宝这种互联网业务的架构师，业务发展又会是另外一种模式：

- 2003 年，业务刚刚创立，主要的复杂度体现为如何才能快速开发各种需求，淘宝团队采取的是买了一个 PHP 写的系统来改。

- 2004 年，上线后业务发展迅速，用户请求数量大大增加，主要的复杂度体现为如何才能保证系统的性能，淘宝的团队采取的是用 Oracle 取代 MySQL。

- 用户数量再次增加，主要的复杂度还是性能和稳定性，淘宝的团队采取的是用 Java 替换 PHP。

- 2005 年，用户数量继续增加，主要的复杂度体现为单一的 Oracle 库已经无法满足性能要求，于是进行了分库分表、读写分离、缓存等优化。

- 2008 年，淘宝的商品数量在 1 亿以上，PV2.5 亿以上，主要的复杂度又变成了系统内部耦合，交易和商品耦合在一起，支付的时候又和支付宝强耦合，整个系统逻辑复杂，功能之间跳来跳去，用户体验也不好。淘宝的团队采取的是系统解耦，将交易中心、类目管理、用户中心从原来大一统的系统里面拆分出来。

由于各行业的业务发展轨迹并不完全相同，无法给出一个统一的模板让所有的架构师拿来就套用，因此我们以互联网的业务发展为案例，其他行业的架构师可以参考分析方法对自己的行业进行分析。

17.3 互联网业务发展

互联网业务千差万别，但由于它们具有"规模决定一切"的相同点，其发展路径也基本上是一致的。互联网业务发展一般分为几个时期：初创期、快速发展期、竞争期、成熟期。

不同时期的差别主要体现在两个方面：复杂性、用户规模。

17.3.1　业务复杂性

互联网业务发展第一个主要方向就是"业务越来越复杂"，我们来看看不同时期业务的复杂性的表现。

1. 初创期

互联网业务刚开始一般都是一个创新的业务点，这个业务点的重点不在于"完善"，而在于"创新"，只有创新才能吸引用户；而且因为其"新"的特点，其实一开始是不可能很完善的。只有随着越来越多的用户的使用，通过快速迭代试错、用户的反馈等手段，不断地在实践中去完善，去继续创新。

初创期的业务对技术就一个要求："快"，但这个时候却又是创业团队最弱小的时期，可能就几个技术人员，所以这个时候十八般武艺都需要用上：能买就买，有开源的就用开源的。

继续以淘宝和 QQ 为例。

第一版的淘宝如下图所示。

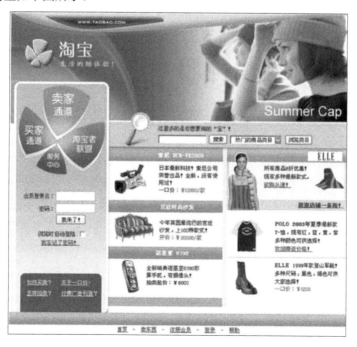

第一版 QQ 如下图所示。

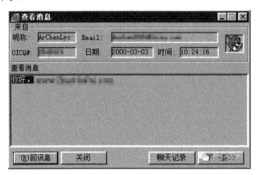

可以看到最开始的淘宝和 QQ 与现在的淘宝和 QQ 相比，几乎看不出是同一个业务了。

2. 发展期

当业务推出后经过市场验证如果是可行的，则吸引的用户就会越来越多，此时原来不完善的业务就进入了一个快速发展的时期。业务快速发展时期的主要目的是将原来不完善的业务逐渐完善，因此会有越来越多的新功能不断地加入系统中。对于绝大部分技术团队来说，这个阶段技术的核心工作是快速地实现各种需求，只有这样才能满足业务发展的需要。

如何做到"快"，一般会经历如下几个阶段。

* 堆功能

  业务进入快速发展期的初期，此时团队规模也不大，业务需求又很紧，最快实现业务需求的方式是继续在原有的系统里面不断地增加新的功能，重构、优化、架构等方面的工作即使想做，也会受制于人力和业务发展的压力而放在一边。

* 优化期

  "堆功能"的方式在刚开始的时候好用，因为系统还比较简单，但随着功能越来越多，系统开始变得越来越复杂，后面继续堆功能会感到越来越吃力，速度越来越慢。一种典型的场景是做一个需求要改好多地方，一不小心就改出了问题。直到有一天，技术团队或产品人员再也受不了这种慢速的方式，终于下定决心要解决这个问题了。

如何解决这个问题，一般会分为两派：一派是优化派，另一派是架构派。

【优化派】

优化派的核心思想是将现有的系统优化。例如，采用重构、分层、优化某个 MySQL 查询语句，将机械硬盘换成 SSD，将数据库从 MySQL 换成 Oracle，增加 Memcache 缓存，等等。优化派的优势是对系统改动较小，优化可以比较快速地实施；缺点就是可能过不了多久，系统又撑不住了。

【架构派】

架构派的核心思想是调整系统架构，主要是将原来的大系统拆分为多个互相配合的小系统。例如，将购物系统拆分为登录认证子系统、订单系统、查询系统、分析系统等。架构派的优势是一次调整可以支撑比较长期的业务发展，缺点是动作较大、耗时较长，对业务的发展影响也比较大。

相信在很多公司都遇到这种情况，大部分情况下都是"优化派"会赢，主要的原因还是因为此时"优化"是最快的方式。至于说"优化派"支撑不了多久这个问题，其实也不用考虑太多，因为业务能否发展到那个阶段，还是个未知数，保证当下的竞争力是最主要的问题。

3. 架构期

经过优化期后，如果业务能够继续发展，慢慢就会发现优化也顶不住了，毕竟再怎么优化，系统的能力总是有极限的，Oracle 再强大，也不可能一台 Oracle 顶住 1 亿的交易量；小型机再好，也不可能一台机器支持 100 万在线人数。此时已经没有别的选择，只能进行架构调整，在优化期被压制的架构派开始扬眉吐气了，甚至会骄傲地说"看看吧，早就说要进行架构调整，你们偏要优化，现在还是顶不住了吧，哼……"

架构期可以用的手段很多，但归根结底可以总结为一个字"拆"，什么地方都可以拆。

- 拆功能：例如，将购物系统拆分为登录认证子系统、订单系统、查询系统、分析系统等。
- 拆数据库：MySQL 一台变两台，2 台变 4 台，增加 DBProxy、分库分表等。
- 拆服务器：服务器一台变两台，2 台变 4 台，增加负载均衡的系统，如 Nginx、HAProxy 等。

3 个不同时期的对比如下表所示。

时　期	优　点	缺　点
堆功能期	方便快捷，系统改动很小	开始较快，但越来越慢
优化期	方便快捷，系统改动较小	开始较快，但越来越慢
架构期	长效作用明显，做一次可以顶几年	改动大，实施的过程较长，短则半年，长则 1～2 年

4. 竞争期

当业务继续发展，已经形成一定规模后，一定会有竞争对手开始加入行业来竞争，毕竟谁都想分一块蛋糕，甚至有可能一不小心还会成为下一个 BAT。当竞争对手加入后，大家互相学习和模仿，业务更加完善，也不断有新的业务创新出来，而且由于竞争的压力，对技术的要求是更上一层楼的"快"了。

新业务的创新给技术带来的典型压力就是新的系统会更多，同时，原有的系统也会拆得越来越多。两者合力的一个典型后果就是系统数量在原来的基础上又增加了很多。架构拆分后带来的美好时光又开始慢慢消逝，技术工作又开始进入了"慢"的状态，这又是怎么回事呢？

原来系统数量越来越多，到了一个临界点后就产生了质变，即系统数量的量变带来了技术工作的质变。主要体现在如下几个方面：

- 重复造轮子

  系统越来越多，各系统相似的工作越来越多。例如，每个系统都有存储、都要用缓存、都要用数据库，新建一个系统，这些工作又要都做一遍，即使其他系统已经做过了一遍，这样怎么快的起来？

- 系统交互一团乱麻

  系统越来越多，各系统的交互关系变成了网状。系统间的交互数量和系统的数量成平方比的关系。例如，4 个系统的交互路径是 6 个，10 个系统的交互路径是 45 个。每实现一个业务需求，都需要几个甚至十几个系统一起改，然后互相调用来调用去，联调成了研发人员的灾难、联测成了测试人员的灾难、部署成了运维的灾难。

针对这个时期业务变化带来的问题，技术工作主要的解决手段如下。

- 平台化

  目的在于解决"重复造轮子"的问题。

  - 存储平台化：淘宝的 TFS、京东 JFS。
  - 数据库平台化：百度的 DBProxy、淘宝 TDDL。
  - 缓存平台化：Twitter 的 Twemproxy，豆瓣的 BeansDB、腾讯 TTC。

- 服务化

  目的在于解决"系统交互"的问题，常见的做法是通过消息队列来完成系统间的异步通知，通过服务框架来完成系统间的同步调用。

  - 消息队列：淘宝的 Notify、MetaQ、开源的 Kafka、ActiveMQ 等。
  - 服务框架：Facebook 的 Thrift、当当网的 Dubbox、淘宝的 HSF 等。

5. 成熟期

当企业熬过竞争期，成为行业的领头羊，或者整个行业整体上已经处于比较成熟的阶段，市场地位已经比较牢固后，业务创新的机会已经不大，竞争压力也没有那么激烈，此时求快求新已经没有很大空间，业务上开始转向为"求精"：我们的响应时间是否比竞争对手快？我们的用户体验是否比竞争对手好？我们的成本是否比竞争对手低……

此时技术上其实也基本进入了成熟期，该拆的也拆了，该平台化的也平台化了，技术上能做的大动作其实也不多了，更多的是进行优化。但有时候也会为了满足某个优化，系统做很大的改变。例如，为了将用户响应时间从 200ms 降低到 50ms，可能就需要从很多方面进行优化：

CDN、数据库、网络等。这个时候的技术优化没有固定的套路，只能按照竞争的要求，找出自己的弱项，然后逐项优化。在逐项优化时，可以采取之前各个时期采用的手段。

17.3.2　用户规模

互联网业务的发展第二个主要方向就是"用户量越来越大"。互联网业务的发展会经历"初创期、发展期、竞争期、成熟期"几个阶段，不同阶段典型的差别就是用户量的差别，用户量随着业务的发展而越来越大。

用户量增大对技术的影响主要体现在两个方面：性能要求越来越高、可用性要求越来越高。

- **性能**

用户量增大给技术带来的第一个挑战就是性能要求越来越高。以互联网企业最常用的 MySQL 为例，再简单的查询，再高的硬件配置，单台 MySQL 机器支撑的 TPS 和 QPS 最高也就是万级，低的可能是几千，高的也不过几万。当用户量增长后，必然要考虑使用多台 MySQL，从一台 MySQL 到多台 MySQL 不是简单的数量的增加，而是本质上的改变，即原来集中式的存储变为了分布式的存储。

稍微有经验的工程师都会知道，分布式将会带来复杂度的大幅度上升。以 MySQL 为例，分布式 MySQL 要考虑分库分表、读写分离、复制、同步等很多问题。

- **可用性**

用户量增大对技术带来的第二个挑战就是可用性要求越来越高。当你有 1 万个用户的时候，宕机 1 小时可能也没有很大的影响；但当你有了 100 万用户的时候，宕机 10 分钟，投诉电话估计就被打爆了，这些用户再到朋友圈抱怨一下你的系统有多烂，很可能你就不会再有机会发展下一个 100 万用户了。

除了口碑的影响，可用性对收入的影响也会随着用户量增大而增大。1 万用户宕机 1 小时，你可能才损失了几千元，100 万用户宕机 10 分钟，损失可能就是几十万元了。

17.3.3　量变到质变

通过前面的分析，我们可以看到互联网业务驱动技术发展的两大主要因素是复杂性和用户规模，而这两个因素的本质原因其实都是"量变带来质变"。

究竟用户规模发展到什么阶段才会由量变带来质变，虽然不同的业务有所差别，但基本上可以按照如下这个模型去衡量。

阶　　段	用户规模	业务阶段	技术影响
婴儿期	0～1万	初创期	用户规模对性能和可用性都没有什么压力，技术人员可以安心睡好觉
幼儿期	1万～10万	初创期	用户规模对性能和可用性已经有一点压力了，主要体现为单台机器（服务器、数据库）可能已经撑不住了，需要开始考虑拆分机器，但这个时候拆分还比较简单，因为机器数量不会太多
少年期	10万～100万	发展期	用户规模对性能和可用性已经有较大压力了，除了拆分机器，已经开始需要将原来大一统的业务拆分为更多子业务了
青年期	100万～1000万	竞争期	用户规模对性能和可用性已经有很大压力了，集群、多机房等手段开始用上了 虽然如此，技术人员还是很高兴的，毕竟到了此时公司已经发展得非常不错了
壮年期	1000万～1亿	竞争期&成熟期	用户规模对性能和可用性已经有非常大压力了，可能原有的架构和方案已经难以继续扩展下去，需要推倒重来 不过如果你真的身处这样一个公司，虽然可能有点辛苦，但肯定会充满干劲，因为这样的机会非常难得，也非常锻炼人
巨人期	1亿+	成熟期	和壮年期类似，不过如果你真的身处这样一个公司，虽然可能有点辛苦，但估计做梦都要笑醒了！因为还没有哪个互联网行业能够同时容纳两家 1 亿+用户的公司

应对业务质变带来的技术压力，不同时期有不同的处理方式，但不管什么样的方式，其核心目标都是为了满足业务"快"的要求，当发现你的业务快不起来的时候，其实就是技术的水平已经跟不上业务发展的需要了，技术变革和发展的时候就到了。更好的做法是在问题还没有真正暴露出来就能够根据趋势预测下一个转折点，提前做好技术上的准备，这对技术人员的要求是非常高的。

17.4　本章小结

- 产品类业务：技术创新推动业务发展。

- "服务"类的业务：业务发展推动技术的发展。

- 架构师需要基于业务发展阶段判断出系统当前面临的主要复杂度。

- 互联网业务千差万别，但都具有"规模决定一切"的特点。
- 互联网业务发展一般分为几个时期：初创期、快速发展期、竞争期、成熟期。
- 互联网业务发展第一个主要方向就是"业务越来越复杂"。
- 互联网业务发展第二个主要方向就是"用户量越来越大"。
- 互联网业务发展带来复杂度的本质原因其实都是"量变带来质变"。

第 18 章
互联网架构模板

18.1 总体结构

很多人对于 BAT 的技术有一种莫名的崇拜感，觉得只有天才才能做出现在的这些系统，但经过前面对架构的本质、架构的设计原则、架构的设计模式、架构演进等多方位的探讨和阐述，我们可以看到其实并没有什么神秘的力量和魔力融合在技术里面，而是业务的不断发展推动了技术的发展，一步一个脚印，持续几年甚至十几年的发展，才能达到当前技术复杂度和先进性。

抛开 BAT 各自差异很大的业务，站在技术的角度来看，其实 BAT 的技术架构基本是一样的，再将视角放大，你会发现整个互联网行业的技术发展，最后都是殊途同归。

如果你正处于一个创业公司，或者正在成为另一个 BAT 的路上拼搏，那么深入理解这种技术模式（或者叫技术结构、技术架构），对于自己和公司的发展都大有裨益，你将不再迷茫，你也不再心里打鼓，CTO 将对你刮目相看。

互联网的标准技术架构如下图所示。

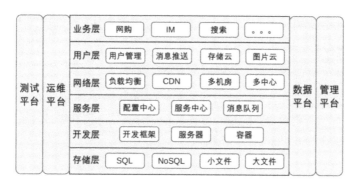

上面这张图基本上涵盖了互联网技术公司的大部分技术点，不同的公司只是在具体的技术实现上稍有差异，但不会跳出这个框架的范畴。

18.2　存储层技术

18.2.1　SQL

SQL 即我们通常所说的关系数据。前几年 NoSQL 火了一阵子，很多人都理解为 NoSQL 是完全抛弃关系数据，全部采用非关系型数据。但经过几年的试验后，大家发现关系数据不可能完全被抛弃，NoSQL 不是 No SQL，而是 Not Only SQL，即 NoSQL 是 SQL 的补充。

所以互联网行业也必须依赖关系数据，考虑到 Oracle 太贵，还需要专人维护，一般情况下互联网行业都是用 MySQL、PostgreSQL 这类开源数据库。这类数据库的特点是开源免费，拿来就用；但缺点是性能相比商业数据库要差很多。随着互联网业务的发展，性能要求越来越高，必然要面对一个问题：将数据拆分到多个数据库实例才能满足业务的性能需求（其实 Oracle 也一样，只是时间早晚的问题）。

数据库拆分满足了性能的要求，但带来了复杂度的问题：数据如何拆分、数据如何组合。这个复杂度的问题解决起来并不容易，如果每个业务都去实现一遍，重复造轮子将导致投入浪费、效率降低，业务开发想快都快不起来。

所以互联网公司流行的做法是业务发展到一定阶段后，就会将这部分功能独立成中间件，例如百度的 DBProxy、淘宝的 TDDL。不过这部分的要求很高，将分库分表做到自动化和平台化，不是一件容易的事情，所以一般是规模很大的公司才会做。中小公司建议使用开源方案，例如，MySQL 官方推荐的 MySQL Router、360 开源的数据库中间件 Atlas。

假如公司业务继续发展，规模继续扩大，SQL 服务器越来越多，如果每个业务都基于统一的数据库中间件独立部署自己的 SQL 集群，那么会导致新的复杂度问题，具体表现在：

- 数据库资源使用率不高，比较浪费；

- 各 SQL 集群分开维护，投入的维护成本越来越高。

因此，实力雄厚的大公司此时一般都会在 SQL 集群上构建 SQL 存储平台，以对业务透明的形式提供资源分配、数据备份、迁移、容灾、读写分离、分库分表等一系列服务。例如，淘宝的 UMP（Unified MySQL Platform）系统。

18.2.2 NoSQL

首先 NoSQL 在数据结构上与传统的 SQL 的不同，例如典型的 Memcache 的 Key-value 结构、Redis 的复杂数据结构、MongoDB 的文档数据结构；其次，NoSQL 无一例外地都会将性能作为自己的一大卖点。

NoSQL 的这两个特点很好地弥补了关系数据库的不足，因此在互联网行业 NoSQL 的应用基本上是基础要求，要是你听到一个号称自己是互联网公司却连 NoSQL 都没用，那基本上可以判断这个公司是"挂羊头卖狗肉"类型的。

由于 NoSQL 方案一般自己本身就提供集群的功能，例如，Memcache 的一致性 Hash 集群、Redis 3.0 的集群，因此 NoSQL 在刚开始应用时很方便，不像 SQL 分库分表那么复杂。一般公司也不会在开始时就考虑将 NoSQL 包装成存储平台，但如果公司发展很快，例如 Memcache 的节点有上千甚至几千时，NoSQL 平台就很有意义了。首先是平台集中管理能够大大提升运维效率；其次是平台可以大大提升资源利用效率，2000 台机器，如果利用率能提升 10%，那么就可以减少 200 台机器，一年几十万元就节省出来了。所以，NoSQL 发展到一定规模后，通常都会在 NoSQL 集群的基础之上再实现统一存储平台。统一存储平台主要实现如下几个功能。

- 资源动态按需动态分配：例如，同一台 Memcache 服务器，可以根据内存利用率，分配给多个业务使用。

- 资源自动化管理：例如，新业务只需要申请多少 Memcache 缓存空间就可以了，无须关注具体是哪些 Memcache 服务器在为自己提供服务。

- 故障自动化处理：例如，某台 Memcache 服务器挂掉后，有另外一台备份 Memcache 服务器能立刻接管缓存请求，不会导致丢失很多缓存数据。

当然要发展到这个阶段，一般也是大公司才会这么做，简单来说就是如果只有几十台 NoSQL 服务器，那么做存储平台的收益不大；但如果有几千台 NoSQL 服务器，那么 NoSQL 存储平台就能够产生很大的收益。

18.2.3　小文件存储

除了关系型的业务数据，互联网行业还有很多用于展示的数据。例如，淘宝的商品图片、商品描述；Facebook 的用户图片，新浪微博的一条微博内容，等等。这些数据具有 3 个典型特征：一是数据小，一般在 1MB 一下；二是数量巨大，Facebook 2013 年就达到了每天上传 3.5 亿张的照片；三是访问量巨大，Facebook 每天的访问量超过 10 亿。

由于互联网行业基本上每个业务都会有大量的小数据，如果每个业务都自己去考虑如何设计海量存储和海量访问，效率自然会低，重复造轮子，投入浪费，自然而然的想法就是将小文件存储做成统一的和业务无关的平台。

和 SQL 和 NoSQL 不同的是，小文件存储不一定需要公司或业务规模很大，基本上认为业务在起步阶段就可以考虑做小文件统一存储。得益于开源运动的发展和最近几年大数据的火爆，在开源方案的基础上封装一个小文件存储平台并不是太难的事情。例如，HBase、Hadoop、Hypertable、FastDFS 等都可以作为小文件存储的底层平台，只需要在这些开源方案三再包装一下基本上就可以用了。

典型的有：淘宝的 TFS、京东 JFS、Facebook 的 Haystack。

下图是淘宝 TFS 的架构。

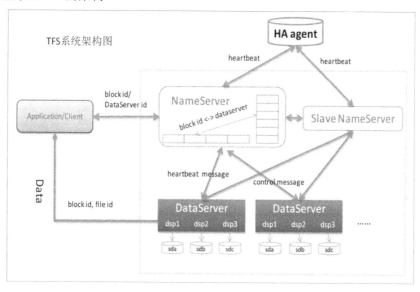

18.2.4　大文件存储

互联网行业的大文件主要分为两类：一类是业务上的大数据，例如 Youtube 的视频、电影网站的电影；一类是海量的日志数据，例如各种访问日志、操作日志、用户轨迹日志等。和小文件的特点正好相反，大文件的数量没有小文件那么多，但每个文件都很大，几百 MB、几个 GB 都是常见的，几十 GB、几 TB 也是有可能的，因此在存储上和小文件有较大差别，不能直接将小文件存储系统拿来存储大文件。

说到大文件，特别要提到 Google 和 Yahoo，Google 的 3 篇大数据论文（BigTable/MapReduce/GFS）开启了一个大数据的时代，而 Yahoo 开源的 Hadoop 系列（HDFS、HBase 等），基本上垄断了开源界的大数据处理。当然，江山代有人才出，长江后浪推前浪，Hadoop 后又有更多优秀的开源方案贡献出来，现在随便走到大街上拉住一个程序员，如果他不知道大数据，那基本上可以确定是"火星程序员"。

对照 Google 的论文构建一套完整的大数据处理方案的难度和成本实在太高，而且开源方案现在也很成熟了，所以大数据存储和处理这块反而是最简单的，因为你别无选择，只能用这几个流行的开源方案。例如，Hadoop、HBase、Storm、Hive 等。实力雄厚一些的大公司会基于这些开源方案，结合自己的业务特点，封装成大数据平台。例如，淘宝的云梯系统、腾讯的 TDW 系统。

如下是 Hadoop 的生态圈。

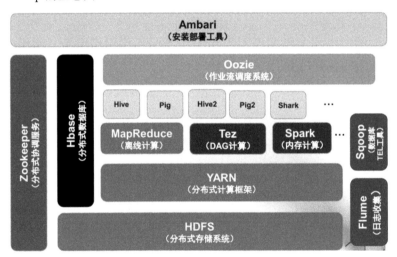

18.3 开发层技术

18.3.1 开发框架

在"互联网架构演进"章节中，我们深入分析了互联网业务发展的一个特点：复杂性越来越高。复杂性增加的典型现象就是系统越来越多，不同的系统由不同的小组开发。如果每个小组用不同的开发框架和技术，则会带来很多问题，典型的问题有：

- 技术人员之间没有共同的技术语言，交流合作少。
- 每类技术都需要投入大量的人力和资源和熟练精通。
- 不同团队之间人员无法快速流动，人力资源不能高效的利用

所以，互联网公司都会指定一个大的技术方向，然后使用统一的开发框架。例如，Java 相关的开发框架 SSH、SpringMVC、Play，Ruby 的 Ruby on Rails，PHP 的 ThinkPHP，Python 的 Django，等等。使用统一的开发框架能够解决上面提到的各种问题，大大提升组织和团队的开发效率。

对于框架的选择，有一个总的原则：**优选成熟的框架，避免盲目追逐新技术！**为什么呢？

首先，成熟的框架资料文档齐备，各种坑基本上都有人踩过了，遇到问题很容易通过搜索来解决。

其次，成熟的框架受众更广，招聘时更加容易招到合适的人才。

最后，成熟的框架更加稳定，不会出现大的变动，适合长期发展。

18.3.2　Web 服务器

开发框架只是负责完成业务功能的开发，真正能够运行起来，给用户提供服务，还需要服务器配合。

独立开发一个成熟的 Web 服务器，成本非常高，况且业界又有那么多成熟的开源 Web 服务器，所以互联网行业基本上都是"拿来主义"，挑选一个流行的开源服务器即可。大一点的公司，可能会在开源服务器的基础上，结合自己的业务特点做二次开发，比如淘宝的 Tengine，但一般公司基本上只需要将开源服务器摸透，优化一下参数，调整一下配置就差不多了。

选择一个服务器主要和开发语言相关，例如，Java 的有 Tomcat、JBoss、Resin 等，PHP/Python 的用 Nginx，当然最保险的就是用 Apache 了，什么语言都支持。

有的人可能担心 Apache 的性能之类的问题，其实不用过早担心这个，等到业务真的发展到 Apache 撑不住的时候再考虑切换也不迟，那时候你有的是钱，有的是人，有的是时间。

18.3.3　容器

容器是最近几年才开始火起来的，其中以 Docker 为代表，在 BAT 级别的公司已经有较多的应用。例如：腾讯万台规模的 Docker 应用实践、新浪微博红包的大规模 Docker 集群等。

传统的虚拟化技术是虚拟机，解决了跨平台的问题，但由于虚拟机太庞大，启动慢，运行时太占资源，在互联网行业并没有大规模地应用；而 Docker 的容器技术，虽然没有跨平台，但启动快，几乎不占资源，推出后立刻就火起来了，预计 Docker 类的容器技术将是技术发展的主流方向。

千万不要以为 Docker 只是一个虚拟化或容器技术，它将在很大程度上改变目前的技术形势：

（1）运维方式会发生革命性的变化：Docker 启动快，几乎不占资源，随时启动和停止，基于 Docker 打造自动化运维、智能化运维将成为主流方式

（2）设计模式会发生本质上的变化：启动一个新的容器实例代价如此低，将鼓励设计思路朝"微服务"的方向发展。

例如，一个传统的网站包括登录注册、页面访问、搜索等功能，没有用容器的情况下，除非有特别大的访问量，否则这些功能开始时都是集成在一个系统里面的；有了容器技术后，一开始就可以将这些功能按照服务的方式设计，避免后续访问量增大时又要重构系统。

18.4　服务层技术

互联网业务的不断发展带来了复杂度的不断提升，业务系统也越来越多，系统间相互依赖程度加深。比如说为了完成 A 业务系统，可能需要 B、C、D、E 等十几个其他系统进行合作。从数学的角度进行评估，可以发现系统间的依赖是呈指数级增长的：3 个系统相互关联的路径为 3 条，6 个系统相互关联的路径为 15 条。

服务层的主要目标其实就是为了降低系统间相互关联的复杂度。

18.4.1　配置中心

顾名思义，配置中心就是集中管理各个系统的配置。

当系统数量不多的时候，我们一般采取各系统自己管理自己的配置，但系统数量多了以后，这样的处理方式会有以下问题：

- 某个功能上线时，需要多个系统配合一起上线，分散配置时，配置检查、沟通协调需要耗费较多时间。

- 处理线上问题时，需要多个系统配合查询相关信息，分散配置时，操作效率很低，沟通协调也需要耗费较多时间。

- 各系统自己管理配置时，一般是通过文本编辑的方式修改的，没有自动的校验机制，容易配置错误，而且很难发现。

例如，我们曾经遇到将 IP 地址的数字 0 误敲成了键盘的字母 O，肉眼非常难发现，但程序检查其实就很容易。

实现配置中心主要就是为了解决以上这些问题，将配置中心做成通用的系统有如下好处：

- 集中配置多个系统，操作效率高。
- 所有配置都在一个集中的地方，检查方便，协作效率高。
- 配置中心可以实现程序化的规则检查，避免常见的错误。

比如说检查最小值、最大值、是否 IP 地址、是否 URL 地址，都可以用正则表达式完成。

- 配置中心相当于备份了系统的配置，当某些情况下需要搭建新的环境时，能够快速搭建环境和恢复业务。

整机磁盘坏掉、机器主板坏掉……遇到这些不可恢复的故障时，基本上只能重新搭建新的环境。程序包肯定是已经有的，加上配置中心的配置，能够很快搭建新的运行环境，恢复业务。否则几十个配置文件重新一个个去 Vim 中修改，耗时很长，还很容易出错。

配置中心简单的设计如下图所示，其中通过"系统标识 + host + port"来标识唯一一个系统运行实例是常见的设计方法。

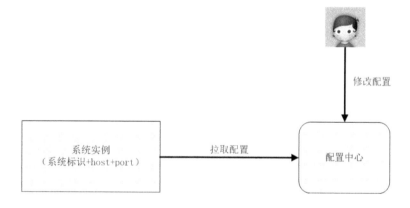

18.4.2　服务中心

当系统数量不多的时候，系统间的调用一般都是直接通过配置文件记录在各系统内部的，但当系统数量多了以后，这种方式就存在问题了。

比如说总共有 10 个系统依赖 A 系统的 X 接口，A 系统实现了一个新接口 Y，能够更好地提供原有 X 接口的功能，如果要让已有的 10 个系统都切换到 Y 接口，则这 10 个系统的几十上百台机器的配置都要修改，然后重启，可想而知这个效率是很低的。

除此以外，如果 A 系统总共有 20 台机器，现在其中 5 台出故障了，其他系统如果是通过域名访问 A 系统，则域名缓存失效前，还是可能访问到这 5 台故障机器的；如果其他系统通过 IP 访问 A 系统，那么 A 系统每次增加或删除机器，其他所有 10 个系统的几十上百台机器都要同步修改，这样的协调工作量也是非常大的。

服务中心就是为了解决上面提到的跨系统依赖的"配置"和"调度"问题。

服务中心的实现一般来说有两种方式：服务名字系统和服务总线系统。

- **服务名字系统**（Service Name System）

看到这个翻译，相信很多人都能立刻联想到 DNS，即 Domain Name System。没错，两者的性质是基本类似的。

DNS 的作用将域名解析为 IP 地址，主要原因是我们记不住太多的数字 IP，域名就容易记住。服务名字系统是为了将 Service 名称解析为"host + port + 接口名称"，但是和 DNS 一样，真正发起请求的还是请求方。

基本的设计如下图所示。

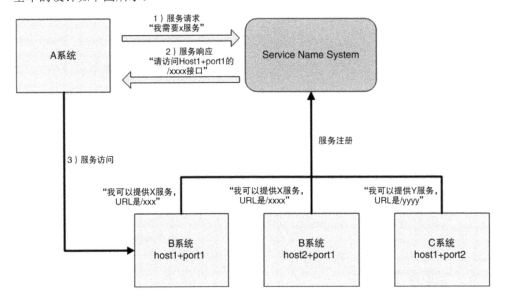

- **服务总线系统**（Service Bus System）

看到这个翻译，相信很多人也都能立刻联想到计算机的总线。没错，两者的本质也是基本类似的。

相比服务名字系统，服务总线系统更进一步了：由总线系统完成调用，服务请求方都不需要直接和服务提供方交互了。

基本的设计如下图所示。

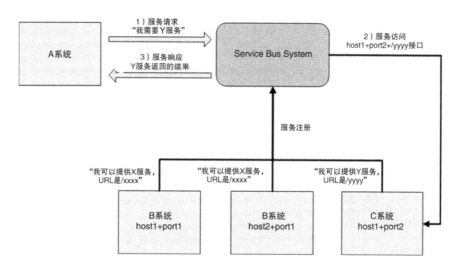

"服务名字系统"和"服务总线系统"简单对比如下表所示。

	服务总线系统	服务名字系统
复杂度	设计更加复杂,要同时完成配置和调度功能,且本身高性能和高可用的设计也更加复杂	设计简单,基本类似一个服务配置中心,如果要做调度,需要提供独立的 SDK 包
可用性	可用性的关键,它故障后所有业务间的访问都故障,影响较大,但因为服务总线主要做调度,可以部署两套或多套并行系统	仅仅保存配置,调用还是由服务请求方发起,可用性要求没那么高,即使故障,各系统也可以使用本地缓存配置继续完成调用
灵活性	控制所有的调度和配置,可以做得非常灵活	仅仅有配置,即使提供独立的 SDK 支持调度,灵活性也要差一些,毕竟 SDK 只能获取静态的配置信息
实时性	系统完成实际的调度,可以做到非常实时,例如某个服务及机器故障后立刻剔除故障节点	提供调度的 SDK 包,也需要定时更新配置,不能每次请求都去获取一下最新的配置,实时性一般,这个问题和 DNS 类似
可维护性	服务总线系统的修改和升级只需要自己完成即可	修改和升级大部分情况下要修改 SDK 包(例如,调度算法变更),修改 SDK 包要求所有系统应用新 SDK 包才能生效
多语言支持	服务总线系统支持通用的 HTTP 和 TCP 协议,和语言无关	服务名字系统提供的 SDK 包需要适配多个语言,这个工作量也不小

18.4.3 消息队列

互联网业务的一个特点是"快",这就要求很多业务处理采用异步的方式。例如,大 V 发布一条微博后，系统需要发消息给关注的用户，我们不可能等到所有消息都发送给关注用户后再告诉大 V 说微博发布成功了，只能先让大 V 发布微博，然后再发消息给关注用户。

传统的异步通知方式是由消息生产者调用消息消费者提供的接口进行通知的，但当业务变得庞大，子系统数量增多时，这样做会导致系统间交互非常复杂和难以管理，因为系统间互相依赖和调用，整个系统的结构就像一张蜘蛛网，如下图所示。

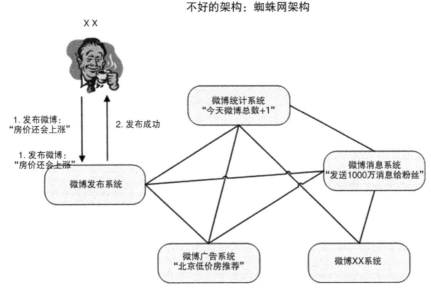

消息队列就是为了实现这种跨系统异步通知的中间件系统。消息队列既可以"一对一"通知，也可以"一对多"广播。以微博为例，可以清晰地看到异步通知的实现和作用，如下图所示。

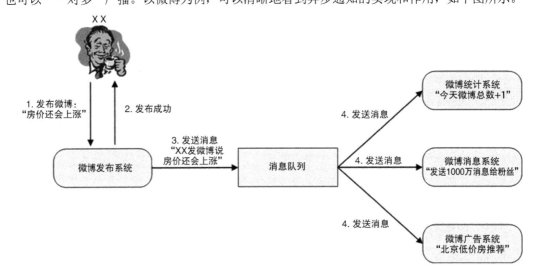

对比前面的蜘蛛网架构，我们可以清晰地看出引入消息队列系统后的效果：

- 整体结构从网状结构变为线性结构，结构清晰。

- 消息生产和消息消费解耦，实现简单。

- 增加新的消息消费者，消息生产者完全不需要任何改动，扩展方便。

- 消息队列系统可以做高可用、高性能，避免各业务子系统各自独立做一套，减轻工作量。

- 业务子系统只需要聚焦业务即可，实现简单。

消息队列系统基本功能的实现比较简单，但要做到高性能、高可用、消息时序性、消息事务性则比较难。

业界已经有很多成熟的开源实现方案，如果要求不高，基本上拿来用即可。例如，淘宝的 RocketMQ（已开源），开源的 Kafka、ActiveMQ 等，但如果业务对消息的可靠性、时序、事务性要求较高时，则要深入研究这些开源方案，否则很容易踩坑。

开源的用起来方便，但要改就很麻烦了。由于其相对比较简单，很多公司也会花费人力和时间重复造一个轮子，这样也有好处，因为可以根据自己的业务特点做快速的适配开发。

18.5　网络层技术

除了复杂度，互联网业务发展的另外两个关键特点是"高性能""高可用"。一般人提到高性能时首先想到的就是优化，提到高可用时第一反应就是双机或备份。但是对于互联网这种超大容量和访问量的业务来说，这两个手段都是雕虫小技，无法应对互联网业务的高性能和高可用需求，互联网业务的高可用和高性能需要从更高的角度去设计，这个高点就是"网络"，所以将这些措施统一划归为"网络层"。注意这里的网络层和大家通常理解的如何搭建一个局域网这种概念不一样，这里强调的是站在网络层的整体设计，而不是某个具体网络的搭建。

18.5.1　负载均衡

顾名思义，负载均衡就是将请求均衡地分配到多个系统上。使用负载均衡的原因也很简单：每个系统的处理能力是有限的，为了应对大容量的访问，必须使用多个系统。例如，一台 32 核 64GB 内存的机器，每秒处理 HTTP 请求最多不会超过 10 万，而互联网的业务通常都在百万级以上。

负载均衡虽然理解起来简单，但实现方式就很多了，可大可小；可以软件实现，也可以硬件实现，由于涉及的技术很多，这里只是简单地介绍常用技术。

- DNS

DNS 是最简单也是最常见的负载均衡方式，一般用来实现地理级别的均衡。例如，北方的用户访问北京的机房，南方的用户访问广州的机房。一般不会使用 DNS 来做机器级别的负载均衡，因为太耗费 IP 资源了。例如，百度搜索可能要 10000 台以上机器，不可能将这么多机器全部配置公网 IP，然后用 DNS 来做负载均衡。有兴趣的读者可以在 Linux 用 dig baidu.com 命令看看实际上用了几个 IP 地址。

DNS 负载均衡的优点是通用（全球通用），成本低（申请域名，注册 DNS 即可），但缺点也比较明显，主要体现在：

（1）DNS 缓存的时间比较长，即使将某台业务机器从 DNS 服务器上删除，由于缓存的原因，还是有很多用户会继续访问已经被删除的机器。

（2）DNS 不够灵活——DNS 不能感知后端服务器的状态，只能根据配置策略进行负载均衡，无法做到更加灵活的负载均衡策略。比如说某台机器的配置比其他机器要好很多，理论上来说应该多分配一些请求给它，但 DNS 无法做到这一点。

所以对于时延和故障敏感的业务，有一些公司自己实现了 HTTP-DNS 的功能，即使用 HTTP 协议实现一个私有的 DNS 系统。这样的方案和通用的 DNS 优缺点正好相反。

- Nginx & LVS & F5

DNS 用于实现地理级别的负载均衡，而 Nginx&LVS&F5 用于同一地点内机器级别的负载均衡。其中 Nginx 是软件的 7 层负载均衡，LVS 是内核的 4 层负载均衡，F5 是硬件做 4 层负载均衡。

软件和硬件的区别就在于性能，硬件远远高于软件，Nginx 的性能是万级，一般的 Linux 服务器上装个 Nginx 大概能到 5 万/每秒；LVS 的性能是十万级，没有具体测试过，据说可达到 80 万/每秒；F5 性能是百万级，从 200 万/每秒到 800 万/每秒都有。

4 层和 7 层的区别就在于协议和灵活性。Nginx 支持 HTTP、E-mail 协议，而 LVS 和 F5 是 4 层负载均衡，和协议无关，几乎所有应用都可以做，例如聊天、数据库等。

下图形象地展示了一个实际请求过程中，地理级别的负载均衡和机器级别的负载均衡是如何分工和结合的，其中粗线线是地理级别的负载均衡，细线是机器级别的负载均衡，实线代表最终的路由路径。

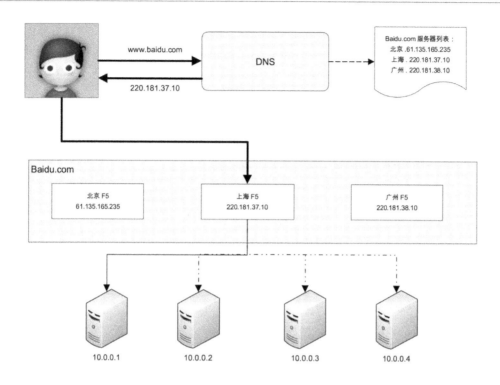

18.5.2　CDN

CDN 是为了解决用户网络访问时的"最后一公里"效应，本质上是一种"以空间换时间"的加速策略，即将内容缓存在离用户最近的地方，用户访问的是缓存的内容，而不是站点实时的内容。下面是简单的 CDN 请求流程示意图。

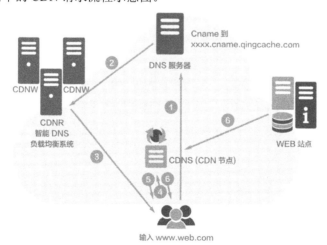

CDN 经过多年的发展，已经变成了一个很庞大的体系：分布式存储、全局负载均衡、网络重定向、流量控制等都属于 CDN 的范畴，寥寥数语很难全面覆盖，有兴趣的读者可以深入研究。

幸运的是，大部分程序员和架构师都不太需要深入理解 CDN 的细节，因为 CDN 作为网络的基础服务，独立搭建的成本巨大，很少有公司自己设计和搭建 CDN 系统，都是从 CDN 服务商购买 CDN 服务即可。目前有专门的 CDN 服务商，例如，网宿和蓝汛；也有云计算厂家提供 CDN 服务，例如，阿里云和腾讯云都提供 CDN 的服务。

18.5.3　多机房

从架构上来说，单机房就是一个全局的网络单点，在发生比较大的故障或灾害时，单机房难以保证业务的高可用。例如，停电、机房网络中断、地震、水灾等都有可能导致一个机房完全瘫痪。

多机房设计最核心的因素就是如何处理时延带来的影响，常见的策略如下。

【同城多机房】

同一个城市多个机房，距离不会太远，可以投入重金，搭建私有的高速网络，基本上能够做到和同机房一样的效果。

这种方式对业务影响很小，但投入较大，如果不是大公司，一般是承受不起的；而且遇到极端的地震、水灾等自然灾害，同城多机房也是有很大风险的。

【跨城多机房】

在不同的城市搭建多个机房，机房间通过网络进行数据复制（例如，MySQL 主备复制），但由于跨城网络时延的问题，业务上需要做一定的妥协和兼容，不需要数据的实时强一致性，保证最终一致性。

例如，微博类产品，B 用户关注了 A 用户，A 用户在北京机房发布了一条微博，B 在广州机房不需要立刻看到 A 用户发的微博，等 10 分钟看到也可以。

这种方式实现简单，但和业务有很强的相关性，微博可以这样做，支付宝就不能这样做。

【跨国多机房】

和跨城多机房类似，只是地理上分布更远，时延更大。由于时延太大和用户跨国访问实在太慢，跨国多机房一般仅用于备份和服务本国用户。

18.5.4　多中心

多中心必须以多机房为前提，但从设计的角度来看，多中心相比多机房是本质上的飞越，难度也高出一个等级。

简单来说，多机房的主要目标是灾备，当机房故障时，我们可以比较快速地将业务切换到另外一个机房，这种切换操作允许一定时间的中断（例如，10 分钟、1 个小时），而且业务也可能有损失（例如，某些未同步的数据不能马上恢复，或者要等几天才恢复，甚至永远都不能恢复了）。但多中心的要求就高多了，要求每个中心都同时对外提供服务，且业务能够自动在多中心之间切换，故障后不需人工干预或很少人工干预就能自动恢复。

多中心设计的关键就在于"数据一致性"和"数据事务性"如何保证，但这两个难点都和业务紧密相关，不存在通用的解决方案，需要基于业务的特性进行详细的分析和设计。以淘宝为例，淘宝对外宣称自己是多中心的，但是在实际设计过程中，商品浏览的多机房方案、订单的多机房方案、支付的多机房方案都需要独立设计和实现。

正因为多中心设计的复杂性，不一定所有业务都能实现多中心，目前国内的银行、支付宝这类系统就没有完全实现多中心。不然也不会出现挖掘机一铲子下去，支付宝中断 4 小时的故障。

18.6　用户层技术

18.6.1　用户管理

互联网业务的一个典型特征就是通过互联网将众多分散的用户连接起来，因此用户管理是互联网业务必不可少的一部分。

稍微大一点的互联网业务，肯定会涉及多个子系统，这些子系统不可能每个都管理这么庞大的用户，由此引申出用户管理的第一个目标：SSO，单点登录，又叫统一登录。单点登录的技术实现手段较多，例如 cookie、token 等，最有名的开源方案当属 CAS。

除此之外，当业务做大成为平台后，开放成为促进业务进一步发展的手段，必须允许第三方应用接入，由此引申出用户管理的第二个目标：授权登录。现在最流行的授权登录就是 OAuth 2.0 协议，基本上已经成为事实上的标准，如果要做开放平台，则最好用这个协议，私有协议漏洞多，第三方接入也麻烦。

用户管理面临的主要问题是用户数巨大，一般至少千万级，QQ、微信、支付宝这种巨无霸应用，都是亿级用户。不过也不要被这个数据给吓倒了，用户管理虽然数据量巨大，但实现起来并不难，原因是什么呢？因为用户数据量虽然大，但是不同用户之间没有关联，A 用户登录和 B 用户登录基本没有关系。因此虽然数据量巨大，但我们用一个简单的拆分手段就能轻松应对。

用户管理关键的技术如下图所示。

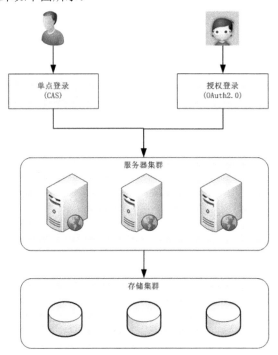

18.6.2 消息推送

消息推送根据不同的途径，分为短信、邮件、站内信、App 推送。除了 App，不同的途径基本上调用不同的 API 即可完成，技术上没有什么难度。

App 目前主要分为 iOS 和 Android 推送，iOS 系统比较规范和封闭，基本上只能使用苹果的 APNS；但 Android 就不一样了，在国外，用 GCM 和 APNS 差别不大，但是在国内，情况就复杂多了。首先是 GCM 不能用；其次是各个厂商都有自己的定制的 Android，消息推送实现也不完全一样，因此 Android 的消息推送就五花八门了。大部分有实力的大厂，都会自己实现一套消息推送机制。例如，阿里云移动推送、腾讯信鸽推送、百度云推送。也有第三方公司提供商业推送服务，例如，友盟推送、极光推送等。

通常情况下，对于中小公司，如果不涉及敏感数据，则 Android 系统上推荐使用第三方推送服务，因为这些第三方是专业做推送服务的，消息到达率是有一定保证的。

如果涉及敏感数据，则需要自己实现消息推送，这时就有一定的技术挑战了。消息推送主要包含 3 个功能：设备管理（唯一标识、注册、注销）、连接管理和消息管理，技术上面临的主要挑战如下。

- 海量设备和用户管理

  消息推送的设备数量众多，存储和管理这些设备是比较复杂的；同时，为了针对不同用户进行不同的业务推广，还需要收集用户的一些信息，简单来说就是将用户和设备关联起来，需要提取用户特征对用户进行分类或打标签等。

- 连接保活

  要想推送消息必须有连接通道，但是应用又不可能一直在前台运行，大部分设备为了省电、省流量等原因都会限制应用在后台运行，限制应用在后台运行后连接通道可能就中断了，导致消息无法及时送达。连接保活是整个消息推送设计中细节和黑科技最多的地方，例如，应用互相拉起、找手机厂商开白名单等。

- 消息管理

  实际业务运营过程中，并不是每个消息都需要发送给用户，而是可能根据用户的特征，选择一些用户进行消息推送。由于用户特征变化很大，各种排列组合都有可能，将消息推送给哪些用户这部分的逻辑要设计得非常灵活，才能支撑花样繁多的业务需求，具体的设计方案可以采取规则引擎之类的微内核架构技术。

18.6.3　存储云与图片云

在互联网业务场景中，用户会上传多种类型的文件数据。例如，微信用户发朋友圈时上传图片，微博用户发微博时上传图片、视频，优酷用户上传视频，淘宝卖家上传商品图片等，这些文件具备如下几个典型特点。

- 数据量大

  用户基数大，用户上传行为频繁。例如，2016 年微信朋友圈每天上传的图片就达到 10 亿张）。

- 文件体积小

  大部分图片是几百 KB 到几 MB，短视频播放时间也是在几分钟内。

- 访问有时效性

  大部分文件是刚上传的时候访问最多，随着时间的推移，访问量越来越小。

为了满足用户的文件上传和存储的需求，需要对用户提供文件存储和访问的功能，这里就需要用到前面介绍"存储层"技术时提到的"小文件存储"技术。简单来说，存储云和图片云通常的实现都是"CDN + 小文件存储"，现在有了"云"之后，除非 BAT 级别，一般不建议自己再重复造轮子了，直接买云服务可能是最快也是最经济的方式。

　　既然存储云和图片云都是基于"CDN＋小文件存储"的技术，为何不统一成一套系统，而将其拆分为两个系统呢？这是由于"图片"业务的复杂性导致的，普通的文件基本上提供存储和访问的功能够了，而图片涉及的业务会更多，包括裁剪、压缩、美化、审核、水印等处理，因此通常情况下图片云会拆分为独立的系统对用户提供服务。

18.7　业务层技术

　　互联网的业务千差万别，不同的业务分解下来有不同的系统，所以业务层没有办法提炼一些公共的系统或组件。抛开业务上的差异，各个互联网业务发展最终面临的问题都是类似的：复杂度越来越高。也就是说，业务层面对的主要技术挑战是"复杂性"。

　　幸运的是，面对业务层的技术挑战，我们有一把"屠龙宝刀"，不管什么业务难题，用上"屠龙宝刀"一试问题都迎刃而解。这把"屠龙宝刀"就是"拆"。

　　复杂性的一个主要原因就是系统越来越庞大，业务越来越多，降低复杂性最好的方式就是"拆"，化整为零、分而治之，将整体复杂性分散到多个子业务或子系统里面去。

　　以一个简单的电商系统为例，如下图所示。

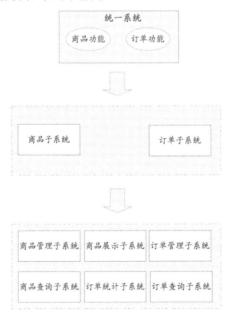

我们这个模拟的电商系统经历了 3 个发展阶段：

- 第一阶段——所有功能都在 1 个系统里面。

- 第二阶段——将商品和订单拆分到 2 个子系统里面。
- 第三阶段——商品子系统和订单子系统分别拆分成了更小的 3 个子系统。

以上只是样例，实际上随着业务的发展，子系统会越来越多，据说淘宝内部大大小小的已经有成百上千的子系统了。

随着子系统数量越来越多，如果达到几百上千个，则复杂度问题又会凸显出来：子系统数量太多，已经没有人能够说清楚业务的调用流程了，出了问题，排查也会特别复杂。此时应该怎么处理呢？总不可能又将子系统合成大系统吧？最终答案还是"合"，正所谓"合久必分、分久必合"。但合的方式不一样，此时采取的"合"的方式是按照"高内聚、低耦合"的原则，将职责关联比较强的子系统合成一个虚拟业务域，然后通过网关对外统一呈现，类似于设计模式中的 Facade 模式。同样以电商为样例，采用虚拟业务域后，其架构如下图所示。

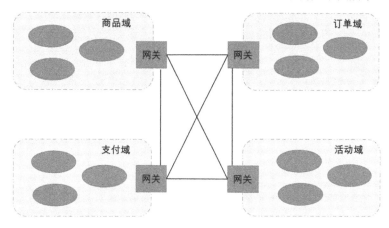

18.8　平台技术

当业务规模比较小、系统复杂度不高时，运维、测试、数据分析、管理等支撑功能主要由各系统或团队独立完成。随着业务规模越来越大，系统复杂度越来越高，子系统数量越来越多，如果继续采取各自为政的方式来实现这些支撑功能，会发现重复工作非常多。因此自然而然就会想到将这些支撑功能做成平台，避免重复造轮子，减少不规范带来的沟通和协作成本。

由于每个平台本身都是一个庞大的体系，限于篇幅，本节不详细展开，只是简单介绍平台的核心职责和关键设计点。

18.8.1　运维平台

运维平台核心的职责分为四大块：配置、部署、监控、应急，每个职责对应系统生命周期的一个阶段，如下图所示。

（1）配置：主要负责资源的管理。例如，机器管理、IP 地址的管理、虚拟机的管理等；

（2）部署：主要负责将系统发布到线上。例如，包管理、灰度发布管理、回滚等。

（3）监控：主要负责收集系统上线运行后的相关数据并进行监控，以便及时发现问题。

（4）应急：主要负责系统出故障后的处理。例如，停止程序、下线故障机器、切换 IP 等。

运维平台的核心设计要素是"四化"：**标准化、平台化、自动化、可视化。**

（1）标准化。

需要制定运维标准，规范配置管理、部署流程、监控指标、应急能力等，各系统按照运维标准来实现，避免不同的系统不同的处理方式。标准化是运维平台的基础，没有标准化就没有运维平台。

如果某个系统就是无法改造自己来满足运维标准，那该怎么办？常见的做法是不改造系统，由中间方来完成规范适配。例如，某个系统对外提供了 RESTFul 接口的方式来查询当前的性能指标，而运维标准是性能数据通过日志定时上报，那么就可以写一个定时程序访问 RESTFul 接口获取性能数据，然后转换为日志上报到运维平台。

（2）平台化。

传统的手工运维方式需要投入大量人力，效率低，容易出错，因此需要在运维标准化的基础上，将运维的相关操作都集成到运维平台中，通过运维平台来完成运维工作。

运维平台有如下几个好处：

- 可以将运维标准固化到平台中，无须运维人员死记硬背运维标准。
- 运维平台提供简单方便的操作，人工操作低效且容易出错。
- 运维平台是可复用的，一套运维平台可以支撑几百上千个业务系统。

（3）自动化。

传统手工运维方式效率低下的一个主要原因就是要执行大量重复的操作，运维平台可以将这些重复操作固化下来，由系统自动完成。

例如，一次手工部署需要登录机器、上传包、解压包、备份旧系统、覆盖旧系统、启动新系统，这个过程中需要执行大量的重复或类似的操作。有了运维平台后，平台需要提供自动化的能力，完成上述操作，部署人员只需要在最开始单击"开始部署"按钮，系统部署完成后通知部署人员即可。

类似的还有监控，有了运维平台后，运维平台可以实时收集数据并进行初步分析，当发现数据异常时自动发出告警，无须运维人员盯着数据看，或者写一大堆 grep+awk+sed 来分析日志才能发现问题。

（4）可视化。

运维平台有非常多的数据，如果全部通过人工去查询数据再来判断数据，则效率很低。尤其是在故障应急时，时间就是生命，处理问题都是争分夺秒，能减少 1 分钟的时间就可能挽回几十万元的损失，可视化的主要目的就是为了提升数据查看效率。

可视化的原理和汽车仪表盘类似，如果只是一连串的数字显示在屏幕上，相信大部分人一看到一连串的数字，第一感觉是眼花，而且也很难将数据与具体的情况联系起来，而有了仪表盘后，通过仪表盘的指针偏离幅度及指针指向的区域颜色，能够一目了然地看出当前的状态是低速、中速还是高速。

可视化相比简单的数据罗列，具备如下优点：

- 能够直观地看到数据的相关属性，例如，下图汽车仪表盘中的数据最小值是 0，最大是 100，单位是 MPH。
- 能够将数据的含义展示出来，例如，下图汽车仪表盘中不同速度的颜色指示。
- 能够将关联数据整合一起展示，例如，下图汽车仪表盘的速度和里程。

18.8.2　测试平台

测试平台核心的职责当然就是测试了，包括单元测试、集成测试、接口测试、性能测试等，都可以在测试平台来完成。

测试平台的核心目的是提升测试效率，从而提升产品质量，其设计关键就是自动化。传统的测试方式是测试人员手工执行测试用例，测试效率低，重复的工作多。通过测试平台提供的自动化能力，测试用例能够重复执行，无须人工参与，大大提升了测试效率。

为了达到"自动化"的目标，测试平台的基本架构如下图所示。

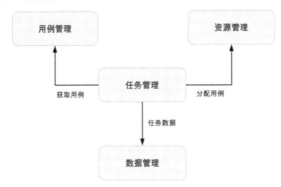

- **用例管理**

测试自动化的主要手段就是通过脚本或代码来进行测试，例如单元测试用例是代码，接口测试用例可以用 Python 来写，可靠性测试用例可以用 Shell 来写。为了能够重复执行这些测试用例，测试平台需要将用例管理起来，管理的维度包括业务、系统、测试类型、用例代码。例如，网购业务的订单系统的接口测试用例。

- **资源管理**

测试用例要放到具体的运行环境中才能真正执行，运行环境包括硬件（服务器、手机、平板电脑等）、软件（操作系统、数据库、Java 虚拟机等）、业务系统（被测试的系统）。

除了性能测试，一般的自动化测试对性能要求不高，所以为了提升资源利用率，大部分的测试平台都会使用虚拟技术来充分利用硬件资源，如虚拟机、Docker 等技术。

- **任务管理**

任务管理的主要职责是将测试用例分配到具体的资源上执行，跟踪任务的执行情况。任务管理是测试平台设计的核心，它将测试平台的各个部分串联起来从而完成自动化测试。

- **数据管理**

测试任务执行完成后，需要记录各种相关的数据（例如，执行时间、执行结果、用例执行期间的 CPU、内存占用情况等），这些数据具备如下作用：

- 展现当前用例的执行情况。
- 作为历史数据，方便后续的测试与历史数据进行对比，从而发现明显的变化趋势。例如，某个版本后单元测试覆盖率从 90% 下降到 70%。
- 作为大数据的一部分，可以基于测试的任务数据进行一些数据挖掘。例如，某个业务一年执行了 10000 个用例测试，另外一个业务只执行了 1000 个用例测试，两个业务规模和复杂度差不多，为何差异这么大？

18.8.3　数据平台

数据平台的核心职责主要包括三部分：数据管理、数据分析和数据应用。每一部分又包含更多的细分领域，详细的数据平台架构如下图所示。

- **数据管理**

数据管理包含数据采集、数据存储、数据访问和数据安全四个核心职责，是数据平台的基础功能，每个细分职责简单介绍如下。

（1）数据采集：从业务系统搜集各类数据。例如，日志、用户行为、业务数据等，将这些数据传送到数据平台。

（2）数据存储：将从业务系统采集的数据存储到数据平台，用于后续数据分析。

（3）数据访问：负责对外提供各种协议用于读写数据。例如，SQL、Hive、Key-Value 等读写协议。

（4）数据安全：通常情况下数据平台都是多个业务共享的，部分业务敏感数据需要加以保护，防止被其他业务读取甚至修改，因此需要设计数据安全策略来保护数据。

- **数据分析**

数据分析包括数据统计、数据挖掘、机器学习、深度学习等几个细分领域，每个细分领域简单介绍如下。

（1）数据统计：根据原始数据统计出相关的总览数据。例如，PV、UV、交易额等.

（2）数据挖掘：数据挖掘这个概念本身含义可以很广，为了与机器学习和深度学习区分开，这里的数据挖掘主要是指传统的数据挖掘方式。例如，有经验的数据分析人员基于数据仓库构建一系列规则来对数据进行分析从而发现一些隐含的规律、现象、问题等，经典的数据挖掘案例就是沃尔玛的啤酒与尿布的关联关系的发现。

（3）机器学习、深度学习：机器学习与深度学习属于数据挖掘的一种具体实现方式，由于其实现方式与传统的数据挖掘方式差异较大，因此数据平台在实现机器学习和深度学习时，需要针对机器学习和深度学习独立进行设计。

- **数据应用**

数据应用很广泛，既包括在线业务，也包括离线业务。例如，推荐、广告等属于在线应用，报表、欺诈检测、异常检测等属于离线应用。

数据应用能够发挥价值的前提是需要有"大数据"，只有当数据的规模达到一定程度，基于数据的分析、挖掘才能发现有价值的规律、现象、问题等。如果数据没有达到一定规模，通常情况下做好数据统计就足够了，尤其是很多初创企业，无须一开始就参考 BAT 来构建自己的数据平台。

18.8.4　管理平台

管理平台的核心职责就是权限管理，无论业务系统（例如，淘宝网）、中间件系统（例如，消息队列 Kafka），还是平台系统（例如，运维平台），都需要进行管理，如果每个系统都自己来实现权限管理，效率太低，重复工作很多，因此需要统一的管理平台来管理所有的系统的权限。

权限管理主要分为两部分：身份认证、权限控制，基本架构如下图所示。

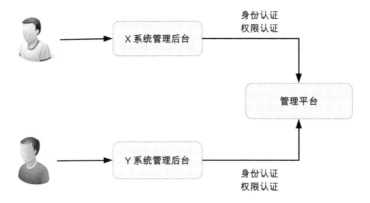

（1）身份认证。

确定当前的操作人员身份，防止非法人员进入系统。例如，不允许匿名用户进入系统。为了避免每个系统都自己来管理用户，通常情况下都会使用企业账号来做统一认证和登录。

（2）权限控制。

根据操作人员的身份确定操作权限，防止未经授权的人员进行操作。例如，不允许研发人员进入财务系统查看别人的工资。

18.9　本章小结

- NoSQL 不是 No SQL，而是 Not Only SQL，即 NoSQL 是 SQL 的补充。
- NoSQL 发展到一定规模后，一般都是走集群路线。
- 在开源方案的基础上封装一个小文件存储平台并不是太难的事情。
- 大数据存储和处理反而是最简单的，因为你别无选择，只能用这几个流行的开源方案。
- 框架的选择，有一个总的原则：**优选成熟的框架，避免盲目追逐新技术！**
- 互联网行业基本上都是"拿来主义"，挑选一个流行的开源服务器即可。
- 配置中心主要为了解决系统数量增多后配置管理复杂和效率低下的问题。
- 服务中心目的是解决跨系统依赖的"配置"和"调度"问题。
- 消息队列目的是为了实现跨系统异步通知。
- DNS 是最简单也是最常见的负载均衡方式，一般用来实现地理级别的均衡。
- Nginx&LVS&F5 用于同一地点内机器级别的负载均衡。
- CDN 是为了解决用户网络访问时的"最后一公里"效应，本质上是一种"以空间换时间"的加速策略。
- 多机房设计最核心的设计因素就是如何处理时延带来的影响。
- 多中心必须以多机房为前提，但从设计的角度来看，多中心相比多机房是本质上的飞越，难度也高出一个等级。
- 用户管理系统两个核心职责：单点登录和第三方授权登录。
- 消息推送主要包含 3 个功能：设备管理（唯一标识、注册和注销）、连接管理和消息管理。
- 除非 BAT 级别，一般不建议自己再重复造轮子了，直接买图片云和存储云服务可能是最快又最经济的方式。
- 业务层降低复杂性最好的方式就是"拆"，化整为零、分而治之，将整体复杂性分散到多个子业务或子系统里面去。
- 运维平台核心的职责分为四大块：配置、部署、监控和应急。
- 测试平台的核心目的是提升测试效率，从而提升产品质量，其设计关键就是自动化。
- 数据平台的核心职责主要包括三部分：数据管理、数据分析和数据应用。
- 管理平台的核心职责就是权限管理。

第 19 章
架构重构

在架构设计原则一章中的演化原则部分，我们提到了系统的架构是不断演化的，少部分架构演化可能需要推倒重来进行重写，但绝大部分的架构演化都是通过架构重构来实现的。相比全新的架构设计来说，架构重构对架构师的要求更高，主要体现在如下方面。

- 业务已经上线，不能停下来

  架构重构时，业务已经上线运行了，重构既需要尽量保证业务继续往前发展，又要完成架构调整，这就好比"给飞行中的波音 747 换引擎"；如果是新设计架构，业务还没有上线，则即使做砸了对业务也不会有什么影响。

- 关联方众多，牵一发动全身

  架构重构涉及的业务关联方很多，不同关联方的资源投入程度、业务发展速度、对架构痛点的敏感度等有很大差异，如何尽量减少对关联方的影响，或者协调关联方统一行动，是一项很大的挑战；如果是新设计架构，则在新架构上线前，对关联方没有影响。

- 旧架构的约束

  架构重构需要在旧的架构基础上进行，这是一个很强的约束，会限制架构师的技术选择范围；如果是新设计架构，则架构师的技术选择余地大得多。

即使是我们决定推倒重来，完全抛弃旧的架构，设计新的架构，新架构也会受到旧架构的约束和影响，因为业务在旧架构上产生的数据是不能推倒重来的，新架构必须考虑如何将旧架构产生的数据转换过来。

因此，架构重构对架构师的综合能力要求非常高，业务上要求架构师能够说服产品经理暂缓甚至暂停业务来进行架构重构；团队上需要架构师能够与其他团队达成一致的架构重构计划和步骤；技术上需要架构师给出让技术团队认可的架构重构方案。

总之，架构重构需要架构师既要说得动老板，也要镇得住同行；既要技术攻关，又要协调资源；既要保证业务正常发展，又要在指定时间内完成目标……总之就是十八般武艺要样样精通。

19.1　有的放矢

通常情况下，当系统架构不满足业务的发展时，其表现形式是系统不断出现各种问题，轻微一点的如系统响应慢、数据错误、某些用户访问失败等，严重的可能是宕机、数据库瘫痪、数据丢失等，或者系统的开发效率很低。开始的时候，技术团队可能只针对具体的问题去解决，解决一个算一个，但如果持续时间较长，例如持续了半年甚至一年情况都不见好转，此时可能有人想到了系统的架构是否存在问题，讨论是否是因为架构原因导致了各种问题。一旦确定需要进行架构重构，就会由架构师牵头来进行架构重构的分析。

当架构师真正开始进行架构重构分析时，就会发现自己好像进了一个问题的迷雾森林，到处都是问题，每个问题都需要解决，不知道出路在哪里，感觉如果要解决所有这些问题，架构重构其实也无能为力。有的架构师一上来搜集了系统当前存在的问题，然后汇总成一个 100 行的 Excel 表格，看到这样一个表格就懵了：这么多问题，要何年何月才能全部解决完啊？

期望通过架构重构来解决所有问题当然是不现实的，所以架构师的首要任务是从一大堆纷繁复杂的问题中识别出真正要通过架构重构来解决的问题，集中力量快速解决，而不是想着通过架构重构来解决所有的问题。否则就会陷入人少事多头绪乱的处境，团队累死累活弄个大半年，最后发现好像什么都做了，但每个问题都依然存在。尤其是对于刚接手一个新系统的架构师或技术主管来说，一定要控制住"新官上任三把火"的冲动，避免摊大饼式或运动式的重构和优化。

我们来看几个具体的重构案例。

- **后台系统重构——解决不合理的耦合**

M 系统是一个后台管理系统，负责管理所有游戏相关的数据，重构的主要原因是因为系统耦合了 P 业务独有的数据和所有业务公用的数据，导致可扩展性比较差。其大概架构如下图所示。

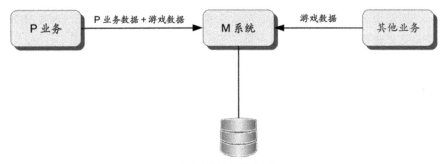

举一个简单的例子：数据库中的某张表，一部分字段是所有业务公用的"游戏数据"，一部分字段是"P 业务系统"独有的数据，开发时如果要改这张表，代码和逻辑都很复杂，改起来效率很低。

针对 M 系统存在的问题，我们的重构目标就是将游戏数据和业务数据拆分，解开两者的耦合，使得两个系统都能够独立快速发展。重构的方案如下图所示。

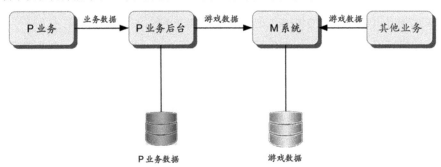

重构后的效果非常明显，重构后的 M 系统和 P 业务后台系统每月上线版本数是重构前的 4 倍！

- **游戏接入系统重构——解决全局单点的可用性问题**

S 系统是游戏接入的核心系统，一旦 S 系统故障，大量游戏玩家就不能登录游戏。而 S 系统并不具备多中心的能力，一旦主机房宕机，整个 S 系统业务就不可用了。其大概架构如下图所示，可以看出数据库主库是全局单点，一旦数据库主库不可用，两个集群的写业务都不可用了。

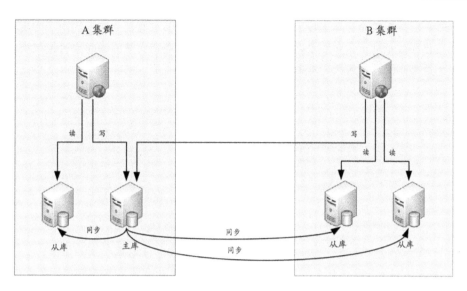

针对 S 系统存在的问题，我们的重构目标就是实现双中心，使得任意一个机房都能够提供完整的服务，在某个机房故障时，另外一个机房能够全部接管所有业务。重构方案如下图所示。

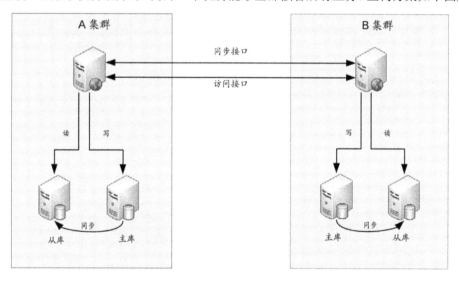

重构后系统的可用性从 3 个 9 提升到 4 个 9，重构前最夸张的一个月有 4 次较大的线上故障，重构后虽然也经历了机房交换机宕机、运营商线路故障、机柜断电等问题，但对业务都没有什么大的影响。

- **X 系统——解决大系统带来的开发效率问题**

X 系统是创新业务的主系统，之前在业务快速尝试和快速发展期间，怎么方便怎么操作，怎么快速怎么做，系统设计并未投入太多精力和时间，很多东西都"塞"到同一个系统中，导致到了现在已经改不动了。做一个新功能或新业务，需要花费大量的时间来讨论和梳理各种业务逻辑，一不小心就踩个大坑。X 系统的架构如下图所示。

X 系统的问题看起来和 M 系统比较类似，都是可扩展性存在问题，但其实根本原因不一样：M 系统是因为耦合了不同业务的数据导致系统可扩展性不足，而 X 系统是因为将业务相关的所有功能都放在同一个系统中，导致系统可扩展性不足；同时，所有功能都在一个系统中，也可能导致一个功能出问题，整站不可用。比如说某个功能把数据库拖慢了，整站所有业务跟着都慢了。

针对 X 系统存在的问题，我们的重构目标是将各个功能拆分到不同的子系统中，降低单个系统的复杂度。重构后的架构如下图所示（仅仅是示例，实际架构远比下图复杂）。

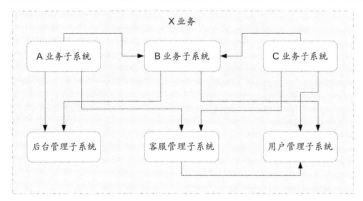

重构后各个系统之间通过接口交互，虽然看似增加了接口的工作量，但整体来说，各系统的发展和开发速度比原来快了很多，系统也相对更加简单，也不会出现某个子系统有问题，所有业务都有问题。

这三个系统重构的方案，现在回过头来看，感觉是理所当然的，但实际上当时做分析和决策时，远远没有这么简单。以 M 系统为例，当时我们接手后遇到的问题有很多，例如：

- 数据经常出错。
- M 系统是单机，单机宕机后所有后台操作就不能进行了。
- 性能比较差，有的操作耗时好久。
- 界面比较丑，操作不人性化。
- 历史上经过几手转接，代码比较混乱。
- 业务数据和游戏数据耦合，开发效率很低。

从这么多问题中识别出重构的目标，并不是一目了然的；而如果想一下全部解决所有的这些问题，人力和时间又不够！所以架构师需要透过问题表象看到问题本质，找出真正需要通过架构重构解决的核心问题，从而做到有的放矢，既不会耗费大量的人力和时间投入，又能够解决核心问题。

那原来发现的那些非架构重构问题怎么办呢？当然不能放任不管。以 M 系统为例，我们在重构完成后，又启动了多个优化的项目去优化这些问题，但此时的优化主要由团队内部完成即可，和其他团队没有太多关联，优化的速度是很快的。如果没有重构就进行优化，则每次优化都要拉一大堆关联业务的团队来讨论方案，效率非常低下！

19.2　合纵连横

19.2.1　合纵

架构重构是大动作，持续时间比较长，而且会占用一定的研发资源，包括开发和测试，因此不可避免地会影响业务功能的开发。因此，要想真正推动一个架构重构项目启动，需要花费大量的精力进行游说和沟通。注意这里不是指要谈办公室政治，而是指要和利益相关方沟通好，让大家对于重构能够达成一致共识，避免重构过程中不必要的反复和争执。

一般的技术人员谈到架构重构时，就会搬出一大堆技术术语：可扩展性、可用性、性能、耦合、代码很乱……但从过往的实际经验来看，如果和非技术人员这样沟通，效果如同鸡同鸭讲，没有技术背景的人员很难理解，甚至有可能担心我们是在忽悠人。例如：

- 技术人员说：我们系统现在的可扩展性太差了，改都改不动！
- 产品人员想：咦，可扩展性，和扩胸运动有关吗？扩展什么呢？怎么会改不动呢？不就是找个地方写代码嘛……
- 技术人员说：我们的可用性太差，现在才 3 个 9，业界都是 4 个 9！

- 项目经理想：什么是 3 个 9，三九感冒灵？4 个 9 和 3 个 9 不就是差个 9 嘛，和可用有什么关系……

- 技术人员说：我们系统设计不合理，A 业务和 B 业务耦合！

- 运营人员想：咦，耦合，莲藕还是藕断丝连？A 业务和 B 业务本来就是互相依赖的呀，耦合为什么不合理呢？

以上的样例并无嘲笑产品运营和项目人员不懂技术的意思，而是说明有的技术术语并不是很好理解，在跨领域沟通时，很难达成一致共识。

除此以外，在沟通时还经常遇到的一个问题是凭感觉而不是凭数据说话。比如说：技术人员说"系统耦合导致我们的开发效率很低"，但是没有数据，也没有样例，单纯这样说，其他人员很难有直观的印象。

所以在沟通协调时，将技术语言转换为通俗语言，以事实说话，以数据说话，是沟通的关键！

以 M 系统为例，我们把"可扩展性"转换为"版本开发速度很慢，每次设计都要考虑是否对门户有影响，是否要考虑对其他业务有影响"，然后我们还收集了 1 个月里的版本情况，发现有几个版本设计阶段讨论 1 周甚至 2 周时间，但开发只有 2 天时间；而且一个月才做了 4 个版本，最极端的一个版本，讨论 2 周，开发 2 天，然后等了 1 个月才和门户系统一起上线，项目经理和产品经理一听都被吓到了。

以 S 系统为例，我们并没有直接说可用性是几个 9，而是整理线上故障的次数、每次影响的时长，影响的用户，客服的反馈意见等，然后再拿其他系统的数据进行对比，无论产品人员、项目人员，还是运营人员，明显就看出系统的可用性有问题了。

19.2.2　连横

除了以上讨论的和上下游沟通协调，有的重构还需要和其他相关或配合的系统的沟通协调。由于大家都是做技术的，有比较多的共同语言，所以这部分的沟通协调其实相对来说要容易一些，但也不是说想推动就能推动的，主要的阻力来自"这对我有什么好处"和"这部分我这边现在不急"。

对于"这对我有什么好处"问题，有的人会简单理解为这是自私的表现，认为对方不顾大局，于是沟通的时候将问题人为拔高。例如，"你应该站在部门的角度来考虑这个问题""这对公司整体利益有帮助"，等等。这种沟通效果其实很差，首先是这种拔高一般都比较虚，无法明确，不同的人理解不一样，无法达成共识；其次是如果对公司和部门有利，但对某个小组没用甚至不利，那么可能是因为目前的方案不够好，还可以考虑另外的方案。

那如何才能有效地推动呢？有效的策略是"换位思考、合作双赢、关注长期"。简单来说就是站在对方的角度思考，重构对他什么好处，能够帮他解决什么问题，带来什么收益。

以 M 系统为例，当时有另外一个 C 系统和 M 系统通过数据库直连共用数据库，我们的重构方案是要去掉两个系统同时在底层操作数据库，改为 C 系统通过调用 M 系统接口来写入数据库。这个方案对 C 系统来说，很明显的一点就是 C 系统短期的改动比较大，要将十几个读写数据库的地方改为接口调用。刚开始 C 系统也是觉得重构对他们没有什么作用，后来我们经过分析和沟通，了解到 C 系统其实也深受目前这种架构之苦，主要体现在"数据经常出错要排查"（因为 C 系统和 M 系统都在写同一个数据库，逻辑很难保证完全一致），"要跟着 M 系统同步开发"（因为 M 系统增加表或字段，C 系统要从数据库自己读取出来，还要理解逻辑）、"C 系统要连两个数据库，出问题不好查"（因为 C 系统自己还有数据库）……这些问题其实在 M 系统重构后都可以解决，虽然短期内 C 系统有一定的开发工作量，但从中长期来看，C 系统肯定可以省很多事情。例如，数据问题排查主要是 M 系统的事情了，通过 M 系统的接口获取数据，无须关注数据相关的业务逻辑等等。通过这种方式沟通协调，C 系统很乐意跟我们一起做重构，而且事实也证明重构后对 C 系统和 M 系统都有很大好处。

当然如果真的出现了对公司或部门有利，对某个小组不利的情况，那可能需要协调更高层级的管理者才能够推动，平级推动是比较难的。

对于"这部分我们现在不急"问题，有的人可能会认为这是在找借口，我也不排除这种可能性。但就算真的是找借口，那也是因为大家没有达成一致意见，可能对方不好意思直接拒绝。所以这种情况就可以参考上面"这对我有什么好处"问题的处理方法来处理。

如果对方真的是因为有其他更重要的业务，此时勉为其难也不好，还是那句话："换位思考"！因为大部分重构的系统并不是到了火烧眉毛非常紧急的时候才开始启动的，而是有一定前瞻性的规划，如果对方真的有其他更加重要的事情，采取等待的策略也未尝不可，但要明确正式启动的时间。例如，3 个月后开始、6 月份开始，千万不能说"以后""等不忙的时候"这种无法明确的时间点。

除了计划灵活一点，方案也可以灵活一点：我们可以先不做这个系统相关的重构，先把其他需要重构的做完。因为大部分需要重构的系统，需要做的事情很多，分阶段处理，在风险规避、计划安排等方面更加灵活可控。

19.3　运筹帷幄

在前面的章节中我们提到架构师需要从一大堆问题中识别关键的复杂度问题，然后有的放矢地通过架构重构来解决。但是通常情况下，需要架构重构的系统，基本上都是因为各种历史原因和历史问题没有及时处理，遗留下来逐渐积累，然后到了一个临界点，各种问题开始互相作用，集中爆发！到了真正要开始重构的时候，架构师识别出系统关键的复杂度问题后，如果只针对这个复杂度问题进行架构重构，可能会发现还是无法落地，因为很多条件不具备或有的问题没解决的情况下就是不能做架构重构。因此，架构师在识别系统关键的复杂度问题后，还需要识别为了解决这个问题，需要做哪些准备事项，或者还要先解决哪些问题。

经过这样的分析和思考，我们可能从最初的 100 个问题列表，挑选出其中 50 个是需要在架构重构的项目中解决的，其中一些是基础能力建设或准备工作，而另外一些就是架构重构的核心工作。有了这样一个表格后，那我们应该怎么去把这 50 个问题最终解决呢？

最简单的做法是每次从中挑一个解决，最终总会把所有的问题都解决。这种做法操作起来比较简单，但效果会很差，为什么呢？

第一个原因是没有区分问题的优先级，所有问题都一视同仁，没有集中有限资源去解决最重要或最关键的问题，导致最后做了大半年，回头一看好像做了很多事情，但没取得什么阶段性的成果。

第二个原因是没有将问题分类，导致相似问题没有统筹考虑，方案可能出现反复，效率不高。

第三个原因是会迫于业务版本的压力，专门挑容易做的实施，到了稍微难一点的问题的时候，就因为复杂度和投入等原因被搁置，达不到真正重构的真正目的。

以 X 系统为例，在我加入前，其实也整理了系统目前存在的问题，大的项包括可用性、性能、安全、用户体验等，每个大项又包括十几二十个子项。但是实施时基本上就是挑软柿子捏，觉得哪个好落地、占用资源不太多，就挑来做，结果做了半年，好像做了很多功能，但整体却没什么进展。

后来我们成立了一个"X 项目"，在原来整理的问题基础上，识别出架构的核心复杂度体现在庞大的系统集成了太多功能，可扩展性不足；但目前系统的可用性也不高，经常出线上问题，耗费大量的人力去处理。因此我们又识别出如果要做架构重构，就需要系统处于一个比较稳定的状态，不要经常出线上问题。而目前系统的可用性不高，有的是因为硬件资源不够用了，或者某些系统组件使用不合理，有的是因为架构上存在问题。

基于这些分析，我们制定了总体的策略如下图所示。

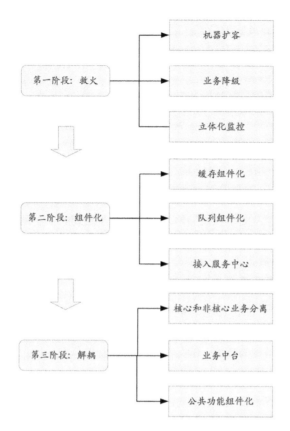

可以看到，真正的架构重构在第三阶段，第一阶段和第二阶段都是为了第三阶段做准备而已，但如果没有第一阶段和第二阶段的铺垫，直接开始第三阶段的架构重构工作，架构重构方案需要糅合第一阶段和第二阶段的一些事项（例如，业务降级、接入服务中心等），会导致架构重构方案不聚焦，而且异常复杂。

为什么最终采用这样一个策略呢？主要还是为了集中有限的资源，某个阶段集中解决某一类问题。这样做首先是效率高，因为阶段目标比较明确，做决策和方案的时候无须进行太多选择；其次是每个阶段都能看到明显的成果，给团队很大的信心。比如说第一阶段的"救火"，做完之后，系统很少因为机器过载、缓存响应慢、虚拟机挂死等问题导致的故障了；完成第二阶段的事项后，因为组件、外部系统故障导致系统故障的问题也很少了。完成前两个阶段后，我们就可以安心地做第三阶段的"服务化"工作了。

S 系统的重构做法也是类似，但 S 系统当时面临的主要问题就是可用性不高，并没有系统耦合的问题，所以我们当时的策略是"先救火、后优化、再重构"。"救火"阶段做了扩容（防止资源不足导致系统被压死）和 Nginx 一键倒换功能（故障时快速切换）；优化阶段将一些明显的可用性问题解决（包括性能问题等）；重构阶段将原来的单点数据库改为多中心。

总结一下重构的做法，其实就是"分段实施"，将要解决的问题根据优先级、重要性、实施难度等划分为不同的阶段，每个阶段聚焦于一个整体的目标，集中精力和资源解决一类问题。这样做有几个好处：

（1）每个阶段都有明确目标，做完之后效果明显，团队信心足，后续推进更加容易。

（2）每个阶段的工作量不会太大，可以和业务并行。

（3）每个阶段的改动不会太大，降低了总体风险。

具体如何制定"分段实施"的策略呢？以下经验可以参考：

- 划分优先级

    将明显且又比较紧急的事项优先落地，解决目前遇到的主要问题。例如，扩容在 S 系统和 X 系统中都是最优先实施的，因为如果不扩容，则系统隔三差五一会出现响应超时报警，一会来个过载报警，一会来个大面积不可用……这些问题耗费大量的人力和精力，也就没法做其他事情了。

- 问题分类

    将问题按照性质分类，每个阶段集中解决一类问题。例如，X 系统的第二阶段，我们将多个底层系统切换到 UC 统一的公共组件，提升整体可用性。

- 先易后难

    这点与很多人的直觉不太一样，有的人认为应该先攻克最难的问题，所谓的"擒贼先擒王"，解决最难的问题后其他问题就不在话下。这样看起来很美好，但实际上不可行。

    首先，一开始就做最难的部分，会发现要解决这个最难的问题，要先解决其他容易的问题。

    其次，最难的问题解决起来耗时都比较长，占用资源比较多，如果一开始做最难的，可能做了一两个月还没有什么进展和成果，会影响相关人员对项目的评价和看法，也可能影响团队士气。

    最后，刚开始的分析并不一定全面，所以一开始对最难的或最关键的事项的判断可能会出错。

采取先易后难的策略，能够很大程度上避免"先难后易"策略的问题。

首先，随着项目的推进，一些相对简单的问题逐渐解决，会发现原来看起来很难的问题已经不那么难了，甚至有的问题可能都消失了。

其次，先易后难能够比较快地看到成果，虽然可能不大，但至少能看到一些成效了，对后续的项目推进和提升团队士气有很大好处。

最后，随着项目的进行，原来遗漏的一些点，或者分析和判断错误的点，会逐渐显示出来，及时根据实际情况进行调整，能够有效地保证整个重构的效果。

19.4　文武双全——项目管理+技术能力

前面讲了那么多，看起来都是和项目管理相关的。例如，"有的放矢"是关于找目标的、"合纵连横"是关于沟通协调的、"运筹帷幄"是关于项目规划的……架构师怎么变成了项目经理了，说好的技术呢？

真正的架构师，当然必须具备一定的项目经理技能，但更重要的还是技术能力，道理很简单：再好的饼，最后实现不了，都是空谈！"项目管理能力"是"文"的能力，"技术能力"是"武"的能力，架构师必须文武双全，才能最终解决问题！

架构师的"武"体现在很多方面，既有微观层面的，例如如何设计一个高性能的并发框架（可以参考 Disruptor，大量的技术细节，如 CPU cache、cache line、false sharing 等）；也有宏观层面的，例如采用 HBase 还是用 MySQL 存储；还有和业务相关的，例如某个功能应该如何设计才能具备可扩展性。

关于架构重构，一个常见的问题是"这些系统的业务都不一样，你之前也没有类似业务背景，你怎么识别出 M 系统重构的目标是数据解耦，S 系统重构的目标是高可用，X 系统重构的目标是系统解耦呢？"

其实答案很简单，我们牢记架构设计的目的即可，即架构设计的主要目的是为了解决系统的复杂性。

以 M 系统为例，重构前性能不高，且只有单机，但由于是后台系统，用户都是内部用户，每天就几百个人使用而已，所以性能不高并不是关键问题。关键问题是"不合理的耦合带来的复杂性"：将特定业务的数据和所有业务的公共数据耦合在一起，数据正确性难以保证，而且每次修改都是"牵一发动全身"，效率很低，所以重构的目标就是将"不合理的耦合"进行拆分。

而对 S 系统来说，前期团队在设计时已经基于业务进行了拆分，各个子系统职责比较明确，边界清晰，所以复杂度不是主要问题；每天访问量都是亿级以上，之前的架构设计上已经考虑了多机房和平行扩容的能力，所以性能也不是主要问题。主要的问题就是有一个全局单点，一旦这个单点故障，就会导致所有业务全部不可用。而游戏相关业务可用性要求又非常高，只要有 5 分钟不可用，客服电话已经被玩家打爆了，论坛也都被刷爆。所以我们重构的目标就是解决"全局唯一单点"的可用性问题。

X 系统的情况更加特殊。首先存在和 M 系统相同的"复杂度"问题，只是表现形式不一样而已：M 系统是数据耦合导致的复杂度增加，X 系统是业务全部放到一个系统中实现导致的复杂度增加。其次是存在和 S 系统类似的"可用性"问题，也只是表现形式有所差别：S 系统是全局单点导致可用性问题，X 系统是有问题就整站挂掉的可用性问题。所以我们最初在讨论 X

系统重构时定了两个目标：解决复杂性和可用性的问题，但随着对问题的分析逐步深入，我们发现如果不解决复杂性问题，可用性问题是无论如何都解决不了的。所以最终我们调整目标，将 X 系统的重构目标聚焦在将"大而全的系统拆分为多个分工合作的子系统"。

19.5 本章小结

- 期望通过架构重构来解决所有问题当然是不现实的。

- 架构师的首要任务是从一大堆纷繁复杂的问题中识别出真正要通过架构重构来解决的问题，集中力量快速解决，而不是想着通过架构重构来解决所有的问题。

- 真正推动一个架构重构项目启动，需要花费大量的精力进行游说和沟通。

- 架构重构沟通协调时，将技术语言转换为通俗语言，以事实说话，以数据说话，是沟通的关键。

- 架构重构涉及关联方配合时，有效的沟通策略是"换位思考、合作双赢、关注长期"。

- 架构重构需要采取"分段实施"策略，将要解决的问题根据优先级、重要性、实施难度等划分为不同的阶段，每个阶段聚焦于一个整体的目标。

- 真正的架构师，必须具备一定的项目经理技能，但更重要的还是技术能力。

第 20 章
开源系统

软件开发领域有一个流行的原则：DRY，Don't repeat yourself。翻译过来更通俗易懂：不要重复造轮子。开源项目的主要目的是共享，其实就是为了让大家不要重复造轮子，尤其是在互联网这样一个快速发展的领域，速度就是生命，引入开源项目，可以节省大量的人力和时间，大大加快业务的发展速度，何乐而不为呢？

然而现实往往没有那么美好，开源项目虽然节省了大量的人力和时间，但带来的问题也不少，相信绝大部分技术人员都踩过开源软件的坑，小的影响可能是宕机半小时，大的问题可能是丢失几十万条数据，甚至灾难性的事故是全部数据都丢失。

除此以外，虽然 DRY 原则摆在那里，但实际上开源项目反而是最不遵守 DRY 原则的，重复的轮子好多，你有 MySQL，我有 PostgreSQL；你有 MongoDB，我有 Cassandra；你有 Memcached，我有 Redis；你有 Gson，我有 Jackson；你有 Angular，我有 React……总之放眼望去，其实相似的轮子很多！相似轮子太多，选择就是让人头疼的问题了。

怎么办？完全不用开源项目几乎是不可能的，架构师需要更加聪明地去选择和使用开源项目。形象点说：不要重复发明轮子，但要找到合适的轮子！你开的是保时捷，可别找个拖拉机的轮子。

20.1 选：如何选择一个开源项目

20.1.1 聚焦是否满足业务

架构师在选择开源项目时，一个头疼的问题就是相似的开源方案较多，而且后面的总是要宣称比前面的更加优秀。有的架构师在选择时有点无所适从，总是会担心选择了 A 方案而错过了 B 方案，或者反过来。这个问题的解决方式是聚焦于是否满足业务，而不需要过于关注开源方案是否优秀。

【Tokyo Tyrant 的教训】

在开发一个社交类业务时，我们使用了 TT（Tokyo Tyrant）开源方案，觉得既能够做缓存取代 Memcached，又有持久化存储功能，可以取代 MySQL，很强大，于是就在业务里面大量使用了。但后来的使用过程让人很郁闷，主要表现为：

（1）不能完全取代 MySQL，因此有两份存储，设计时每次都要讨论和决策。

（2）功能上看起来很高大上，但相应的 bug 也不少，而且有的 bug 是致命的。例如所有数据不可读，后来是自己研究源码写了一个工具才恢复了部分数据。

（3）功能确实强大，但需要花费较长时间熟悉各种细节。

后来我们反思和总结，其实当时的业务 Memcached + MySQL 完全能够满足，而且大家都熟悉，当时的业务完全不需要引入 TT。

简单来说：如果你的业务要求 1000 TPS，那么一个 20000 TPS 和 50000 TPS 的方案是没有区别的。有的设计师可能会担心 TPS 不断上涨怎么办？其实不用过于担心，架构可以不断演进的，等到真的需要这么高的时候再来架构重构，这里的设计决策遵循架构设计原则中的"合适原则"和"演化原则"。

20.1.2 聚焦是否成熟

很多新的开源项目往往都会声称自己比以前的项目更加优秀：性能更高、功能更强、引入更多新概念……看起来都很诱人，但实际上都有意无意地隐藏了一个负面的问题：都更加不成熟！不管多优秀的程序员写出来的项目都会有 bug，千万不要以为作者厉害就没有 bug，Windows、Linux、MySQL 的开发者都是顶级的开发者，系统一样有很多 bug。

不成熟的开源项目应用到生产环境，风险极大：轻则宕机，重则宕机后重启都恢复不了，更严重的是数据丢失都找不回了。还是以上面提到的 TT 为例：我们真的遇到异常断电后，文件被损坏，重启也恢复不了的故障，还好当时每天做了备份，于是只能用 1 天前的数据进行恢复，但当天的数据全部丢失了。后来我们花费了大量的时间和人力去看源码，自己写工具恢复了部分数据，还好这些数据不是金融相关的数据，丢失一部分问题也不大，否则就有大麻烦了。

所以在选择开源项目时，尽量选择成熟的开源项目，降低风险。

可以从以下几个方面考察开源项目是否成熟：

（1）版本号：除非特殊情况，否则不要选 0.X 版本的，至少选 1.X 版本的，版本号越高越好。

（2）使用的公司数量：一般开源项目都会把采用了自己项目的公司列在主页上，公司越大越好，数量越多越好。

（3）社区活跃度：看看社区是否活跃，发帖数、回复数、问题处理速度等。

20.1.3　聚焦运维能力

大部分设计师在选择开源项目时，基本上都是聚焦于技术指标，例如性能、可用性、功能这些方案，而几乎不会去关注运维方面的能力。但如果要将方案应用到线上生产环境，则运维能力是必不可少的一环。否则一旦出问题，运维、研发、测试都只能干瞪眼，求菩萨保佑了！

可以从以下几个方案去考察运维能力。

（1）开源方案日志是否齐全：有的开源方案日志只有寥寥启动停止几行，出了问题根本无法排查。

（2）开源方案是否有命令行、管理控制台等维护工具，能够看到系统运行时的情况。

（3）开源方案是否有故障检测和恢复的能力，例如告警、倒换等。

20.2　用：如何使用开源方案

20.2.1　深入研究，仔细测试

很多人用开源项目，其实是完完全全的"拿来主义"，看了几个 Demo，把程序跑起来就开始部署到线上应用了，就好像看了一下开车指南，知道了方向盘是转向、油门是加速、刹车是减速，然后就开车上路了，其实是非常危险的。

【Elasticsearch 的案例】

我们有团队使用了 Elasticsearch，基本上是拿来就用，倒排索引是什么不太清楚，配置都是用默认值，跑起来就上线了，结果就遇到节点 ping 时间太长，剔除异常节点太慢，导致整站访问挂掉。

【MySQL 的案例】

很多团队最初使用 MySQL 时，也没有怎么研究过，经常有业务部门抱怨 MySQL 太慢了，经过定位，发现最关键的几个参数（例如，innodb_buffer_pool_size，sync_binlog、innodb_log_file_size 等）都没有配置或配置错误，性能当然会慢。

可以从如下几方面进行研究和测试：

（1）通读开源项目的设计文档或白皮书，了解其设计原理。

（2）核对每个配置项的作用和影响，识别出关键配置项。

（3）进行多种场景的性能测试。

（4）进行压力测试，连续跑几天，观察 CPU、内存、磁盘 I/O 等指标波动。

（5）进行故障测试：kill，断电、拔网线、重启 100 次以上、倒换等。

20.2.2　小心应用，灰度发布

假如我们做了上面的"深入研究、仔细测试"，发现没什么问题，是否就可以放心大胆地应用到线上了呢？别高兴太早，即使你的研究再深入，测试再仔细，还是要小心为妙，因为再怎么深入地研究，再怎么仔细地测试，都只能降低风险，但不可能完全覆盖所有线上场景。

【Tokyo Tyrant 的教训】

还是以 TT 为例，其实我们在应用之前专门安排一个高手看源码、做测试，做了大约 1 个月，但最后上线还是遇到各种问题。线上生产环境的复杂度，真的不是测试能够覆盖的，必须小心谨慎。

所以，不管研究多深入、测试多仔细、自信心多爆棚，时刻对线上环境和风险要有敬畏之心，小心驶得万年船。我们的经验就是先在非核心的业务上用，然后有经验后慢慢扩展。

20.2.3　做好应急，以防万一

即使我们前面的工作做得非常完善和充分，也不能认为万事大吉了，尤其是刚开始使用一个开源项目，运气不好可能遇到一个之前全世界的使用者从来没遇到的 bug，导致业务都无法恢复，尤其是存储方面，一旦出现问题无法恢复，可能就是致命的打击。

【MongoDB 丢失数据】

某个业务使用了 MongoDB，结果宕机后部分数据丢失，无法恢复，也没有其他备份，人工恢复都没办法，只能接一个用户投诉处理一个，导致 DBA 和运维从此以后都反对我们用 MongoDB，即使是尝试性的。

虽然因为一次故障就完全反对尝试是有点反应过度了，但确实故障也给我们提了一个醒：对于重要的业务或数据，使用开源项目时，最好有另外一个比较成熟的方案做备份，尤其是数据存储。例如，如果要用 MongoDB 或 Redis，可以用 MySQL 做备份存储。这样做虽然复杂度和成本高一些，但关键时刻能够救命！

20.3　改：如何基于开源项目做二次开发

20.3.1　保持纯洁，加以包装

当我们发现开源项目有的地方不满足我们的需求时，自然会有一种去改改的冲动，但是怎么改是个大学问。一种方式是投入几个人从内到外全部改一遍，将其改造成完全符合我们业务需求。但这样做有几个比较严重的问题：

（1）投入太大，一般来说，Redis 这种级别的开源方案，真要自己改，至少要投入 2 个人，搞个 1 个月以上。

（2）失去了跟随原方案演进的能力：改得太多，即使原有开源项目继续演进，我们也无法合并了，因为差异太大。

所以我们的建议是不要改动原系统，而是要开发辅助系统：监控、报警、负载均衡、管理等。以 Redis 为例，如果我们想增加集群功能，则不要去改动 Redis 本身的实现，而是增加一个 proxy 层来实现。Twitter 的 Twemproxy 就是这样做的，而 Redis 到了 3.0 后本身提供了集群功能，原有的方案简单切换到 Redis 3.0 即可。

如果实在想改到原有系统，怎么办呢？我们的建议是直接给开源项目提需求或 bug，但弊端就是响应比较缓慢，这个就要看业务紧急程度了，如果实在太急那就只能自己改了，如果不是太急，则建议做好备份或应急手段即可。

20.3.2　发明你要的轮子

这点估计让很多人大跌眼镜，怎么讲了半天，最后又回到了"重复发明你要的轮子"呢？

其实选与不选开源项目，核心还是一个成本和收益的问题，并不是说选择开源项目就一定是最优的方案，最主要的问题是：没有完全适合你的轮子！

软件领域和硬件领域最大的不同就是软件领域没有绝对的工业标准，大家都很尽兴，想怎么玩就怎么玩。不像硬件领域，你造一个尺寸与众不同的轮子，其他车都用不上，你的轮子工艺再高，质量再好也是白费；软件领域可以造很多相似的轮子，基本上能到处用。例如，把缓存从 Memcached 换成 Redis，不会有太大的问题。

除此以外，开源项目为了能够大规模应用，考虑的是通用的处理方案，而不同的业务其实差异较大，通用方案并不一定完美适合具体的某个业务。比如说 Memcached，通过一致性 Hash 提供集群功能，但是我们的一些业务，缓存如果有一台宕机，整个业务可能就被拖慢了，这就要求我们提供缓存备份的功能。但 Memcached 又没有，而 Redis 当时又没有集群功能，于是我们投入 2~4 个人花了大约 2 个月时间基于 LevelDB 的原理，自己做了一套缓存框架支持存储、备份、集群的功能，后来又在这个框架的基础上增加了跨机房同步的功能，很大程度上提升了业务的可用性水平。如果完全采用开源方案，等开源方案来实现，是不可能这么快速的，甚至开源项目完全就不支持我们的需求。

所以，如果你有钱有人有时间，投入人力去重复发明完美符合自己业务特点的轮子也是很好的选择！毕竟，很多财大气粗的公司（BAT 等）都是这样做的，否则我们也就没有那么多好用的开源项目了。

20.4　本章小结

- 选开源方案时，聚焦于是否满足业务，而不需要过于关注开源方案是否优秀。
- 选择开源项目时，尽量选择成熟的开源项目。
- 选择开源项目时，除了关注技术指标，还要关注运维能力。
- 开源项目不能简单"拿来主义"，而要深入研究和仔细测试。
- 使用开源项目时对线上环境和风险要有敬畏之心，小心应用，灰度发布。
- 无论什么开源方案，都需要考虑应急的备份方案。
- 如果需要修改开源系统，不要改动原系统，而是要开发辅助系统。
- 选与不选开源项目，核心还是一个成本和收益的问题，并不是说选择开源项目就一定是最优的方案。